开源 RISC-V 处理器架构分析与验证

吴庆波　张　凡　张留洋　吴喜广　编著

清华大学出版社
北　京

内容简介

本书从处理器指令集架构入手，介绍了RISC-V指令集架构，在此基础上对处理器微架构进行阐述，同时，以Ariane核为例详述微架构中指令提取、指令译码、指令发射、指令执行和指令提交，以及存储管理、中断和异常处理。除RISC-V核之外，本书还涉及处理器验证，其中包括UVM、RISC-V验证框架的搭建、指令发生器和模拟器。

本书适合作为大专院校学生学习RISC-V指令集微架构以及芯片验证的入门教材，也可供RISC-V处理器设计与验证相关工程技术人员或研究人员参考。

图书在版编目(CIP)数据

开源RISC-V处理器架构分析与验证/吴庆波等编著. —北京：清华大学出版社，2024.1
ISBN 978-7-302-62649-7

Ⅰ. ①开… Ⅱ. ①吴… Ⅲ. ①微处理器—程序设计 Ⅳ. ①TP332

中国国家版本馆CIP数据核字(2023)第020432号

责任编辑：白立军 杨 帆
封面设计：刘 乾
责任校对：焦丽丽
责任印制：宋 林

出版发行：清华大学出版社
网 址：https://www.tup.com.cn，https://www.wqxuetang.com
地 址：北京清华大学学研大厦A座 **邮 编**：100084
社 总 机：010-83470000 **邮 购**：010-62786544
投稿与读者服务：010-62776969，c-service@tup.tsinghua.edu.cn
质量反馈：010-62772015，zhiliang@tup.tsinghua.edu.cn
课件下载：https://www.tup.com.cn，010-83470236
印 装 者：三河市龙大印装有限公司
经 销：全国新华书店
开 本：185mm×230mm **印 张**：19 **字 数**：330千字
版 次：2024年1月第1版 **印 次**：2024年1月第1次印刷
定 价：79.00元

产品编号：090268-01

序　一

指令集架构是计算机的抽象模型，定义了计算机软硬件交互规范，使符合其规范的软件跨平台运行。计算机发展过程中先后出现了多种指令集架构，如 x86、Alpha、MIPS、SPARC、POWER 和 ARM 等。经过几十年的发展，通用服务器、桌面和移动终端市场基本被 x86 和 ARM 牢牢占据，新型指令集架构处理器很难有立锥之地。根本原因是新型指令集架构处理器的发展需要从事处理器设计、验证和制造，固件设计到软件适配与开发等工作的大量专业人员和团体的参与、协作和不断努力，建设一个软硬件生态。然而，建设一个全新的处理器软硬件生态难度很大，上述指令集架构的兴衰史不断证明着这个论断。

RISC-V 指令集架构由于其完全开源开放和免费授权等特点，从 2015 年非营利组织 RISC-V 基金会成立至今，企业和学术界对其关注度不断提高，目前已经成为体系结构和微处理器领域的焦点。目前，国内已经成立了两家学术研究联盟或者产业联盟，即中国开放指令生态（RISC-V）联盟（CRVA）和中国 RISC-V 产业联盟（CRVIC）；成立了多家高水平实验室，如 RIOS 实验室等；成立了多家专门从事 RISC-V 相关开发且具备规模的公司；多家公司或者科研院所推出了开源的 SoC IP 核。国内 RISC-V 工具链不断完善，RISC-V 开发者人数逐年增多，RISC-V 生态正在发展壮大。

然而一个新型指令集架构真正走向成熟并得到市场认可，还有很长一段路要走。教育和培训在这个过程中可以扮演重要的助推角色，目前亟需一本面向 RISC-V 处理器工程实践的全景式图书，全面普及 RISC-V 处理器开发技术，吸引更多的人才进入相关领域。当前处理器设计相关书籍大部分偏重理论和概念，不适合快速入门。本书凝结了鹏城实验室 RISC-V 开发团队的实际开发和验证经验，定位偏重实践，适用于教学实践课程或感兴趣的爱好者自行学习。本书从设计和验证两个视角入手，读者不仅能从书中了解到 RISC-V 架构处理器设计的基本原理和实现方法，也可学习到如何构建 RISC-V 架构的处理器核验证平台并对设计进行测试和验证。希望本书能够帮助读者了解 RISC-V 指令集架构，掌握 RISC-V 处理器的开发和验证过程，共同为国内 RISC-V 的生态建设做出贡献。

刘卫东

清华大学教授

序　二

计算和存储是信息社会的基础元素，是国民经济发展运行的关键，应用在几乎所有国民经济部门。处理器技术的自主可控关乎国家信息安全。高端通用芯片是2006年国务院发布的《国家中长期科学和技术发展规划纲要(2006—2020年)》中与载人航天、探月工程并列的16个重大科技专项之一。经过十几年的发展，处理器领域依然无法实现自主可控，原因之一是一些公司已经建立了完善生态，重新设计一种新的指令集架构处理器并使其得到广泛使用难度非常大。

RISC-V开源免费，无须支付昂贵的授权费用便可设计并生产RISC-V指令集架构处理器。目前，RISC-V在国内的发展方兴未艾，已经建立了学术和产业联盟，RISC-V处理器核的设计、SoC IP集成、开发环境以及编译器和原型验证平台相继推出，相关工具链和软件栈也在不断发展和完善。RISC-V在中国的发展实际上为我国处理器领域建立生态实现一定程度自主可控提供了一条可以选择的路径。

生态建设需要众多个人、团体和机构参与。目前，有不少书籍在处理器设计相关技术的广度和深度上都有很鲜明的特点，涵盖了处理器设计中的核心技术，也有很强的实践指导意义。本书从处理器的基本概念入手，深入浅出地阐述了RISC-V处理器微架构以及处理器核的技术细节；除此之外，本书还介绍了如何采用UVM验证框架搭建RISC-V处理器验证平台；本书通篇采用SystemVerilog作为设计语言展示代码细节，这也是本书的一大特点。希望本书能为RISC-V指令集架构处理器设计和验证技术的发展增砖添瓦，希望相关技术人员能借助本书走上RISC-V处理器研究和设计之路。

陈涛

清华大学副教授

前　言

RISC-V 是基于精简指令原则的开源指令集架构。该项目 2010 年始于加州大学伯克利分校，采用开源 BSD License。RISC-V 指令集可自由地用于任何目的，允许任何人设计、制造、销售 RISC-V 芯片和软件，而不必支付给任何公司专利费。其目标是成为一个通用的指令集架构，能适应包括从最袖珍的嵌入式控制器到最快的高性能计算机等各种规模的处理器。与现有其他指令集架构相比，RISC-V 架构有着鲜明的特点和优势。

(1) 开源和免费。开源意味着开发者可以针对特定应用场景进行定制优化，免费意味着 RISC-V 可以帮助开发者有效降低 CPU 设计成本。

(2) 模块化和简洁。模块化设计和简洁的基础指令可以让使用 RISC-V 技术的芯片设计者开发出很简单的 RISC-V CPU，特别是在嵌入式和物联网(Internet of Things，IoT)等领域对功耗和代码体积有较高限制的应用场景。

(3) 灵活和可扩展性。RISC-V 架构预留大量的编码空间用于自定义扩展，并定义了 4 条用户指令供用户直接使用，该特性在安全或者 IoT 领域有着广泛的需求。

2015 年，RISC-V 基金会成立，它是开放、协作的软硬件创新者社区，指导未来发展方向并推动 RISC-V 的广泛应用。同时，在我国也成立了中国开放指令生态(RISC-V)联盟和中国 RISC-V 产业联盟来推动 RISC-V 在我国的发展。

虽然 RISC-V 目前的生态还处于初级阶段，但是越来越多的产业界巨头对 RISC-V 有着强烈的兴趣并纷纷加入 RISC-V 基金会，RISC-V 极有可能像 Linux 那样开启开源芯片设计的黄金时代。从中国的自主可控生态建设来看，从零开始建立互相兼容的 RISC-V 生态当下也许是最好的时机，可以期待在不久的将来，RISC-V 的生态就可以挑战 x86 和 ARM 的地位。

全书由 13 章组成，分为三大部分。第 1 章为第一部分——处理器指令集架构，主要介绍指令集相关基础概念及 RISC-V 指令集架构。第 2～9 章为第二部分——处理器微架构，主要内容为 RISC-V CPU 微架构设计及逻辑实现，从微架构和流水线设计原理着手，详细介绍 RISC-V 指令集架构 CPU 的设计方法，并以开源处理器核 Ariane 为例，介绍 RISC-V 处理器的实现细节。第 10～13 章为第三部分——处理器验证，主要内容为 RISC-V CPU 验证，着重介绍如何基于当前主流验证方法 UVM 构建 RISC-V CPU 验证平台，并完成 CPU 核的验证工作。

希望本书能够成为 RISC-V 处理器爱好者的入门图书，为 RISC-V 处理器在国内的普及和发展贡献绵薄之力。

感谢鹏城实验室自主可控项目组参与本书编写的所有成员，编写过程中有着大量的代码分析、资料整理和文稿校对工作，他们的付出使得本书能够最终成文。同时，还要感谢清华大学出版社各位编辑的大力支持，他们认真细致的工作保证了本书的质量。

由于编者水平有限，书中难免有疏漏和不足之处，恳请读者批评指正！

编　者

2023 年 11 月

目　录

第一部分　处理器指令集架构

第二部分 处理器微架构

第一部分

处理器指令集架构

第1章

RISC-V指令集架构浅析

在计算机中,指令作为计算机运行的最小功能单位,是一系列指示计算机硬件执行运算、处理某种功能的命令。RISC-V是基于RISC原理建立的指令集架构,提供全套开源的编译器、开发工具和软件开发环境。相较于x86和ARM指令集架构,RISC-V架构完全开源,用户可以自由修改和扩展,可实现定制化需求而不需要支付任何授权费用,大大降低了芯片开发成本。

本章首先介绍RISC-V指令集的基本特点,然后重点描述RISC-V基础指令集、扩展指令集和特权指令集等。

1.1 指令集架构

指令集是CPU能够执行的所有指令的集合。CPU的硬件实现和软件编译出来的指令需要遵从相同的规范,这个规范就是**指令集架构**(Instruction Set Architecture, ISA)。指令集架构可以理解为对CPU硬件的抽象,里面包含了编译器需要的硬件信息,是CPU硬件和软件编译器之间的一个接口。具体实现CPU时使用的技术或者方案称为**微架构**(Micro Architecture)。有了指令集架构作规范,一方面,不同厂商可以采用各自的微架构设计具有相同指令集架构的CPU,各厂商的CPU性能会存在差异;另一方面,面向相同ISA的应用程序可以运行在不同厂商生产的遵从该ISA的CPU上。

1.1.1 复杂指令集计算机与精简指令集计算机

从CPU的历史和目前市场主流体系架构来看,CPU指令集架构主要分为**复杂指

令集计算机(Complex Instruction Set Computer,CISC)和**精简指令集计算机**(Reduced Instruction Set Computer,RISC)。

1. CISC

早期的 CPU 采用的是 CISC 架构,以 Intel 公司的 x86 系列 CPU 为代表。为了提高计算效率,x86 采用的优化策略是用最少的机器指令来完成计算任务,把一些常用的计算任务用硬件实现,这样本来软件实现需要多条指令的计算任务可以用一条指令完成,从而提高计算效率。后来这种完成特定功能的专用指令不断加入指令集中,这些专用指令功能复杂,这类 CPU 被称为 CISC。

CISC 的指令丰富,指令格式种类多,指令长度不固定,优点是编写软件程序容易,很多功能都能找到对应的指令;特定功能用硬件实现,专用指令执行效率高;编译器结构简单,编译出来的代码数量少,占用存储空间小。其缺点也很明显,由于新设计的 CPU 会增加新的指令,为了兼容之前 CPU 上的软件,之前 CPU 的指令也要保留,导致指令越来越多,CPU 的设计和实现越来越复杂,面积和成本开销增大。

2. RISC

1975 年,IBM 公司的 John Cocke(1987 年的图灵奖获得者)在一项研究中发现 CISC 中 20%的常用简单指令完成了 80%的任务,而另外 80%的复杂指令并不常用。因此,只保留常用的简单指令,从而简化 CPU 硬件设计,复杂操作改用多条简单指令实现的优化思想应运而生,这就是 RISC。

RISC 采用简化的指令集,指令数量、指令格式种类少,指令长度固定,优点是可以简化硬件设计和降低实现难度,CPU 占用面积小,功耗和成本低;可以采用流水线和超标量技术提高并行处理能力;可以通过优化编译器生成高效的代码;包袱较轻,更容易采用新技术。缺点是实现复杂功能时需要多条指令组合实现,执行效率较低,不过可以通过流水线和超标量等并行技术来弥补;生成的代码数量较多,占用存储空间大。

CISC 和 RISC 各有优势,在 CPU 的发展过程中,CISC 和 RISC 互相借鉴,取长补短,界限已经不像最初定义的那样明显。随着复杂指令的增多,每条指令都做硬件实现不太现实,借鉴 RISC 思想,一些 CISC 架构的 CPU 在内部设计了译码单元,将一条复杂指令翻译成几条简单的基础指令,对这些基础指令做硬件优化。而现在 RISC 架构 CPU 的指令也在逐渐变多,也加入一些专用指令来优化和加速某些特定功能的执行，如浮点计算和人工智能计算等。在可见的未来，CISC 和 RISC 会在保持自己的优势外，积极吸取对方的优点，努力提高性能、降低功耗。

1.1.2　经典指令集

CPU 发展过程中出现过多种 CISC 或 RISC 架构的指令集，下面介绍其中 5 种比较知名和经典的指令集。

1. x86

x86 指令集形成于 1978 年，以 Intel 公司推出的 8086 处理器为标志，Intel 8086 处理器是首个基于 x86 指令集架构设计的一款 16 位处理器。Intel 公司早期处理器系列 Intel 8086、80186、80286、80386、80486 都是以 86 结尾的数字表示，因此 x86 指令集泛指 Intel 公司设计制造的 CPU 体系架构。x86 指令集使用可变指令长度的 CISC 架构，1981 年被 IBM 公司推出的第一台个人计算机采用。后来是 Wintel(Windows-Intel)时代——Microsoft 和 Intel 商业联盟，x86 架构的 CPU 上安装 Windows 操作系统，几乎垄断了个人计算机市场。目前世界上主要的 x86 架构 CPU 提供商有 Intel 和 AMD 两家公司。AMD 公司最开始通过获得 Intel 公司的授权生产 x86 架构的 CPU，后来开始了与 Intel 公司长期既联合又竞争的关系，值得一提的是，x86 架构的 64 位处理器是 AMD 公司率先提出的。随着各种新应用对 CPU 性能的需求不断提高，新设计的 x86 CPU 会增加新的指令，而为了兼容之前 CPU 平台的各类软件，必须保留之前 CPU 的指令集，造成了日益庞大的 x86 指令集。RISC 架构出现后，x86 架构吸取了 RISC 的优点，在 CPU 内部使用译码器将长度不同的复杂 x86 指令翻译成多条类似 RISC 的简单指令，执行这些简单指令来完成复杂指令的功能，从而既可以兼容之前的旧指令，又克服了 CISC 架构的部分缺点。当前 x86 架构 CPU 在个人计算机和服务器领域都取得了巨大成功，占据重要地位。

2. ARM

不同于 x86 CPU 采用 CISC 架构，1985 年英国剑桥的 Acorn 公司设计出了一台 RISC 架构的 CPU，命名为 Acorn RISC Machine，简称 ARM，这是 ARM 最早的名称由来。1990 年，Acorn 公司和 Apple 公司、VLSI 公司组建了名为 Advanced RISC Machines Ltd.的新公司，这就是著名的 ARM 公司。2016 年，日本软银集团收购了

ARM公司。采用RISC架构,ARM公司针对不同用途,通过大幅精简不常用的指令,降低设计芯片的复杂度,设计了大量的CPU。由于具有性价比高、功耗低等特点,ARM架构的CPU被广泛地应用在嵌入式和移动端等领域。

目前,ARM指令集架构的CPU主要有三大系列。

(1) Cortex-M:M系列专注于设计低成本、低功耗的CPU,主要应用于嵌入式、物联网等对成本和能耗敏感的领域。

(2) Cortex-A:A系列专注于设计高性能的CPU,主要应用于手机、机顶盒、平板计算机、个人计算机等领域。目前市面上绝大多数手机使用的是ARM Cortex-A系列的CPU。

(3) Cortex-R:R系列专注于设计实时响应能力强的CPU,主要应用于汽车控制、工业控制等对实时性要求比较高的场合。

说到ARM公司,不得不提它的商业模式。不同于Intel公司自己生产x86 CPU芯片,ARM公司并不生产和出售CPU芯片,而是将ARM指令集架构和ARM CPU的设计通过知识产权(Intellectual Property,IP)授权的方式转让给芯片厂商。ARM提供了多种多样的授权方式,主要的两种为ARM CPU IP授权和ARM指令集架构授权。大部分厂商购买的是ARM CPU IP授权,从ARM公司获得ARM的CPU IP,需要支付一笔前期授权费(Up Front License Fee),将芯片设计出来量产后,每卖出一片芯片还要交一定比例(通常是芯片售价的1%~2%)的版税(Royalty)。只有少量的有深厚设计实力的芯片厂商会购买ARM指令集架构授权,这种方式灵活性很大,可以自己设计和定制符合ARM指令集架构的CPU,通常这种授权是永久性的。当前ARM公司在嵌入式和移动终端市场占有重要地位,并开始向服务器和个人计算机等x86占优势的市场进军,而Intel公司也在尝试向移动领域渗透,CISC和RISC正在融合并开始短兵相接。

3. MIPS

MIPS(Microprocessor without Interlocked Pipeline Stages)也是一种RISC架构。早在1981年,斯坦福大学的John LeRoy Hennessy教授(斯坦福大学第十任校长,2017年图灵奖获得者之一)领导的研究团队基于在编译器方面的丰富积累,本着将编译器优化到接近硬件层面的思想,准备设计RISC架构的CPU,这就是MIPS的前身。

MIPS设计时采用更小、更简单的指令集,每条指令在单个时钟周期内完成,强调软硬件协同，从而简化硬件设计，并使用流水线技术来提高性能。1984 年，John LeRoy Hennessy 教授和团队创立了 MIPS 公司，MIPS 是最早的商业化 RISC 架构 CPU 之一，比 ARM 更早进入市场，商业模式与 ARM 类似，主要是将 MIPS 指令集架构和 CPU IP 授权给芯片厂商，但没有 ARM 形式多样和灵活。MIPS 与 x86 和 ARM 一起，曾经是世界三大主流指令集架构。中国科学院计算技术研究所设计的龙芯 CPU 采用的就是 MIPS 指令集架构，并在 2007 年获得 MIPS 的授权。MIPS 最开始面向高性能嵌入式领域，而 ARM 专注于嵌入式低功耗领域，早期 MIPS 的性能优于 ARM。MIPS 架构 CPU 广泛应用于网络通信设备和消费领域，如路由器、机顶盒、打印机、游戏机、车载电子等。在移动互联网爆发时，ARM 开始发力智能手机 CPU，但是 MIPS 反应缓慢，依然局限在之前的嵌入式领域，错过了移动互联网时代，导致 MIPS 逐渐没落——虽然这并不是技术原因造成的。MIPS 经过多次被收购和转手，2018 年被硅谷的人工智能芯片公司 Wave Computing 收购。2019 年，Wave Computing 宣布将 MIPS Release 6 指令集架构开源，在即将到来的智能物联网时代，在同是 RISC 架构的竞争者 ARM 和 RISC-V 面前，MIPS 能否扭转局势呢？

4. SPARC

SPARC(Scalable Processor ARChitecture)也是一种 RISC 架构。1986 年，SUN 公司设计出 SPARC V7 架构处理器，并在 1987 年和 TI 公司合作推出了第一款基于该架构的工作站，很快占领了市场。为了扩大 SPARC 的影响力，1989 年，一个独立的、非营利的机构 SPARC International, Inc. 成立，负责 SPARC 架构的管理、授权和推广，以及兼容性测试。SUN 公司开始时的主要产品是工作站，随着互联网的发展，市场对服务器的需求不断增长，SUN 公司转向服务器市场。1995 年，SUN 公司推出了 64 位的 UltraSPARC 处理器。之后 SUN 公司凭借 SPARC 架构和 Solaris 系统的高性能和可靠性，逐步在高端服务器市场占据领导地位。SPARC 架构处理器不同于其他 RISC 架构的一个显著特点是采用寄存器窗口技术，在函数调用时，这项技术通过快速切换不同寄存器窗口，无须保存和恢复操作，显著减少调用和返回时间以及访存次数。2005 年，SUN 公司推出了 UltraSPARC T1 处理器，并于当年发起了 OpenSPARC 开放源代码计划，2006 年将 UltraSPARC T1 处理器的源代码公开，将其命名为 OpenSPARC T1，这就是业界第一款开源的 64 位处理器。2007 年，SUN 公司推出更加先进的 UltraSPARC T2 处理器，其开源版本 OpenSPARC T2 也随之公布。

SPARC 架构处理器在航天和超算领域也有不少应用。欧洲航天局采用 LEON 处理器,LEON 处理器是一款基于 SPARC V8 架构的 32 位开源处理器,采用 LGPL 授权。国内航天领域、天河超级计算机也采用了 SPARC 架构处理器。

Microsoft 公司和 Intel 公司组成 Wintel 联盟之后,凭借各自市场和商业生态优势,不断抢占服务器市场。遗憾的是,SUN 公司在竞争中逐渐落败。后来主要有 Oracle 和富士通两家公司采用 SPARC 架构处理器,基本只面向服务器和高性能计算市场。2009 年,Oracle 公司收购了 SUN 公司。2017 年,Oracle 公司宣布正式放弃硬件业务,包括从 SUN 公司收购过来的 SPARC 架构处理器,引来业界的一片惋惜。

5. POWER

POWER(Performance Optimized With Enhanced RISC)也是一种 RISC 指令集架构。1.1.1 节介绍 RISC 的时候提到,1975 年 IBM 公司的 John Cocke 发现 CISC 指令集中 20%的常用简单指令完成了 80%的任务,而另外 80%的复杂指令并不经常使用。1980 年,IBM 开始研制基于 RISC 架构的原型机。虽然 IBM 是最早提出 RISC 架构的公司,但 IBM 公司在 1990 年才推出第一款 POWER 架构 CPU RS/6000,比 MIPS 和 SPARC 都要晚。

1991 年,Apple、IBM、Motorola 三家公司结成 AIM 联盟,并在 1993 年研发出由 POWER 架构修改而来的 PowerPC 架构,主要应用在 Apple 公司的笔记本计算机和服务器,Nintendo 公司的 GameCube,Sony 公司的 PlayStation 3,以及 Microsoft 公司的 Xbox 等设备上。1997 年,IBM“深蓝”超级计算机击败了国际象棋冠军 Garry Kasparov,后来这台超级计算机被美国华盛顿特区的史密森国家博物馆收藏。2001 年,IBM 公司推出了世界上第一个双核处理器——POWER4。但是在 2005 年,Apple 公司计算机不再使用 PowerPC 架构 CPU,改用 Intel CPU。也是在这一年,IBM 公司将个人计算机业务出售给联想公司,专注于大型机业务。

POWER 架构处理器主要用在 IBM 超级计算机、服务器、小型计算机及工作站中,IBM 公司从 CPU 到系统的整机方案,在可靠性、可用性和可维护性方面有着独有的优势,软件也采用自己的 AIX 操作系统,整合起来的 POWER 架构设备的整体稳定性和集成度表现出色,经过多年发展,成功应用在科学计算(如模拟核爆炸试验、天气预报)、银行金融、航天、太空探测等多个领域。

POWER 架构设备虽然性能出色,但是价格昂贵。而且随着云计算的兴起,分布式系统逐渐成熟，可以通过集群来保证系统的可靠性而不必只依赖几台设备，系统性能也可以通过分布式计算的方式解决。

2013 年，IBM 公司联合 Google、NVIDIA 等公司成立了 OpenPOWER 基金会，允许会员推出自己的 POWER 处理器以及相关 POWER 架构产品，但是开放集中在固件和软件系统，使用 POWER 指令集架构仍然需要 OpenPOWER 基金会的授权，并且要支付版税。

为了避免进一步被边缘化，IBM 公司学习 RISC-V，跟随 MIPS 的脚步，在 2019 年宣布开源 POWER 指令集架构。

1.1.3　RISC-V

近年兴起了一个新的指令集——RISC-V，其最初源于美国加州大学伯克利分校的研究项目。2010 年，加州大学伯克利分校的 Krste Asanovic 教授和 David Patterson 教授（2017 年图灵奖获得者之一），以及两个学生 Andrew Waterman、Yunsup Lee 由于科研项目和教育的需要，需要选择一个指令集架构，在考察了已有的指令集后，发现这些指令集有的需要获得授权，有的或多或少有缺陷，没有一个十分合适的指令集可以使用，所以他们决定设计一套全新、免费、开源的指令集。因为加州大学伯克利分校之前已经有过 4 个 RISC 指令集的项目，这个新设计的 RISC 指令集是第五代，所以命名为 RISC-V，V 还可以代表 Vector。

RISC-V 借鉴了 50 多年来 CPU 设计的技术优点，并避免了曾经出现的技术缺陷，所以从其推出以来就吸引了学术界和工业界很多知名企业的关注和加入。当前主流 x86 和 ARM 指令架构集需要考虑向后兼容，不得不保留大量冗余指令，而 RISC-V 没有这种历史包袱，这造就了 RISC-V 的一个主要特性——精简，基本指令仅有 40 多条。

RISC-V 的另一个主要特性是模块化设计，RISC-V 将指令集分为基本指令集和若干扩展指令集。基本指令集是 CPU 必须要支持的，扩展指令集是可选项。模块化设计的优势是灵活性高、可扩展性强，CPU 设计者可以根据 CPU 性能和功耗需求，灵活地选择支持基本指令集和某个或者某几个扩展指令集，从而可以通过一套统一的指令集架构满足各种不同应用场景的需求，例如从嵌入式 CPU 到服务器 CPU。

RISC-V 指令集是完全开源的，采用宽松的伯克利软件套件（Berkeley Software Distribution，BSD）协议，因而被称为硬件领域的 Linux。2015 年，RISC-V 的几位设计者发起并成立了非营利性组织 RISC-V 基金会，旨在建立一个开放、合作的软硬件创新社区，联合基金会成员一起推动 RISC-V 生态系统的发展，吸引了国内外众多科研院校、知名企业加入。2020 年，RISC-V 基金会总部从美国迁移至瑞士。RISC-V 基金会不收取授权费，允许任何人免费使用 RISC-V 指令集设计和制造 RISC-V CPU，也允许添加自定义扩展指令而不必开源。

在生态方面，RISC-V 基金会已经提供了完整的开源工具链，包括软件开发环境和开发工具、编译器、模拟器、调试工具、Linux 支持等。目前已经有许多开源的和商用的基于 RISC-V 指令集的 CPU 实现。RISC-V 基金会成员和众多参与者都在积极贡献和不断完善 RISC-V 生态环境。

x86 统治了个人计算机时代，ARM 主导了移动互联网时代，即将到来的人工智能和物联网时代，会不会是 RISC-V 的机会？

1.2 RISC-V 指令集简介

RISC-V 是一种开放的精简指令集架构，相比于其他指令集，RISC-V 指令集完全开源，可以被用户和企业扩展实现定制化芯片，具有如下的特点。

(1) 完全开源。用户可以自由使用 RISC-V 指令集设计定制化芯片而不需要支付费用。

(2) 架构简单。商业化的 x86 架构和 ARM 架构为了保证后向兼容性不得不保留很多过时定义，导致指令集数目多且冗余。RISC-V 架构的基础指令集只有 40 多条。

(3) 指令集模块化。RISC-V 提供了基本指令和扩展指令，如支持 32 个通用整数寄存器的 I 型指令，支持单/双精度的 F/D 型指令集和压缩指令等，用户可以灵活地选择不同的组合满足各种不同的场景。

(4) 指令编码规整。RISC-V 指令集编码比较规整，指令译码方便简单。

(5) 生态升级。RISC-V 社区提供了生态开放，包括编译工具和仿真工具等。

虽然 RISC-V 指令集出现较晚，但由于其特有的开源模式及开放生态，得到众多芯片设计公司的青睐，未来这种开放的体系结构如果能取得成功，将最终打破芯片制造设计行业的专利壁垒，促进芯片产业的蓬勃发展。

1.3 RISC-V 基础指令集

RISC-V 基础指令集包含**基础指令集**(Base Instruction Set,BIS)和**扩展指令集**(Extension Instruction Set,EIS),如图 1.1 所示。根据指令描述符的不同,RISC-V 基础指令集又分为 32 位整数指令集(RV32I)、32 位嵌入式指令集(RV32E)、64 位整数指令集(RV64I)和 128 位整数指令集(RV128I)。扩展指令集包括乘除法指令集、单精度浮点指令集、双精度浮点指令集、控制与状态指令集、压缩指令集、原子指令集及未来可扩展指令集等。

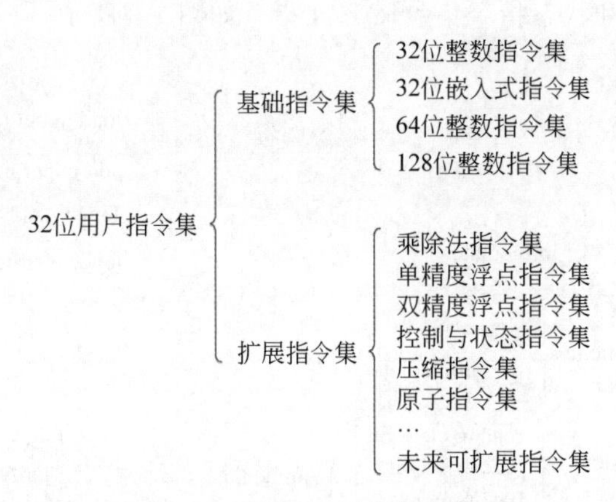

图 1.1　RISC-V 用户指令集

RISC-V 32 位基础指令集(RV32I)按照命名规则分为 6 种格式。

(1) 寄存器-寄存器操作 R 类型指令。

(2) 短立即数和访存 load 操作 I 类型指令。

(3) 访存 store 操作 S 类型指令。

(4) 条件跳转 B 类型指令。

(5) 长立即数 U 类型指令。

(6) 无条件跳转 J 类型指令。

图 1.2 所示为不同类型的指令格式。RV32I 所有的指令都是 32 位固定长度,指令

在存储器中必须满足 4 字节边界对齐。为了简化指令译码，RISC-V ISA 架构将源寄存器 rs1、rs2 和目的寄存器 rd 固定在同样的位置。

31 30 ~ 26 25	24 ~ 21 20	19 ~ 15	14 ~ 12	11 ~ 8 7	6 ~ 0	指令类型
funct7	rs2	rs1	funct3	rd	opcode	R-type
imm[11:0]		rs1	funct3	rd	opcode	I-type
imm[11:5]	rs2	rs1	funct3	imm[4:0]	opcode	S-type
imm[12] imm[10:5]	rs2	rs1	funct3	imm[4:1] imm[11]	opcode	B-type
imm[31:12]				rd	opcode	U-type
imm[20] imm[10:1] imm[11] imm[19:12]				rd	opcode	J-type

图 1.2　RISC-V 基本指令格式

本节主要讲解基础整数指令集几种常见的算术与逻辑操作指令、控制转移指令、内存访问指令、控制和状态指令集。RV32I 指令如图 1.3 所示。

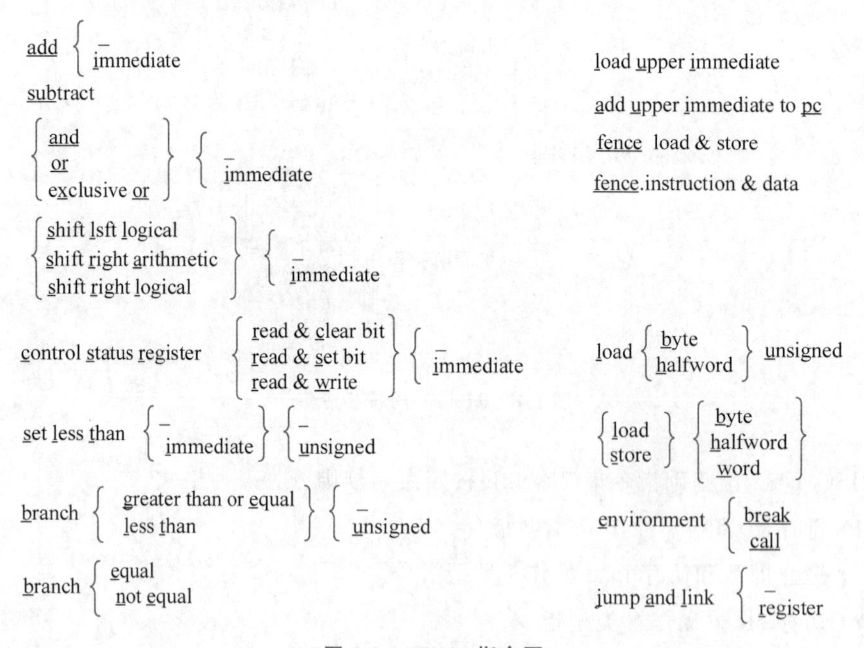

图 1.3　RV32I 指令图

图 1.3 中把带下画线的字母从左到右连接组成 RV32I 指令，花括号表示集合中垂直方向上每个类别是指令的变体。集合中的下画线表示不包含这个类别字母的集合也是一个指令名称。如图 1.3 中 load & store 目录下表示以下指令：lb、lh、lw、sb、sh、 sw、lbu、lhu。

相比于 x86-32 的 8 个寄存器和 ARM-32 的 16 个寄存器，RISC-V 有 32 个通用整数寄存器和 32 个浮点寄存器如表 1.1 所示。

表 1.1　通用整数寄存器和浮点寄存器

寄存器	接口名称	描　　述	被调用者是否保留
x0	zero	硬编码零寄存器	—
x1	ra	返回地址	否
x2	sp	栈地址	是
x3	gp	全局指针	—
x4	tp	线程指针	—
x5	t0	临时寄存器/备用链接寄存器	否
x6	t1	临时寄存器	否
x7	t2	临时寄存器	否
x8	s0	保存寄存器/调用栈的帧指针	是
x9	s1	保存寄存器	是
x10～11	a0～1	函数参数/返回值	否
x12～17	a2～7	函数参数	否
x18～27	s2～11	保存寄存器	是
x28～31	t3～6	临时寄存器	否
f0～7	ft0～7	浮点临时寄存器	否
f8～9	fs0～1	浮点保存寄存器	是
f10～11	fa0～1	浮点参数/返回值	否
f12～17	fa2～7	浮点参数	否
f18～27	fs2～11	浮点保存寄存器	是
f28～31	ft8～11	浮点临时寄存器	否

1.3.1　算术与逻辑操作指令

算术与逻辑操作指令分为 R 类型指令、I 类型整数运算指令和 U 类型整数运算指令。

1. R 类型指令

R 类型指令主要有简单的算术指令(add、sub)、逻辑指令(and、or、xor)、移位指令(sll、srl、sra)和比较指令(slt、sltu),指令格式如表 1.2 所示。

表 1.2　R 类型指令格式

31～25	24～20	19～15	14～12	11～7	6～0	位/指令
0000000	rs2	rs1	000	rd	0110011	add
0100000	rs2	rs1	000	rd	0110011	sub
0000000	rs2	rs1	001	rd	0110011	sll
0000000	rs2	rs1	010	rd	0110011	slt
0000000	rs2	rs1	011	rd	0110011	sltu
0000000	rs2	rs1	100	rd	0110011	xor
0000000	rs2	rs1	101	rd	0110011	srl
0100000	rs2	rs1	101	rd	0110011	sra
0000000	rs2	rs1	110	rd	0110011	or
0000000	rs2	rs1	111	rd	0110011	and

R 类型指令用于寄存器-寄存器的操作。表 1.3 对 R 类型指令进行了说明。

表 1.3　R 类型指令说明

指令类型	指令操作	指令描述	指令说明
add	add rd,rs1,rs2	x(rd)=x(rs1)+x(rs2)	rs1 与 rs2 寄存器的值相加,结果存入 rd 寄存器,舍弃溢出位
sub	sub rd,rs1,rs2	x(rd)=x(rs1)−x(rs2)	rs1 与 rs2 寄存器的值相减,结果存入 rd 寄存器,舍弃溢出位,保留低 32 位
and	and rd,rs1,rs2	x(rd)=x(rs1)&x(rs2)	rs1 与 rs2 寄存器的值按位与,结果存入 rd 寄存器
or	or rd,rs1,rs2	x(rd)=x(rs1)|x(rs2)	rs1 与 rs2 寄存器的值按位或,结果存入 rd 寄存器
xor	xor rd,rs1,rs2	x(rd)=x(rs1)^x(rs2)	rs1 与 rs2 寄存器的值按位异或,结果存入 rd 寄存器

续表

指令类型	指令操作	指令描述	指令说明
sll	sll rd,rs1,rs2	x(rd)=x(rs1)<<u x(rs2)	rs1 寄存器的值向左逻辑移位,rs2 寄存器的值为移位数,低位补零,结果存入 rd 寄存器
srl	srl rd,rs1,rs2	x(rd)=x(rs1)>>u x(rs2)	rs1 寄存器的值向右逻辑移位,rs2 寄存器的值为移位数,高位补零,结果存入 rd 寄存器
sra	sra rd,rs1,rs2	x(rd)=x(rs1)>>>sx(rs2)	rs1 寄存器的值向右算术移位,rs2 寄存器的值为移位数,高位补符号位,结果存入 rd 寄存器
slt	slt rd,rs1,rs2	x(rd)=(x(rs1)＜x(rs2))?1:0	rs1 与 rs2 寄存器的值作为有符号数进行比较,若 rs1 寄存器的值小于 rs2 寄存器的值,结果为 1,否则为 0,结果存入 rd 寄存器
sltu	sltu rd,rs1,rs2	x(rd)=(x(rs1) ＜x(rs2))? 1:0	rs1 与 rs2 寄存器的值作为无符号数进行比较,若 rs1 寄存器的值小于 rs2 寄存器的值,结果为 1,否则为 0,结果存入 rd 寄存器

2. I 类型整数运算指令

I 类型整数运算指令主要用于对寄存器和短立即数的操作,主要有 addi、slti、sltiu、xori、ori、andi、slli、srli、srai 指令,scrrci、scrrsi、scrrwi 等指令在 1.3.4 节进行说明。I 类型整数运算指令格式如表 1.4 所示。

表 1.4　I 类型整数运算指令格式

31～25	24～20	19～15	14～12	11～7	6～0	位/指令
imm[11:0]		rs1	000	rd	0010011	addi
imm[11:0]		rs1	010	rd	0010011	slti
imm[11:0]		rs1	011	rd	0010011	sltiu
imm[11:0]		rs1	100	rd	0010011	xori
imm[11:0]		rs1	110	rd	0010011	ori

续表

31～25	24～20	19～15	14～12	11～7	6～0	位/指令
imm[11:0]		rs1	111	rd	0010011	andi
0000000	shamt[4:0]	rs1	001	rd	0010011	slli
0000000	shamt[4:0]	rs1	101	rd	0010011	srli
0100000	shamt[4:0]	rs1	101	rd	0010011	srai

表 1.5 对 I 类型整数运算指令进行了说明。

表 1.5　I 类型整数运算指令说明

指令类型	指令操作	指令描述	指令说明
addi	addi rd,rs1,imm[11:0]	x(rd)=x(rs1)+sext(imm[11:0])	rs1 寄存器的值与有符号扩展的立即数相加，结果存入 rd 寄存器
slti	slti rd,rs1, imm[11:0]	x(rd)=(x(rs1)<sext(imm[11:0]))?1:0	rs1 寄存器的值与有符号扩展的立即数进行有符号数比较，若小于，结果为 1，否则为 0，结果存入 rd 寄存器
sltiu	sltiu rd,rs1, imm[11:0]	x(rd)=(x(rs1)<sext(imm[11:0]))?1:0	rs1 寄存器的值与有符号扩展的立即数进行无符号数比较，若小于，结果为 1，否则为 0，结果存入 rd 寄存器
xori	xori rd,rs1, imm[11:0]	x(rd)=x(rs1)^sext(imm[11:0])	rs1 寄存器的值与有符号扩展的立即数按位异或，结果存入 rd 寄存器
ori	ori rd,rs1, imm[11:0]	x(rd)=x(rs1)|sext(imm[11:0])	rs1 寄存器的值与有符号扩展的立即数按位或，结果存入 rd 寄存器
andi	andi rd,rs1, imm[11:0]	x(rd)=x(rs1)&sext(imm[11:0])	rs1 寄存器的值与有符号扩展的立即数按位与，结果存入 rd 寄存器

续表

指令类型	指令操作	指令描述	指令说明
slli	slli rd,rs1,shamt[4:0]	x(rd)=sext(x(rs1)<<ushamt[4:0])	rs1寄存器的值向左逻辑移位,低位补零,结果存入rd寄存器
srli	srli rd,rs1, shamt[4:0]	x(rd)=sext(x(rs1)<<ushamt[4:0])	rs1寄存器的值向右逻辑移位,低位补零,结果存入rd寄存器
srai	srai rd,rs1, shamt[4:0]	x(rd)=sext(x(rs1)>>>sshamt[4:0])	rs1寄存器的值向右算术移位,高位补符号位,结果存入rd寄存器

3. U类型整数运算指令

U类型整数运算指令主要有lui和auipc指令,指令格式如表1.6所示。

表1.6 U类型整数运算指令格式

31～25	24～20	19～15	14～12	11～7	6～0	位/指令
imm[31:12]				rd	0110111	lui
imm[31:12]				rd	0010111	auipc

表1.7对U类型整数运算指令进行了说明,其中PC(Prgram Counter)为程序计数器。

表1.7 U类型整数运算指令说明

指令类型	指令操作	指令描述	指令说明
lui	lui rd,imm[31:12]	x(rd)=sext(imm[31:12]<<12)	将立即数高20位进行有符号扩展后逻辑左移12位,结果存入rd寄存器
auipc	auipc rd,imm[31:12]	x(rd)=sext(imm[31:12]<<12)+PC	将立即数高20位进行有符号扩展后逻辑左移12位,然后与当前PC值相加,结果存入rd寄存器

1.3.2 控制转移指令

控制转移指令包含B类型条件跳转指令集和J类型无条件跳转指令集。

1. B 类型条件跳转指令

B 类型指令为条件跳转指令，跳转地址为 12 位有符号立即数乘以 2，然后与 PC 值相加所得，即 PC＋＝{imm[12:1],1'b0}，该指令可跳转前后 4KB 的地址空间。B 类型指令主要由 beq、bne、blt、bge、bltu 和 bgeu 等指令组成，指令格式如表 1.8 所示。

表 1.8　B 类型条件跳转指令格式

31～25	24～20	19～15	14～12	11～7	6～0	位/指令
imm[12|10:5]	rs2	rs1	000	imm[4:1|11]	1100011	beq
imm[12|10:5]	rs2	rs1	001	imm[4:1|11]	1100011	bne
imm[12|10:5]	rs2	rs1	100	imm[4:1|11]	1100011	blt
imm[12|10:5]	rs2	rs1	101	imm[4:1|11]	1100011	bge
imm[12|10:5]	rs2	rs1	110	imm[4:1|11]	1100011	bltu
imm[12|10:5]	rs2	rs1	111	imm[4:1|11]	1100011	bgeu

表 1.9 对 B 类型条件跳转进行了指令说明。

表 1.9　B 类型条件跳转指令说明

指令类型	指令操作	指令描述	指令说明
beq	beq rs1,rs2,imm[11:0]	if(x(rs1)＝＝x(rs2)) PC＋＝sext(offset)	若 rs1 和 rs2 寄存器的值相等，则 PC 值为当前值与有符号扩展立即数的和
bne	bne rs1,rs2,imm[11:0]	if(x(rs1)！＝x(rs2)) PC＋＝sext(offset)	若 rs1 和 rs2 寄存器的值不相等，则 PC 值为当前值与有符号扩展立即数的和
blt	blt rs1,rs2,imm[11:0]	if(x(rs1)＜x(rs2)) PC＋＝sext(offset)	若 rs1 寄存器值小于有符号 rs2 寄存器的值，则 PC 值为当前值与有符号扩展立即数的和
bge	bge rs1,rs2,imm[11:0]	if(x(rs1)＞＝x(rs2)) PC＋＝sext(offset)	若 rs1 寄存器值大于或等于有符号 rs2 寄存器的值，则 PC 值为当前值与有符号扩展立即数的和
bltu	bltu rs1,rs2,imm[11:0]	if(x(rs1)＜x(rs2)) PC＋＝sext(offset)	若 rs1 寄存器值小于无符号 rs2 寄存器的值，则 PC 值为当前值与有符号扩展立即数的和
bgeu	bgeu rs1,rs2,imm[11:0]	if(x(rs1)＞＝x(rs2)) PC＋＝sext(offset)	若 rs1 寄存器值大于或等于无符号 rs2 寄存器的值，则 PC 值为当前值与有符号扩展立即数的和

2. J 类型无条件跳转指令

J 类型指令为无条件跳转，即一定会发生跳转，主要有 jal、jalr 指令，指令格式如表 1.10 所示。

表 1.10　J 类型无条件跳转指令格式

31～25	24～20	19～15	14～12	11～7	6～0	位/指令
imm[20|10:1|11|19:12]				rd	1101111	jal
imm[11:0]		rs1	000	rd	1100111	jalr

表 1.11 对 J 类型无条件跳转指令进行了说明。

表 1.11　J 类型无条件跳转指令说明

指令类型	指令操作	指令描述	指令说明
jal	jal rd,offset	x(rd)=PC+4; PC+=sext({offset[20:1],1'b0})	首先将下一条指令 PC 值存入 rd 寄存器，当前 PC 值与立即数值的 2 倍相加得到新的 PC 值
jalr	jalr rd,offset(rs1)	x(rd)=PC+4; PC=(x(rs1)+sext(offset[11:0]))&(～'h1)	首先将下一条指令 PC 值存入 rd 寄存器，rs1 寄存器的值和有符号扩展的立即数相加得到新的 PC 值，新的 PC 值最低位清零

1.3.3　内存访问指令

内存访问指令分为 I 类型内存 load 指令和 S 类型内存 store 指令。

1. I 类型内存 load 指令

I 类型内存 load 指令进行存储器读操作，访问存储器的地址均为 x(rs1)+sext(offset[11:0])，主要有 lb、lh、lw、lbu 和 lhu 指令，指令格式如表 1.12 所示。

表 1.13 对 I 类型内存 load 指令进行了说明。

表 1.12　I 类型内存 load 指令格式

31～25	24～20	19～15	14～12	11～7	6～0	位/指令
offset[11:0]		rs1	000	rd	0000011	lb
offset[11:0]		rs1	001	rd	0000011	lh
offset[11:0]		rs1	010	rd	0000011	lw
offset[11:0]		rs1	100	rd	0000011	lbu
offset[11:0]		rs1	101	rd	0000011	lhu

表 1.13　I 类型内存 load 指令说明

指令类型	指令操作	指令描述	指令说明
lb	lb rd, offset(rs1)	x(rd)=sext(M(x(rs1)+sext(offset))[7:0])	offset 有符号扩展后与 rs1 寄存器的值相加作为地址,从该地址读取低 8 位数据,经过有符号扩展后存入 rd 寄存器
lh	lh rd,offset(rs1)	x(rd)=sext(M(x(rs1)+sext(offset))[15:0])	offset 有符号扩展后与 rs1 寄存器的值相加作为地址,从该地址读取低 16 位数据,经过有符号扩展后存入 rd 寄存器
lw	lw rd,offset(rs1)	x(rd)=sext(M(x(rs1)+sext(offset))[31:0])	offset 有符号扩展后与 rs1 寄存器的值相加作为地址,从该地址读取 32 位数据,经过有符号扩展后存入 rd 寄存器
lbu	lbu rd,offset(rs1)	x(rd)=M(x(rs1)+sext(offset))[7:0]	offset 有符号扩展后与 rs1 寄存器的值相加作为地址,从该地址读取低 8 位数据,经过高位补零后存入 rd 寄存器
lhu	lhu rd,offset(rs1)	x(rd)=M(x(rs1)+sext(offset))[15:0]	offset 有符号扩展后与 rs1 寄存器的值相加作为地址,从该地址读取低 16 位数据,经过高位补零后存入 rd 寄存器

2. S 类型内存 store 指令

S类型内存 store 指令进行存储器写操作,访问存储器的地址均为 x(rs1)+sext(imm[11:0]),主要有 sb、sh 和 sw 指令,指令格式如表 1.14 所示。

表 1.14　S 类型内存 store 指令格式

31～25	24～20	19～15	14～12	11～7	6～0	位/指令
imm[11:5]	rs2	rs1	000	imm[4:0]	0100011	sb
imm[11:5]	rs2	rs1	001	imm[4:0]	0100011	sh
imm[11:5]	rs2	rs1	010	imm[4:0]	0100011	sw

表 1.15 描述了 S 类型指令操作、指令描述、指令说明等内容。

表 1.15　S 类型内存 store 指令说明

指令类型	指令操作	指令描述	指令说明
sb	sb rs2,offset(rs1)	M(x(rs1)+sext(offset[11:0]))=x(rs2)[7:0]	offset 有符号扩展后与 rs1 寄存器的值相加作为地址，将 rs2 寄存器中低 8 位数据写入该地址
sh	sh rs2,offset(rs1)	M(x(rs1)+sext(offset[11:0]))=x(rs2)[15:0]	offset 有符号扩展后与 rs1 寄存器的值相加作为地址，将 rs2 寄存器中低 16 位数据写入该地址
sw	sw rs2,offset(rs1)	M(x(rs1)+sext(offset[11:0]))=x(rs2)[31:0]	offset 有符号扩展后与 rs1 寄存器的值相加作为地址，将 rs2 寄存器中 32 位数据写入该地址

1.3.4　控制和状态指令

RISC-V 中除了有内存和通用寄存器，还有独立的**控制和状态寄存器**(Control Status Register,CSR)用于配置或记录运行时的状态，CSR 作为处理器内核的寄存器使用专有的 12 位地址编码空间。RISC-V 中定义了 6 条访问 CSR 的指令，分别是 csrrw、csrrs、csrrc、csrrwi、csrrsi 和 csrrci，用于读写 CSR。控制和状态指令格式如表 1.16 所示。

表 1.16　控制和状态指令格式

31～25	24～20	19～15	14～12	11～7	6～0	位/指令
csr		rs1	001	rd	1110011	csrrw
csr		rs1	010	rd	1110011	csrrs
csr		rs1	011	rd	1110011	csrrc
csr		zimm	101	rd	1110011	csrrwi
csr		zimm	110	rd	1110011	csrrsi
csr		zimm	111	rd	1110011	csrrci

表 1.17 对控制和状态指令进行了说明。

表 1.17　控制和状态指令说明

指令类型	指 令 操 作	指 令 描 述	指 令 说 明
csrrw	csrrw rd,csr,rs1	x(rd)=CSR(csr); CSR(csr)=x(rs1);	完成两项操作：将 csr 索引的 CSR 值读出并写回结果寄存器 rd 中；将操作数寄存器 rs1 中的值写入 csr 索引的 CSR 中
csrrs	csrrs rd,csr,rs1	var=CSR(csr);x(rd)=var; CSR(csr)=x(rs1)|var	完成两项操作：将 csr 索引的 CSR 值读出并写回结果寄存器 rd 中；以寄存器 rs1 值逐位为参考，如果 rs1 中的值某位为 1，则将 csr 索引的 CSR 中对应的位置 1，其他位不受影响
csrrc	csrrc rd,csr,rs1	var=CSR(csr);x(rd)=var; CSR(csr)=~x(rs1) &var	完成两项操作：将 csr 索引的 CSR 值读出并写回结果寄存器 rd 中；以寄存器 rs1 值逐位为参考，如果 rs1 中的值某位为 1，则将 csr 索引的 CSR 中对应的位清零，其他位不受影响
csrrwi	csrrwi rd, csr, zimm [4:0]	x(rd)= CSR(csr); CSR(csr)=zimm[4:0];	完成两项操作：将 csr 索引的 CSR 值读出并写回结果寄存器 rd 中；将 5 位立即数(高位补 0 扩展)值写入 csr 索引的 CSR

csrrsi	csrrsi rd, csr, zimm [4:0]	var= CSR(csr);
		x(rd)=var;
		CSR(csr)=zimm[4:0]|var
			完成两项操作：将 csr 索引的 CSR 值读出并写回结果寄存器 rd 中；以 5 位立即数(高位补 0 扩展)值逐位为参考，如果该值某位为 1，则将 csr 索引 CSR 对应位置 1，其他位不受影响

csrrci	csrrci rd, csr, zimm [4:0]	var= CSR(csr);
		x(rd)=var;
		CSR(csr)=~zimm[4:0]&var
			完成两项操作：将 csr 索引 CSR 值读出并写回结果寄存器 rd 中；以 5 位立即数(高位补 0 扩展)值逐位为参考，如果该值某位为 1，则将 csr 索引 CSR 对应位清零，其他位不受影响

1.4 RISC-V 扩展指令集

RISC-V 指令集架构使用模块化的组织方式，如 RV32I，还有本节内容将要介绍的几种具有代表性的指令集模块。

(1) 支持整数乘除法的 M 型指令集模块。

(2) 支持存储原子操作的 A 型指令集模块。

(3) 压缩指令的 C 型指令集模块。

(4) 支持单精度浮点的 F 型指令集模块。

(5) 支持双精度浮点的 D 型指令集模块。

RISC-V 指令集架构要求强制执行的指令集为 I 型基本整数指令集，其他的指令集作为可选的标准扩展模块，用户可以选择 I 型指令集模块和扩展指令集的一个或多个模块组合，如上述模块的通用组合表示为 RV32IMAFD，也可以用 RV32G 表示。

1.4.1 RV32M 整数乘除法指令

RISC-V 根据乘数和被乘数是否为有符号数和无符号数，以及结果的截断范围的差异，定义了 4 条乘法指令，乘法指令格式如表 1.18 所示。

表 1.18　乘法指令格式

31～25	24～20	19～15	14～12	11～7	6～0	位/指令
0000001	rs2	rs1	000	rd	0110011	mul
0000001	rs2	rs1	001	rd	0110011	mulh
0000001	rs2	rs1	010	rd	0110011	mulhsu
0000001	rs2	rs1	011	rd	0110011	mulhu

表 1.19 对整数乘法指令进行了说明。

RISC-V 根据除数和被除数是否为有符号数和无符号数，以及求商或者求余数，定义了 4 条除法指令，除法指令格式如表 1.20 所示。

表 1.19 乘法指令说明

指令类型	指令操作	指令描述	指令说明
mul	mul rd,rs1,rs2	x(rd)=x(rs1)*x(rs2)	寄存器 rs1、rs2 值当作有符号数相乘,结果的低 32 位写入寄存器 rd
mulh	mulh rd,rs1,rs2	x(rd)=x(rs1)*x(rs2)	寄存器 rs1、rs2 值当作有符号数相乘,结果的高 32 位写入寄存器 rd
mulhsu	mulhsu rd,rs1,rs2	x(rd)=x(rs1)*x(rs2)	两个寄存器值分别当作有符号数和无符号数相乘,结果高 32 位写入寄存器 rd
mulhu	mulhu rd,rs1,rs2	x(rd)=x(rs1)*x(rs2)	寄存器 rs1、rs2 值当作无符号数相乘,结果的高 32 位写入寄存器 rd

表 1.20 除法指令格式

31～25	24～20	19～15	14～12	11～7	6～0	位/指令
0000001	rs2	rs1	100	rd	0110011	div
0000001	rs2	rs1	101	rd	0110011	divu
0000001	rs2	rs1	110	rd	0110011	rem
0000001	rs2	rs1	111	rd	0110011	remu

表 1.21 对除法指令进行了说明。

表 1.21 除法指令说明

指令类型	指令操作	指令描述	指令说明
div	div rd,rs1,rs2	x(rd)=x(rs1)/x(rs2)	寄存器 rs1、rs2 值当作有符号数相除,结果写入寄存器 rd
divu	divu rd,rs1,rs2	x(rd)=x(rs1)/x(rs2)	寄存器 rs1、rs2 值当作无符号数相除,结果写入寄存器 rd
rem	rem rd,rs1,rs2	x(rd)=x(rs1)%x(rs2)	寄存器 rs1、rs2 值当作有符号数进行求余,余数写入寄存器 rd
remu	remu rd,rs1,rs2	x(rd)=x(rs1)%x(rs2)	寄存器 rs1、rs2 值当作无符号数进行求余,余数写入寄存器 rd

1.4.2 RV32A 原子指令

RISC-V 指令集架构定义的原子指令有两种操作类型：加载保留(Load Reserved)/条

件存储(Store Conditional)操作和原子内存(Atomic Memory Operation,AMO)操作。

1. 加载保留/条件存储指令

加载保留/条件存储指令格式如表 1.22 所示。

表 1.22　加载保留/条件存储指令格式

31～25			24～20	19～15	14～12	11～7	6～0	位/指令
00010	aq	rl	00000	rs1	010	rd	0101111	lr.w
00011	aq	rl	rs2	rs1	010	rd	0101111	sc.w

表 1.23 对加载保留/条件存储指令进行了说明。

表 1.23　加载保留/条件存储指令说明

指令类型	指令操作	指令描述	指令说明
lr.w	lr.w rd,rs1	x(rd) = load_reserved(M(x(rs1)))	从内存中地址为 x(rs1) 位置加载 4 字节,符号位扩展后写入 x(rd),并对内存字注册保留
sc.w	sc.w rd,rs2,rs1	x(rd) = store_conditional(M(x(rs1)),x(rs2))	将寄存器 rs2 值写入存储器(存储器地址为寄存器 rs1 值),如果执行成功,则向地址 rd 寄存器写入 0,否则写入一个非 0 的错误码

判断指令 sc.w 中存储器写入成功的条件如下。

(1) lr 和 sc 指令成对地访问相同的地址。

(2) lr 和 sc 指令之间没有任何其他的写操作访问过相同的地址。

(3) lr 和 sc 指令之间没有任何中断和异常。

(4) lr 和 sc 指令之间没有执行 mret 指令。

2. 原子内存操作指令

原子内存操作指令用于从存储器(存储器地址为寄存器 rs1 值)读出数据,存储到寄存器 rd 中,并且将读出的数据与寄存器 rs2 值进行计算,再将计算后的结果写回相同地址的存储器中。原子内存操作指令要求整个“读—算—写”过程必须为原子操作,即整个“读—算—写”过程必须能够保证完成，在读出和写回之间的间隙，存储器的该地址不能被其他的进程访问。原子内存操作指令格式如表 1.24 所示。

表 1.24　原子内存操作指令格式

31～25			24～20	19～15	14～12	11～7	6～0	位/指令
00001	aq	rl	rs2	rs1	010	rd	0101111	amoswap.w
00000	aq	rl	rs2	rs1	010	rd	0101111	amoadd.w
00100	aq	rl	rs2	rs1	010	rd	0101111	amoxor.w
01100	aq	rl	rs2	rs1	010	rd	0101111	amoand.w
01000	aq	rl	rs2	rs1	010	rd	0101111	amoor.w
10000	aq	rl	rs2	rs1	010	rd	0101111	amomin.w
10100	aq	rl	rs2	rs1	010	rd	0101111	amomax.w
11000	aq	rl	rs2	rs1	010	rd	0101111	amominu.w
11100	aq	rl	rs2	rs1	010	rd	0101111	amomaxu.w

原子内存操作指令格式均为 R 型，指令操作均为＜原子指令＞ rd，rs2，rs1。表 1.25 对原子内存操作指令进行了说明。

表 1.25　原子内存操作指令说明

指令类型	指 令 操 作	指 令 描 述	指 令 说 明
amoswap.w	amoswap.w rd，rs1，rs2	x(rd) = AMO(M(swap(x(rs1)，x(rs2))))	将读出的数据与寄存器 rs2 值互换，结果写回存储器
amoadd.w	amoadd.w rd，rs1，rs2	x(rd) = AMO(M(x(rs1) + x(rs2)))	将读出的数据与寄存器 rs2 值进行加法运算
amoxor.w	amoxor.w rd，rs1，rs2	x(rd) = AMO(M(x(rs1) ^ x(rs2)))	将读出的数据与寄存器 rs2 值进行异或运算
amoand.w	amoand.w rd，rs1，rs2	x(rd) = AMO(M(x(rs1) & x(rs2)))	将读出的数据与寄存器 rs2 值进行与运算
amoor.w	amoor.w rd，rs1，rs2	x(rd) = AMO(M(x(rs1) | x(rs2)))	将读出的数据与寄存器 rs2 值进行或运算
amomin.w	amomin.w rd，rs1，rs2	x(rd) = AMO(M(min(x(rs1)，x(rs2))))	将读出的数据与寄存器 rs2 值取最小值，有符号数运算

续表

指令类型	指令操作	指令描述	指令说明
amomax.w	amomax.w rd,rs1,rs2	x(rd)=AMO(M(max(x(rs1),x(rs2))))	将读出的数据与寄存器 rs2 值取最大值,有符号数运算
amominu.w	amominu.w rd,rs1,rs2	x(rd)=AMO(M(min(x(rs1),x(rs2))))	将读出的数据与寄存器 rs2 值取最小值,无符号数运算
amomaxu.w	amomaxu.w rd,rs1,rs2	x(rd)=AMO(M(max(x(rs1),x(rs2))))	将读出的数据与寄存器 rs2 值取最大值,无符号数运算

1.4.3　RV32C 压缩指令

RISC-V 扩展了一种标准压缩指令集,被命名为 C,压缩指令可以添加到任何的基本 ISA 上,通过对常用操作加入短的 16 位指令编码,可以减少静态和动态代码尺寸。压缩指令的设计理念在于为嵌入式应用程序提高代码密度,以提高应用程序的性能和能耗效率。在一般情况下,程序中 50%～60% 的 RISC-V 指令可以被压缩指令集代替,可以节约 25%～30%代码空间。表 1.26 所示为 9 种 16 位压缩指令格式。

表 1.26　9 种 16 位压缩指令格式

<table>
<tr><th>15～13</th><th>12</th><th>11～10</th><th>9～7</th><th>6～4</th><th>3～2</th><th>1～0</th><th>位/指令格式</th><th>格式含义</th></tr>
<tr><td colspan="2">funct4</td><td colspan="2">rd/rs1</td><td colspan="2">rs2</td><td>op</td><td>cr</td><td>寄存器</td></tr>
<tr><td>funct3</td><td>imm</td><td colspan="2">rd/rs1</td><td colspan="2">imm</td><td>op</td><td>ci</td><td>立即数</td></tr>
<tr><td>funct3</td><td colspan="3">imm</td><td colspan="2">rs2</td><td>op</td><td>css</td><td>栈相关 store</td></tr>
<tr><td>funct3</td><td colspan="4">imm</td><td>rd′</td><td>op</td><td>ciw</td><td>宽立即数</td></tr>
<tr><td>funct3</td><td colspan="2">imm</td><td>rs1′</td><td>imm</td><td>rd′</td><td>op</td><td>cl</td><td>load</td></tr>
<tr><td>funct3</td><td colspan="2">imm</td><td>rs1′</td><td>imm</td><td>rs2′</td><td>op</td><td>cs</td><td>store</td></tr>
<tr><td colspan="3">funct6</td><td>rd′/rs1′</td><td>funct2</td><td>rs2′</td><td>op</td><td>ca</td><td>算术</td></tr>
<tr><td>funct3</td><td colspan="2">offset</td><td colspan="2">rs1′</td><td>offset</td><td>op</td><td>cb</td><td>分支</td></tr>
<tr><td>funct3</td><td colspan="5">jump target</td><td>op</td><td>cj</td><td>跳转</td></tr>
</table>

表 1.26 中的 cr、ci 和 css 指令格式可以使用所有 32 个 RV32I 寄存器,而 ciw、cl、

cs、ca、cb 被限制只能使用所有 32 个寄存器中的 8 个寄存器。压缩浮点 load 和 store 也分别使用 cl 和 cs 格式，8 个寄存器映射到 f8～f15。表 1.27 给出了这些寄存器的对应关系，其中 ABI(Application Binary Interface)为二进制接口。

表 1.27 压缩指令格式中 rs1′、rs2′和 rd′指向的寄存器

RV32C 寄存器编号	000	001	010	011	100	101	110	111
整数寄存器编号	x8	x9	x10	x11	x12	x13	x14	x15
整数寄存器 ABI 名	s0	s1	a0	a1	a2	a3	a4	a5
浮点寄存器编号	f8	f9	f10	f11	f12	f13	f14	f15
浮点寄存器 ABI 名	fs0	fs1	fa0	fa1	fa2	fa3	fa4	fa5

1. load 和 store 指令

1）基于栈指针的 load 指令

指令格式参考表 1.26 立即数 ci 指令格式。表 1.28 对 RV32C 栈指针(Stack Point,SP)的 load 指令进行了说明。

表 1.28 栈指针的 load 指令说明

指令类型	指 令 操 作	指 令 描 述	指 令 说 明
c.lwsp	c.lwsp rd,uimm(x2)	x(rd)=sext(M(x(2)+uimm)[31:0])	栈指针相关字加载，将一个 32 位数值从存储器读入寄存器 rd 中。存储器有效地址为零扩展偏移量乘 4(即左移 2 位)，再加上栈指针 x2
c.flwsp	c.flwsp rd,uimm(x2)	f(rd)=sext(M(x(2)+uimm)[31:0])	栈指针相关浮点字加载，是 RV32FC 指令，将一个单精度浮点数从存储器读入寄存器 rd，存储器有效地址为零扩展偏移量乘 4，再加上栈指针 x2
c.fldsp	c.fldsp rd,uimm(x2)	f(rd)=sext(M(x(2)+uimm)[63:0])	栈指针相关浮点双字加载，是一条 RV32DC 仅有指令，将一个双精度浮点数值从存储器读入浮点寄存器 rd 中，存储器有效地址为立即数零扩展偏移量乘 8，再加上栈指针 x2

2）基于栈指针的 store 指令

指令格式参考表 1.26 css 指令格式。表 1.29 对 RV32C 栈指针的 store 指令进行了说明。

表 1.29　栈指针的 store 指令说明

指令类型	指 令 操 作	指 令 描 述	指 令 说 明
c.swsp	c.swsp rs2,uimm(x2)	M(x(2)+uimm)[31:0]=x(rs2)	栈指针相关字存储,将寄存器 rs2 中 32 位值保存到存储器,存储器有效地址为零扩展偏移量乘 4,再加上栈指针 x2
c.fswsp	c.fswsp rs2,uimm(x2)	M(x(2)+uimm)[31:0]=f(rs2)	栈指针相关浮点字存储,是 RV32FC 指令,将浮点寄存器 rs2 中的单精度浮点数值保存到存储器。存储器有效地址为零扩展偏移量乘 4,再加上栈指针 x2
c.fsdsp	c.fsdsp rs2,uimm(x2)	M(x(2)+uimm)[63:0]=f(rs2)	栈指针相关浮点双字存储,是 RV32DC 指令,将浮点寄存器 rs2 中的双精度浮点数保存到存储器。存储器有效地址为零扩展偏移量乘 8,再加上栈指针 x2

3) 基于寄存器的 load 指令

指令格式参考表 1.26 cl 指令格式。表 1.30 对 RV32C 寄存的器的 load 指令进行了说明。

表 1.30　寄存器的 load 指令说明

指令类型	指 令 操 作	指 令 描 述	指 令 说 明
c.lw	c.lw rd′,uimm(rs1′)	x(8+rd′)=sext(M(x(8+rs1′)+uimm)[31:0])	字加载,将 32 位数值从存储器读入寄存器 rd′,存储器有效地址为将零扩展的偏移量乘 4,再加上寄存器 rs1′中的基址形式
c.flw	c.flw rd′,uimm(rs1′)	f(8+rd′)=sext(M(x(8+rs1′)+uimm)[31:0])	浮点字加载,是 RV32FC 仅有指令,将一个单精度浮点数值从存储器读入浮点寄存器 rd′中,存储器有效地址为零扩展的偏移量乘 4,再加上寄存器 rs1′+8 中的基址形式
c.fld	c.fld rd′,uimm(rs1′)	f(8+rd′)=sext(M(x(8+rs1′)+uimm)[63:0])	浮点双字加载,是 RV32DC 仅有指令,将一个双精度浮点数值从存储器读入浮点寄存器 rd′中,存储器有效地址为零扩展的偏移量乘 8,再加上寄存器 rs1′中的基址形式

4）基于寄存器的 store 指令

指令格式参考表 1.26 cs 指令格式。表 1.31 对 RV32C 寄存器的 store 指令进行了说明。

表 1.31 寄存器的 store 指令说明

指令类型	指令操作	指令描述	指令说明
c.sw	c.sw rs2′,uimm(rs1′)	M(x(8+rs1′)+uimm)[31:0]=x(8+rs2′)	将 rs2′寄存器中的 32 位数据存入存储器中，存储器的有效地址由零扩展的 4 倍偏移加上 rs1′寄存器的值获得
c.fsw	c.fsw rs2′,uimm(rs1′)	M(x(8+rs1′)+uimm)[31:0]=f(8+rs2′)	将 rs2′浮点寄存器中的单精度浮点数据存入存储器中，存储器的有效地址由零扩展的 4 倍偏移加上 rs1′寄存器的值获得
c.fsd	c.fsd rs2′,uimm(rs1′)	M(x(8+rs1′)+uimm)[63:0]=f(8+rs2′)	将 rs2′浮点寄存器中的双精度浮点数据存入存储器中，存储器的有效地址由零扩展的 8 倍偏移加上 rs1′寄存器的值获得

2. 控制转移指令

1）无条件跳转指令

RVC(RV32C)提供无条件跳转指令 c.j、c.jal(指令格式如表 1.26 cj 指令格式)和 c.jr、c.jalr(指令格式如表 1.26 cr 指令格式)。表 1.32 对 RV32C 无条件跳转指令进行了说明。

表 1.32 无条件跳转指令说明

指令类型	指令操作	指令描述	指令说明
c.j	c.j offset	PC+= sext(offset)	无条件跳转指令。跳转目的地址为 PC 值加上符号扩展后的偏移。该指令允许在±2KB 的空间内跳转
c.jal	c.jal offset	x(1)=PC+2; PC+=sext(offset)	无条件跳转指令。跳转目的地址为 PC 值加上符号扩展后的偏移，同时将下一条指令的地址写入链接寄存器 x1。该指令允许在±2KB 的空间内跳转

续表

指令类型	指令操作	指令描述	指令说明
c.jr	c.jr rs1	PC=x(rs1)	无条件跳转到rs1寄存器中的地址
c.jalr	c.jalr rs1	PC=x(rs1); x(1)=PC+2	无条件跳转到rs1寄存器中的地址,同时将下一条指令的地址写入链接寄存器x1

2) 条件分支指令

RVC(RV32C)提供条件分支指令,指令格式参考表1.26 cb指令格式。表1.33对RV32C条件分支指令进行了说明。

表1.33 条件分支指令说明

指令类型	指令操作	指令描述	指令说明
c.beqz	c.beqz rs1′,offset	if(x(8+rs1′)==0) PC+=sext(offset)	当rs1′中的值为0时,进行条件跳转。跳转目的地址为PC值加上符号扩展后的偏移。该指令允许在±256B的空间内跳转
c.bnez	c.bnez rs1′,offset	if(x(8+rs1′)!=0) PC+=sext(offset)	当rs1′中的值不为0时,进行条件跳转。跳转目的地址为PC值加上符号扩展后的偏移。该指令允许在±256B的空间内跳转

3. 整数计算指令

1) 整数常数-生成指令

指令格式参考表1.26 cl指令格式。表1.34对RV32C整数常数-生成指令进行了说明。

表1.34 整数常数-生成指令说明

指令类型	指令操作	指令描述	指令说明
c.li	c.li rd,imm	x(rd)=sext(imm)	将符号扩展的6位立即数加载到目的寄存器rd中
c.lui	c.lui rd,imm	x(rd)=sext(imm[17:12]<<12)	将非零的6位立即数加载到目的寄存器的17~12位,其余高位进行符号扩展,其余低位清零

2）整数寄存器-立即数指令

指令格式参考表 1.26 cl 指令格式。表 1.35 对 RV32C 整数寄存器-立即数指令进行了说明。

表 1.35　整数寄存器-立即数指令说明

指令类型	指 令 操 作	指 令 描 述	指 令 说 明
c.addi	c.addi rd，imm	x(rd)+=sext(imm)	将非零的 6 位立即数符号扩展后加上目的寄存器 rd 的值，再写回目的寄存器 rd 中
c.addi16sp	c.addi16sp imm	x(2)+=sext(imm)	将非零的 6 位立即数扩大 16 倍并符号扩展后加上堆栈指针 x2，再写回 x2 中
c.addi4spn	c.addi4spn rd′，uimm	x(8+rd′)=x(2)+uimm	将非零的立即数扩大 4 倍并零扩展后加上堆栈指针 x2，再写回目的寄存器 rd′中
c.slli	c.slli rd，uimm	x(rd)=x(rd)<<uimm	将目的寄存器 rd 中的值使用立即数逻辑左移后写回目的寄存器 rd 中
c.srli	c.srli rd′，imm	x(8+rd′)=x(8+rd′)>>uimm	将目的寄存器 rd′中的值使用立即数逻辑右移后写回目的寄存器 rd′中
c.srai	c.srai rd，imm	x(8+rd′)=x(8+rd′)>>>s uimm	将目的寄存器 rd′中的值使用立即数算术右移后写回目的寄存器 rd′中
c.andi	c.andi rd′，imm	x(8 + rd′) = x(8 + rd′) &sext(imm)	将符号扩展 6 位立即数与目的寄存器 rd′中的值进行按位逻辑与运算，再写回目的寄存器 rd′中

3）整数寄存器-寄存器指令

c.mv、c.add 指令格式参考表 1.26 cr 指令格式，其他指令参考表 1.26 cs 指令格式。表 1.36 对 RV32C 整数寄存器-寄存器指令进行了说明。

表 1.36　整数寄存器-寄存器指令说明

指令类型	指 令 操 作	指 令 描 述	指 令 说 明
c.mv	c.mv rd，rs2	x(rd)=x(rs2)	将 rs2 寄存器中的值复制到目的寄存器 rd 中

续表

指令类型	指令操作	指令描述	指令说明
c.add	c.add rd,rs2	x(rd)= x(rd)+x(rs2)	将 rs2 寄存器中的值与 rd 寄存器中的值相加,再写回目的寄存器 rd 中
c.and	c.and rd′,rs2′	x(8+rd′)= x(8+rd′)&x(8+rs2′)	将 rs2′寄存器中的值与 rd′寄存器中的值进行逻辑与运算,再写回目的寄存器 rd′中
c.or	c.or rd′,rs2′	x(8+rd′)= x(8+rd′)|x(8+rs2′)	将 rs2′寄存器中的值与 rd′寄存器中的值进行逻辑或运算,再写回目的寄存器 rd′中
c.xor	c.xor rd′,rs2′	x(8+rd′)= x(8+rd′)^x(8+rs2′)	将 rs2′寄存器中的值与 rd′寄存器中的值进行逻辑异或运算,再写回目的寄存器 rd′中
c.sub	c.sub rd′,rs2′	x(8+rd′)= x(8+rd′)−x(8+rs2′)	将 rd′寄存器中的值减去 rs2′寄存器中的值,再写回目的寄存器 rd′中

4）NOP 指令

表 1.37 对 RV32C NOP 指令进行了说明。

表 1.37　NOP 指令说明

指令类型	指令操作	指令描述	指令说明
c.nop	c.nop	addi x0,x0,0	除了增加 PC 值和影响性能计数器的值,本指令不产生任何用户可见的状态改变

5）断点指令

表 1.38 对 RV32C 断点指令进行了说明。

表 1.38　断点指令说明

指令类型	指令操作	指令描述	指令说明
c.ebreak	c.ebreak	RaiseException(Breakpoint)	调试器可以通过该指令将控制权交还给调试环境

1.4.4 RV32F 单精度浮点指令

RV32F 扩展了 32 个 32 位宽的浮点寄存器 f0～f31，一个包含了操作模式和浮点单元异常状态的浮点控制和状态寄存器 fcsr。其中，大多数的浮点指令可对寄存器组中的值进行操作，浮点 load 和 store 指令在寄存器和存储器之间传输浮点值，RV32F 也提供了从整数寄存器组读写数值的指令。表 1.39 为 RV32F 指令操作码。

表 1.39 RV32F 指令操作码

31～25	24～20	19～15	14～12	11～7	6～0	位/指令
imm[11:0]		rs1	010	rd	0000111	flw
imm[11:5]	rs2	rs1	010	imm[4:0]	0100111	fsw
{rs3,2'b00}	rs2	rs1	rm	rd	1000011	fmadd.s
{rs3,2'b00}	rs2	rs1	rm	rd	1000111	fmsub.s
{rs3,2'b00}	rs2	rs1	rm	rd	1001011	fnmsub.s
{rs3,2'b00}	rs2	rs1	rm	rd	1001111	fnmadd.s
0000000	rs2	rs1	rm	rd	1010011	fadd.s
0000100	rs2	rs1	rm	rd	1010011	fsub.s
0001000	rs2	rs1	rm	rd	1010011	fmul.s
0001100	rs2	rs1	rm	rd	1010011	fdiv.s
0101100	00000	rs1	rm	rd	1010011	fsqrt.s
0010000	rs2	rs1	000	rd	1010011	fsgnj.s
0010000	rs2	rs1	001	rd	1010011	fsgnjn.s
0010000	rs2	rs1	010	rd	1010011	fsgnjx.s
0010100	rs2	rs1	000	rd	1010011	fmin.s
0010100	rs2	rs1	001	rd	1010011	fmax.s
1100000	00000	rs1	rm	rd	1010011	fcvt.w.s
1100000	00001	rs1	rm	rd	1010011	fcvt.wu.s
1110000	00000	rs1	000	rd	1010011	fmv.x.w
1010000	rs2	rs1	010	rd	1010011	feq.s

续表

31～25	24～20	19～15	14～12	11～7	6～0	位/指令
1010000	rs2	rs1	001	rd	1010011	flt.s
1010000	rs2	rs1	000	rd	1010011	fle.s
1110000	00000	rs1	001	rd	1010011	fclass.s
1101000	00000	rs1	rm	rd	1010011	fcvt.s.w
1101000	00001	rs1	rm	rd	1010011	fcvt.s.wu
1111000	00000	rs1	000	rd	1010011	fmv.w.x

1. 浮点数读写指令

表 1.40 对 RV32F 浮点数读写指令进行了说明。

表 1.40　浮点数读写指令说明

指令类型	指令操作	指令描述	指令说明
flw	flw rd,offset(rs1)	f(rd) = M(x(rs1) + sext(offset))[31:0]	从存储器中加载一个单精度浮点数到浮点目的寄存器 rd
fsw	fsw rs2,offset(rs1)	M(x(rs1) + sext(offset)) = f(rs2)[31:0]	将浮点寄存器 rs2 中的单精度浮点数存入存储器

2. 浮点数运算指令

表 1.41 对 RV32F 浮点数运算指令进行了说明。

表 1.41　浮点数运算指令说明

指令类型	指令操作	指令描述	指令说明
fadd.s	fadd.s rd,rs1,rs2	f(rd)=f(rs1)+f(rs2)	将浮点寄存器 rs1 和 rs2 中的单精度浮点数相加,结果写入浮点目的寄存器 rd 中
fsub.s	fsub.s rd,rs1,rs2	f(rd)=f(rs1)−f(rs2)	将浮点寄存器 rs1 中的单精度浮点数减去 rs2 中的单精度浮点数,结果写入浮点目的寄存器 rd 中

续表

指令类型	指令操作	指令描述	指令说明
fmul.s	fmul.s rd,rs1,rs2	f(rd)=f(rs1) * f(rs2)	将浮点寄存器 rs1 和 rs2 中的单精度浮点数相乘,结果写入浮点目的寄存器 rd 中
fdiv.s	fdiv.s rd,rs1,rs2	f(rd)=f(rs1)/f(rs2)	将浮点寄存器 rs1 中的单精度浮点数除以 rs2 中的单精度浮点数,结果写入浮点目的寄存器 rd 中
fsqrt.s	fsqrt.s rd,rs1	f(rd)=sqrt(f(rs1))	计算浮点寄存器 rs1 中的单精度浮点数的平方根,结果写入浮点目的寄存器 rd 中
fmin.s	fmin.s rd,rs1,rs2	f(rd)=min(f(rs1),f(rs2))	将浮点寄存器 rs1 和 rs2 中的单精度浮点数较小者写入浮点目的寄存器 rd 中
fmax.s	fmax.s rd,rs1,rs2	f(rd)=max(f(rs1),f(rs2))	将浮点寄存器 rs1 和 rs2 中的单精度浮点数较大者写入浮点目的寄存器 rd 中
fmadd.s	fmadd.s rd,rs1,rs2,rs3	f(rd)=f(rs1) * f(rs2)+f(rs3)	将浮点寄存器 rs1 和 rs2 中的单精度浮点数相乘,再加上浮点寄存器 rs3 中的单精度浮点数,结果写入浮点目的寄存器 rd 中
fmsub.s	fmsub.s rd,rs1,rs2,rs3	f(rd)=f(rs1) * f(rs2)-f(rs3)	将浮点寄存器 rs1 和 rs2 中的单精度浮点数相乘,再减去浮点寄存器 rs3 中的单精度浮点数,结果写入浮点目的寄存器 rd 中
fnmadd.s	fnmadd.s rd,rs1,rs2,rs3	f(rd)=-(f(rs1) * f(rs2)+f(rs3))	将浮点寄存器 rs1 和 rs2 中的单精度浮点数相乘,再加上浮点寄存器 rs3 中的单精度浮点数,结果取负数后写入浮点目的寄存器 rd 中
fnmsub.s	fnmsub.s rd,rs1,rs2,rs3	f(rd)=-(f(rs1) * f(rs2)-f(rs3))	将浮点寄存器 rs1 和 rs2 中的单精度浮点数相乘,再减去浮点寄存器 rs3 中的单精度浮点数,结果取负数后写入浮点目的寄存器 rd 中

3. 浮点数格式转换指令

表 1.42 对 RV32F 浮点数格式转换指令进行了说明。

表 1.42 浮点数格式转换指令说明

指令类型	指令操作	指令描述	指令说明
fcvt.w.s	fcvt.w.s rd,rs1	x(rd)=sext(s32f32(f(rs1)))	将浮点寄存器 rs1 中的单精度浮点数转换为 32 位有符号整数,写入整数目的寄存器 rd 中
fcvt.s.w	fcvt.s.w rd,rs1	f(rd)=f32s32(x(rs1))	将整数寄存器 rs1 中 32 位有符号整数转换为单精度浮点数,写入浮点目的寄存器 rd 中
fcvt.wu.s	fcvt.wu.s rd,rs1	x(rd)=u32f32(f(rs1))	将浮点寄存器 rs1 中的单精度浮点数转换为 32 位无符号整数,写入整数目的寄存器 rd 中
fcvt.s.wu	fcvt.s.wu rd,rs1	f(rd)=f32u32(x(rs1))	将整数寄存器 rs1 中 32 位无符号整数转换为单精度浮点数,写入浮点目的寄存器 rd 中

4. 浮点数符号注入指令

表 1.43 对 RV32F 浮点数符号注入指令操作、指令进行了说明。

表 1.43 浮点数符号注入指令说明

指令类型	指令操作	指令描述	指令说明
fsgnj.s	fsgnj.s rd,rs1,rs2	f(rd)={f(rs2)[31],f(rs1)[30:0]}	使用 rs2 的符号位及 rs1 的指数和有效数,构造一个新的单精度浮点数,写入浮点目的寄存器 rd 中
fsgnjn.s	fsgnjn.s rd,rs1,rs2	f(rd)={~f(rs2)[31],f(rs1)[30:0]}	使用 rs2 符号位取反及 rs1 的指数和有效数,构造一个新的单精度浮点数,写入浮点目的寄存器 rd 中

续表

指令类型	指令操作	指令描述	指令说明
fsgnjx.s	fsgnjx.s rd,rs1,rs2	f(rd)={f(rs1)[31]^f(rs2)[31],f(rs1)[30:0]}	使用 rs1 和 rs2 符号位的异或值及 rs1 的指数和有效数，构造一个新的单精度浮点数，写入浮点目的寄存器 rd 中

5. 浮点数与整数互搬指令

表 1.44 对 RV32F 浮点数与整数互搬指令进行了说明。

表 1.44　浮点数与整数互搬指令说明

指令类型	指令操作	指令描述	指令说明
fmv.x.w	fmv.x.w rd,rs1	x(rd)=sext(f(rs1)[31:0])	将浮点寄存器 rs1 中以 IEEE 754—2008 格式表示的单精度浮点数，直接写入整数目的寄存器 rd 中
fmv.w.x	fmv.w.x rd,rs1	f(rd)=x(rd)	将整数寄存器 rs1 中以 IEEE 754—2008 格式表示的单精度浮点数，直接写入浮点目的寄存器 rd 中

6. 浮点数比较指令

表 1.45 对 RV32F 浮点数比较指令进行了说明。

表 1.45　浮点数比较指令说明

指令类型	指令操作	指令描述	指令说明
flt.s	flt.s rd,rs1,rs2	x(rd)=(f(rs1)<f(rs2))？1:0	若浮点寄存器 rs1 中的单精度浮点数小于浮点寄存器 rs2 中的单精度浮点数，则将 1 写入整数目的寄存器 rd，否则将 0 写入整数目的寄存器 rd
fle.s	fle.s rd,rs1,rs2	x(rd)=(f(rs1)<=f(rs2))？1:0	若浮点寄存器 rs1 中的单精度浮点数小于或等于浮点寄存器 rs2 中的单精度浮点数，则将 1 写入整数目的寄存器 rd，否则将 0 写入整数目的寄存器 rd

续表

指令类型	指令操作	指令描述	指令说明
feq.s	feq.s rd,rs1,rs2	x(rd)=(f(rs1)==f(rs2))? 1:0	若浮点寄存器 rs1 中的单精度浮点数等于浮点寄存器 rs2 中的单精度浮点数,则将 1 写入整数目的寄存器 rd,否则将 0 写入整数目的寄存器 rd

7. 浮点数分类指令

表 1.46 对 RV32F 浮点数分类指令进行了说明。

表 1.46 浮点数分类指令说明

指令类型	指令操作	指令描述	指令说明
fclass.s	fclass.s rd,rs1	x(rd)=$classify_s$(f(rs1))	执行浮点数分类操作,对通用浮点寄存器 rs1 的单精度浮点数进行判断,根据其所属类型生成 10 位 one-hot 结果,并将结果写入通用整数寄存器 rd

1.4.5 RV32D 双精度浮点指令

表 1.47 为 RV32D 指令操作码。

表 1.47 RV32D 指令操作码

31～25	24～20	19～15	14～12	11～7	6～0	位/指令
imm[11:0]		rs1	011	rd	0000111	fld
imm[11:5]	rs2	rs1	011	imm[4:0]	0100111	fsd
{rs3,2′b01}	rs2	rs1	rm	rd	1000011	fmadd.d
{rs3,2′b01}	rs2	rs1	rm	rd	1000111	fmsub.d
{rs3,2′b01}	rs2	rs1	rm	rd	1001011	fnmsub.d
{rs3,2′b01}	rs2	rs1	rm	rd	1001111	fnmadd.d
0000001	rs2	rs1	rm	rd	1010011	fadd.d
0000101	rs2	rs1	rm	rd	1010011	fsub.d

续表

31～25	24～20	19～15	14～12	11～7	6～0	位/指令
0001001	rs2	rs1	rm	rd	1010011	fmul.d
0001101	rs2	rs1	rm	rd	1010011	fdiv.d
0101101	00000	rs1	rm	rd	1010011	fsqrt.d
0010001	rs2	rs1	000	rd	1010011	fsgnj.d
0010001	rs2	rs1	001	rd	1010011	fsgnjn.d
0010001	rs2	rs1	010	rd	1010011	fsgnjx.d
0010101	rs2	rs1	000	rd	1010011	fmin.d
0010101	rs2	rs1	001	rd	1010011	fmax.d
0100000	00001	rs1	rm	rd	1010011	fcvt.s.d
0100001	00000	rs1	rm	rd	1010011	fcvt.d.s
1010001	rs2	rs1	010	rd	1010011	feq.d
1010001	rs2	rs1	001	rd	1010011	flt.d
1010001	rs2	rs1	000	rd	1010011	fle.d
1110001	00000	rs1	001	rd	1010011	fclass.d
1100001	00000	rs1	rm	rd	1010011	fcvt.w.d
1100001	00001	rs1	rm	rd	1010011	fcvt.wu.d
1101001	00000	rs1	rm	rd	1010011	fcvt.d.w
1101001	00001	rs1	rm	rd	1010011	fcvt.d.wu

1. 浮点数读写指令

表 1.48 对 RV32D 浮点数读写指令进行了说明。

表 1.48　浮点数读写指令说明

指令类型	指 令 操 作	指 令 描 述	指 令 说 明
fld	fld rd,imm(rs1)	f(rd) = M(x(rs1) + sext(imm))[63:0]	浮点加载双字，以 rs1 为基地址，imm 为偏移量计算内存地址 x(rs1) + sign_extend(imm)，从该地址加载双精度浮点数存入 f(rd)

续表

指令类型	指令操作	指令描述	指令说明
fsd	fsd rs2,imm(rs1)	M(x(rs1)+sext(imm))=f(rs2)[63:0]	双精度浮点存储,以 rs1 为基地址,imm 为偏移量计算内存地址 x(rs1)+sign_extend(imm),将 f(rs2)中的双精度浮点数存入该内存地址

2. 浮点数运算指令

表 1.49 对 RV32D 浮点数运算指令进行了说明。

表 1.49　浮点数运算指令说明

指令类型	指令操作	指令描述	指令说明
fadd.d	fadd.d rd,rs1,rs2	f(rd)=f(rs1)+f(rs2)	将寄存器 rs1、rs2 中双精度浮点数进行加法操作,结果写入寄存器 rd
fsub.d	fsub.d rd,rs1,rs2	f(rd)=f(rs1)-f(rs2)	将寄存器 rs1、rs2 中双精度浮点数进行减法操作,结果写入寄存器 rd
fmul.d	fmul.d rd,rs1,rs2	f(rd)=f(rs1) * f(rs2)	将寄存器 rs1、rs2 中双精度浮点数进行乘法操作,结果写入寄存器 rd
fdiv.d	fdiv.d rd,rs1,rs2	f(rd)=f(rs1)/f(rs2)	将寄存器 rs1、rs2 中双精度浮点数进行除法操作,结果写入寄存器 rd
fsqrt.d	fsqrt.d rd,rs1	f(rd)=sqrt(f(rs1))	将寄存器 rs1 中双精度浮点数进行平方根操作,结果写入寄存器 rd
fmin.d	fmin.d rd,rs1,rs2	f(rd) = min(f(rs1),f(rs2))	将寄存器 rs1、rs2 中双精度浮点数进行比较,将数值小的一方作为结果写入寄存器 rd
fmax.d	fmax.d rd,rs1,rs2	f(rd) = max(f(rs1),f(rs2))	将寄存器 rs1、rs2 中双精度浮点数进行比较,将数值大的一方作为结果写入寄存器 rd
fmadd.d	fmadd.d rd,rs1,rs2,rs3	f(rd)=f(rs1) * f(rs2)+f(rs3)	把寄存器 rs1、rs2 中的双精度浮点数相乘,再和寄存器 rs3 中的双精度浮点数相加,结果写入 f(rd)
fmsub.d	fmsub.d rd,rs1,rs2,rs3	f(rd)=f(rs1) * f(rs2)-f(rs3)	把寄存器 rs1、rs2 中的双精度浮点数相乘,再和寄存器 rs3 中的双精度浮点数相减,结果写入 f(rd)

续表

指令类型	指令操作	指令描述	指令说明
fnmadd.d	fnmadd.d rd,rs1,rs2,rs3	f(rd) = −(f(rs1) * f(rs2)+f(rs3))	将寄存器 rs1、rs2 中双精度浮点数相乘,结果取负数,再和寄存器 rs3 中双精度浮点数相加,结果写入 f(rd)
fnmsub.d	fnmsub.d rd,rs1,rs2,rs3	f(rd) = −f(rs1) * f(rs2)−(f(rs3))	将寄存器 rs1、rs2 中双精度浮点数相乘,结果取负数,再和寄存器 rs3 中双精度浮点数相减,结果写入 f(rd)

3. 浮点数格式转换指令

表 1.50 对 RV32D 浮点数格式转换指令进行了说明。

表 1.50　浮点数格式转换指令说明

指令类型	指令操作	指令描述	指令说明
fcvt.w.d	fcvt.w.d rd,rs1	x(rd)=sext(s32f64(f(rs1)))	双精度浮点数向字转换,将 rs1 通用浮点寄存器中的双精度浮点数转换为有符号整数,将结果写入通用整数寄存器 rd
fcvt.d.w	fcvt.d.w rd,rs1	f(rd)=f64s32(x(rs1))	字向双精度浮点数转换,将通用整数寄存器 rs1 中的有符号整数转换为双精度浮点数,将结果写入通用浮点寄存器 rd
fcvt.wu.d	fcvt.wu.d rd,rs1	x(rd)=sext(us32f64(f(rs1)))	双精度浮点数向无符号字转换,将通用浮点寄存器 rs1 中的双精度浮点数转换为无符号整数,将结果写入通用整数寄存器 rd
fcvt.d.wu	fcvt.d.wu rd,rs1	f(rd)=f64us32(x(rs1))	无符号字向双精度浮点数转换,将通用整数寄存器 rs1 中的无符号整数转换为双精度浮点数,将结果写入通用浮点寄存器 rd
fcvt.s.d	fcvt.s.d rd,rs1	f(rd)=f32f64(f(rs1))	双精度浮点数向单精度浮点数转换,将通用浮点寄存器 rs1 中的双精度浮点数转换成单精度浮点数,将结果写入通用浮点寄存器 rd
fcvt.d.s	fcvt.d.s rd,rs1	f(rd)=f64f32(f(rs1))	单精度浮点数向双精度浮点数转换,将 rs1 通用浮点寄存器中的单精度浮点数转换成双精度浮点数,将结果写入 rd 通用浮点寄存器

4. 浮点数符号注入指令

表 1.51 对 RV32D 浮点数符号注入指令进行了说明。

表 1.51　浮点数符号注入指令说明

指令类型	指 令 操 作	指 令 描 述	指 令 说 明
fsgnj.d	fsgnj.d rd,rs1,rs2	f(rd)={f(rs2)[63],f(rs1)[62:0]}	使用 f(rs2)的符号位,以及 f(rs1)中除符号位外的其他位(即指数位和有效数字位)构成一个双精度浮点数,将其写入 f(rd)
fsgnjn.d	fsgnjn.d rd,rs1,rs2	f(rd)={～f(rs2)[63],f(rs1)[62:0]}	使用 f(rs2)的符号位取反,以及 f(rs1)中除符号位外的其他位(即指数位和有效数字位)构成一个双精度浮点数,将其写入 f(rd)
fsgnjx.d	fsgnjx.d rd,rs1,rs2	f(rd)={f(rs1)[63]^f(rs2)[63],f(rs1)[62:0]}	使用 f(rs1)、f(rs2)的符号位的异或结果,以及 f(rs1)中除符号位外的其他位(即指数位和有效数字位)构成一个双精度浮点数,将其写入 f(rd)

5. 浮点数比较指令

表 1.52 对 RV32D 浮点数比较指令进行了说明。

表 1.52　浮点数比较指令说明

指令类型	指 令 操 作	指 令 描 述	指 令 说 明
flt.d	flt.d rd,rs1,rs2	x(rd)=(f(rs1)<f(rs2))? 1:0	f(rs1)、f(r2)为保存在通用浮点寄存器的双精度浮点数,x(rd)为通用整数寄存器。若 f(rs1)小于 f(r2),则 x(rd)等于 1,否则等于 0
fle.d	fle.d rd,rs1,rs2	x(rd)=(f(rs1)<=f(rs2))? 1:0	f(rs1)、f(r2)为保存在通用浮点寄存器的双精度浮点数,x(rd)为通用整数寄存器。若 f(rs1)小于或等于 f(r2),则 x(rd)等于 1,否则等于 0
feq.d	feq.d rd,rs1,rs2	x(rd)=(f(rs1) ==f(rs2)) ? 1:0	f(rs1)、f(r2)为保存在通用浮点寄存器的双精度浮点数,x(rd)为通用整数寄存器。若 f(rs1)等于 f(r2),则 x(rd)等于 1,否则等于 0

6. 浮点数分类指令

表 1.53 对 RV32D 浮点数分类指令进行了说明。

表 1.53 浮点数分类指令说明

指令类型	指令操作	指令描述	指令说明
fclass.d	fclass.d rs,rs1	x(rd)=$classify_d$(f(rs1))	执行浮点数分类操作,对通用浮点寄存器 rs1 的双精度浮点数进行判断,根据其所属类型生成 10 位 one-hot 结果,并将结果写入通用整数寄存器 rd

1.5 RISC-V 64 位基础指令

RISC-V 官方标准根据处理器字长的不同,将基础指令集分为 32 位整数指令集(RV32I)、64 位整数指令集(RV64I)。RV64I 包括 RV32I 所有指令和 RV32I 扩展指令。

本节将介绍 RV64I 中新增的指令,表 1.54 对 RV64I 新增的扩展指令进行了说明。

表 1.54 RV64I 新增的扩展指令说明

指令类型	指令操作	指令描述	指令说明
ld	ld rd,offset(rs1)	x(rd)=M(x(rs1)+sext(offset))[63:0]	双字加载,从存储器读出八个字节写入寄存器 rd,存储器地址为 x(rs1)+sign_extend(offset)
lwu	lwu rd,offset(rs1)	x(rd)=M(x(rs1)+sext(offset))[31:0]	无符号字加载,从存储器读出四个字节,零扩展后写入寄存器 rd,存储器地址为 x(rd)+sign_extend(offset)

续表

指令类型	指令操作	指令描述	指令说明
sd	sd rs2,offset(rs1)	M(x(rs1)+sext(offset))=x(rs2)[63:0]	存双字,将寄存器 rs2 中 64 位值存入存储器中,地址为 x(rs1)+sign_extend(offset)
addiw	addiw rd,rs1,imm	x(rd)=sext((x(rs1)+sext(imm))[31:0])	加立即数,将立即数进行符号位扩展之后与寄存器 rs1 相加,保留结果的低 32 位,并对其进行符号位扩展到 64 位,然后写入寄存器 rd。结果忽略计算溢出
slliw	slliw rd,rs1,shamt	x(rd)=sext((x(rs1)<<u shamt)[31:0])	立即数逻辑左移,将寄存器 rs1 左移 shamt 位后,低位补零,保留结果的低 32 位,并对其进行符号位扩展后写入寄存器 rd
srliw	srliw rd,rs1,shamt	x(rd)=sext(x(rs1)[31:0]>>u shamt)	立即数逻辑右移,将寄存器 rs1 右移 shamt 位后,高位补零,保留结果的低 32 位,并对其进行符号位扩展后写入寄存器 rd
sraiw	sraiw rd,rs1,shamt	x(rd)=sext(x(rs1)[31:0]>>>s shamt)	立即数算术右移,对寄存器 rs1 的低 32 位进行操作:先右移 shamt 位,再使用 x(rs1)[31]填充空出的高位。对该结果进行符号位扩展后写入寄存器 rd
addw	addw rd,rs1,rs2	x(rd)=sext((x(rs1)+x(rs2))[31:0])	将寄存器 rs1 与寄存器 rs2 相加,保留结果的低 32 位,并对其进行符号位扩展到 64 位,然后写入寄存器 rd。结果忽略计算溢出
subw	subw rd,rs1,rs2	x(rd)=sext((x(rs1)−x(rs2))[31:0])	将寄存器 rs1 与寄存器 rs2 相减,保留结果的低 32 位,并对其进行符号位扩展到 64 位,然后写入寄存器 rd。结果忽略计算溢出
sllw	sllw rd,rs1,rs2	x(rd)=sext((x(rs1)[31:0]<<x(rs2)[4:0])[31:0])	逻辑左移,将寄存器 rs1 值低 32 位左移,移位量为寄存器 rs2 值,低位补零,结果写入寄存器 rd。x(rs2)的低 5 位代表移动位数,其高位则被忽略

续表

指令类型	指令操作	指令描述	指令说明
srlw	srlw rd,rs1,rs2	x(rd) = sext(x(rs1)[31:0]>>x(rs2)[4:0])	逻辑右移,将寄存器 rs1 值低 32 位右移,移位量位寄存器 rs2 值,高位补零,结果写入寄存器 rd
sraw	sraw rd,rs1,rs2	x(rd) = sext(x(rs1)[31:0]>>>x(rs2)[4:0])	算术右移,把寄存器 rs1 的低 32 位右移,移位量为寄存器 rs2 值,空出的高位用 x(rs1)[31] 填充,结果进行有符号扩展后写入寄存器 rd

1.6 RISC-V 特权指令

RV32I/RV64I 引入了 4 种类型的特权指令：sret、mret、wfi 和 sfence.vma。本节将介绍特权架构引入的指令格式及指令说明。表 1.55 为特权指令格式。

表 1.55 特权指令格式

31～25	24～20	19～15	14～12	11～7	6～0	位/指令
0001000	00010	00000	000	00000	1110011	sret
0011000	00010	00000	000	00000	1110011	mret
0001000	00101	00000	000	00000	1110011	wfi
0001001	rs2	rs1	000	00000	1110011	sfence.vma

表 1.56 对特权指令进行了说明。

表 1.56 特权指令说明

指令类型	指令操作	指令描述	指令说明
sret	sret	管理员模式异常返回	在 S 态的异常处理程序中,使用 sret 指令退出异常服务程序。执行 sert 指令后,硬件进行如下操作：PC 跳转到 sepc 寄存器中存放的地址;特权等级恢复为 sstatus.SPP 保存的级别;sstatus.SIE 恢复为 sstatus.SPIE 的值;sstatus.SPIE 置 1;sstatus.spp 设置成 0(即 U 态)

续表

指令类型	指 令 操 作	指 令 描 述	指 令 说 明
mret	mret	机器模式异常返回	在 M 态的异常处理程序中，使用 mret 指令退出异常服务程序。执行 mert 指令后，硬件进行如下操作：PC 跳转到 mepc 寄存器中存放的地址；特权等级恢复为 mstatus.MPP 保存的级别；mstatus.MIE 恢复为 mstatus.MPIE 的值；mstatus.MPIE 置 1；mstatus.mpp 设置成 0（即 U 态）
wfi	wfi	等待中断	将当前处理器挂起（如关断时钟、进入低功耗模式），直到有等待服务的中断到来
sfence.vma	sfence.vma rs1，rs2	虚拟内存屏障	虚拟内存屏障指令，用于同步对内存管理数据结构的更新操作。指令执行会引起对这些数据结构的隐式读写，而 load/store 指令也会显式更新这些数据结构，这两种操作的前后顺序通常无法保证。通过执行 sfence.vma 指令可以确保，在 sfence.vma 指令之前本 hart 看到的对内存管理数据结构的 store 操作，都被排在 sfence.vma 指令后面的隐式操作之前

1.7　本章小结

本章介绍了 RISC-V 指令集架构，重点介绍了 RISC-V 基础指令集和扩展指令集各个指令的格式和操作说明，同时对 RV64 新增的指令格式和指令操作给出了说明。最后介绍了 RISC-V 特权指令相关内容。通过本章的阅读，读者能够对 RISC-V 指令集架构有一个基本的认识。

第二部分

处理器微架构

第2章

微架构顶层分析

计算机体系架构是**微架构**（Micro Architecture）和**指令集架构**（Instruction Set Architecture，ISA）的联合体，定义了微架构和指令集架构的交互方式。微架构是ISA在处理器中的具体实现方案，定义了算术逻辑部件、寄存器和缓存等处理器部件之间的连接关系，指定了数据路径和控制路径。由于设计目标不同，一种指令集架构可以有多种微架构实现方案。指令集架构是计算机的抽象模型，定义了计算机软硬件交互界面或者规范。这个界面或者规范包括数据类型、指令编码、寄存器、寻址模式、存储结构、中断、异常处理和外部输入输出等。编译器可以将软件程序代码翻译成微架构硬件能够识别且能按照事先约定语义执行的指令，这个约定或者规范属于指令集架构。指令集架构可以使符合其规范的软件跨平台运行，而不必限定于特定硬件平台，事实上实现了软件和硬件的解耦。微架构设计包含数据路径和控制路径的设计。流水线常见于现代处理器、微控制器或者数字信号处理器等，可以使指令重叠执行，极大提高处理器执行效率，是微架构设计的一项重要工作。RISC-V是一种RISC指令架构，与CISC架构相比具有指令格式相对固定以及指令类型较少等特点。本章将以RISC-V指令集架构为例介绍对应微架构的设计。

2.1 流水线

深入认识微架构需要对指令及流水线有所了解。本节首先从RISC-V指令集入手介绍指令执行及流水化实现，其次分析流水线性能及影响性能提升的因素，最后介绍流水线冒险、分支预测及标量流水线局限性。

2.1.1 RISC-V 指令集

本节以 RISC-V 指令集架构为例来阐述微架构中流水线的相关概念和思想。这些概念和思想同样适合于其他指令集架构处理器。RISC-V 指令集架构本身固有的特性使其指令实现方式更加简捷高效：一是 RISC-V 所有数据操作都在寄存器层面，二是与存储器读写相关的操作只有加载和存储指令；三是指令格式固定且数量较少。

RISC-V 指令集架构通常具有 3 类指令：**算术逻辑部件**（Arithmetic Logic Unit，ALU）指令、**加载和存储**（Load Store）指令以及分支跳转指令。以下是 3 类指令的详细介绍。

（1）算术逻辑部件指令。算术逻辑部件指令主要完成加、减算术运算和或、与逻辑运算等。指令字段主要包含操作码、两个寄存器索引或者一个寄存器索引和一个立即数。按照操作码指定的操作对两个寄存器中的数或者一个寄存器中的数和立即数进行算术或者逻辑运算。算术逻辑部件指令通常包括有符号运算和无符号运算。

（2）加载和存储指令。加载和存储指令完成从存储器读取数据到寄存器，以及将数据从寄存器写回存储器的操作。指令字段中包含操作码、两个寄存器索引和一个立即数。操作码字段指定指令为加载指令还是存储指令。其中，一个寄存器指定了基地址，立即数字段指定了偏移量，基地址加上偏移量即为存储器地址。对于加载指令，另一个寄存器用于存储从存储器指定地址读出的数据；对于存储指令，该寄存器存储的数据为将被写回指定存储器地址的数据。

（3）分支跳转指令。分支跳转指令进行有条件或无条件转移。通过指定寄存器对的比较来判断是否跳转。在 RISC-V 指令集架构中，跳转地址的计算通常是将指令中立即数经符号扩展得到的偏移量与当前**程序计数器**（Program Counter，PC）进行求和。

在认识 RISC-V 指令之后，对微架构中指令数据路径的介绍将有助于深入理解指令集架构。在 RISC-V 指令集架构中，每条指令的执行都由多个阶段接力来完成。下面介绍每个阶段完成的工作。这几个阶段如何划分才能使指令执行更加高效，这是指令流水化所要讨论的问题，将在 2.1.2 节进行讨论。

（1）指令提取（Instruction Fetch，IF）。根据程序计数器存储的指令地址，提取存储器中的指令数据。指令长度一般为 4 字节，因此提取指令后将程序计数器的值加 4，并将该值更新至程序计数器。

（2）指令译码/寄存器提取（Instruction Decode，ID）。对指令提取阶段提取的指令进行译码,从通用寄存器组中提取操作数并对指令字段中立即数进行符号扩展。指令译码和从寄存器提取操作数可以并行进行,这是由 RISC-V 指令中寄存器字段位置和位宽相对固定的特性所决定的。

(3) 执行(Execution,EX)。根据译码结果,ALU 对指令译码阶段提取的操作数进行算术逻辑运算、加载和存储指令有效地址计算、分支跳转指令跳转条件判断或者跳转地址计算。主要有以下 4 类具体操作。

① 计算有效地址。ALU 将从寄存器中提取的基地址与立即数扩展后表示的偏移量进行相加得到有效内存地址。该地址用于加载和存储指令将数据从内存或缓存中读取到指定的寄存器,或者将指定寄存器中的数据写回内存中。

② 寄存器间运算。根据指令指定的操作码对从两个寄存器中提取的操作数进行算术运算、逻辑运算或者其他特殊运算。

③ 寄存器与立即数运算。同样根据指令指定的操作码,对从寄存器中提取的操作数和符号扩展后的立即数进行算术运算、逻辑运算或者其他特殊运算。

④ 计算分支跳转条件和跳转地址。比较从寄存器提取的两个操作数,确定当前指令的分支跳转条件是否成立。若判断出当前指令跳转条件成立,则对指令中的偏移量字段进行符号扩展。通过偏移量和 PC 值计算可能的跳转地址。

(4) 访存(Memory Access,MEM)。访存阶段用来处理对内存的访问。若指令为加载指令,则从执行阶段得到的有效地址读出数据;若为存储指令,则将指定寄存器中存储的数据写回有效地址对应的存储单元。

(5) 写回(Write Back,WB)。写回阶段完成指令执行结果写回指定寄存器的操作。

2.1.2　流水化实现

从指令执行过程可知,一条指令的执行需要经过多个不同阶段。若当前指令尚未完成执行,则下一条指令就无法开始执行。指令需要等待前一条指令执行完毕,这样使得所有步骤中同时只能有一条指令在执行。

流水线是一种在当前处理器设计中广泛运用的技术,可以使多条处于不同阶段或者不同执行步骤的指令重叠执行。重叠执行是指每个阶段同时都可以处理一条指令,不同阶段接续完成一条指令的执行。流水线类似于手机自动装配线。手机自动装配线有许多装配步骤,这些装配步骤按照装配任务的先后次序排列起来,每个装配步骤只完成一项指定的装配任务。一个步骤完成一项装配任务后交付下一个步骤完成下一项装配任务。流水线上这些装配步骤可以对应指令执行的不同阶段,例如 IF、ID 等。指令执行的不同阶段称为流水级。指令执行按照流水线的定义进行任务划分和指令重叠执行的过程称为指令的流水化。

RISC-V 指令集架构中指令的执行过程可以划分为 5 个阶段,根据流水线定义将指令执行过程流水化,得到表 2.1 所示的指令流水化执行模式以及图 2.1 所示的指令流水化数据路径,一般称其为经典 5 级流水线。表 2.1 显示一个时钟周期完成指令一个步骤的执行,一条指令需要 5 个时钟周期,但是每个时钟周期都可以开启一条指令的执行,不必等待前一条指令执行完成。流水线可以减少每条指令的平均执行时间。

表 2.1 指令流水化执行模式

指令编号	时钟周期编号								
	1	2	3	4	5	6	7	8	9
1	IF	ID	EX	MEM	WB				
2		IF	ID	EX	MEM	WB			
3			IF	ID	EX	MEM	WB		
4				IF	ID	EX	MEM	WB	
5					IF	ID	EX	MEM	WB

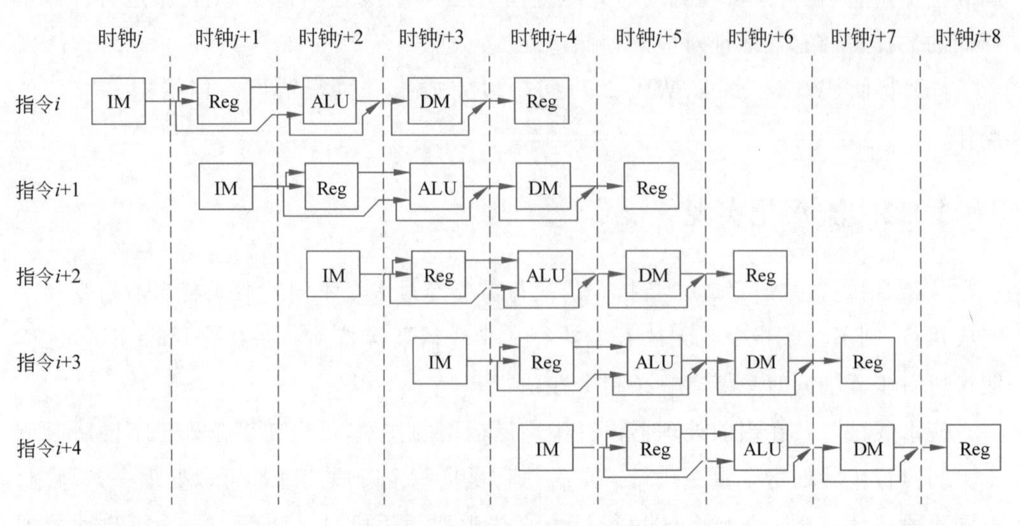

图 2.1 指令流水化数据路径

从图 2.1 可知，指令首先从**指令存储器**（Instruction Memory，IM）中取出送到指定的寄存器暂存，在第二流水级进行指令译码并访问**通用寄存器组**（Register Files，Reg）提取操作数或者直接从指令相应字段提取立即数，然后 ALU 按照指令操作码指定的操作对前一流水级提取的数据进行运算，流水线第四级从**数据存储器**（Data Memory，DM）中读出指定存储地址的数据或者将指定寄存器中的数据写回 DM 中指定地址单元，第五级将加载指令的读出数据或者 ALU 运算结果数据写入 Reg。

在理想情况下，采用经典 5 级流水线技术可以使指令执行效率提高 5 倍。基于这种假设，可以设想将每个时钟周期内执行的任务继续细分实现更深的流水级数，从而将指令执行效率提高到更高的水平。目前，高性能处理器的流水线的确是采用该思想进行设计的。采用流水化设计确实可以提升指令执行效率，但同时也会带来诸如延迟及硬件开销增加等代价。实际上最佳设计并不会采用最大的流水线深度。由于多方面因素的限制，流水线设计带来的指令执行效率提升与流水线级数并不呈线性关系。流水线如何设计才能最大限度提升指令执行效率，以及在设计流水线时需要考虑哪些因素将在 2.1.3 节进行详细介绍。

2.1.3 流水线性能

首先引入一个流水线性能的量化指标——**平均指令周期数**（Cycles Per Instruction，CPI）来衡量流水线的性能，CPI 的定义如：

$$\text{CPI}=\frac{\sum_{i}\text{指令 }i\text{ 占用的时钟周期数}\times\text{指令 }i\text{ 的数量}}{\text{程序中指令总数}}$$

指令执行流水化设计降低了 CPI，缩短了指令的平均执行时间，提高了处理器的吞吐率。吞吐率提高意味着指令可以得到更快执行。在理想情况下，一个拥有 k 级流水深度的处理器，其 CPI 为流水化之前的 $1/k$。事实上，流水线设计的引入并不会缩减单条指令的执行时间。流水线设计需要在各级流水级之间增加寄存器，邻近流水级通过这些寄存器暂存和传递指令数据，这样会使单条指令的执行时间略大于流水化之前。流水化改造后的指令数据路径如图 2.2 所示。除了流水线带来的延迟外，流水级长度失衡以及流水化带来的硬件开销增加也会限制流水线的性能，使其对指令执行效率的提升远达不到理想情况的 k 倍。以下详细阐述影响流水线效率提升的 3 个因素。

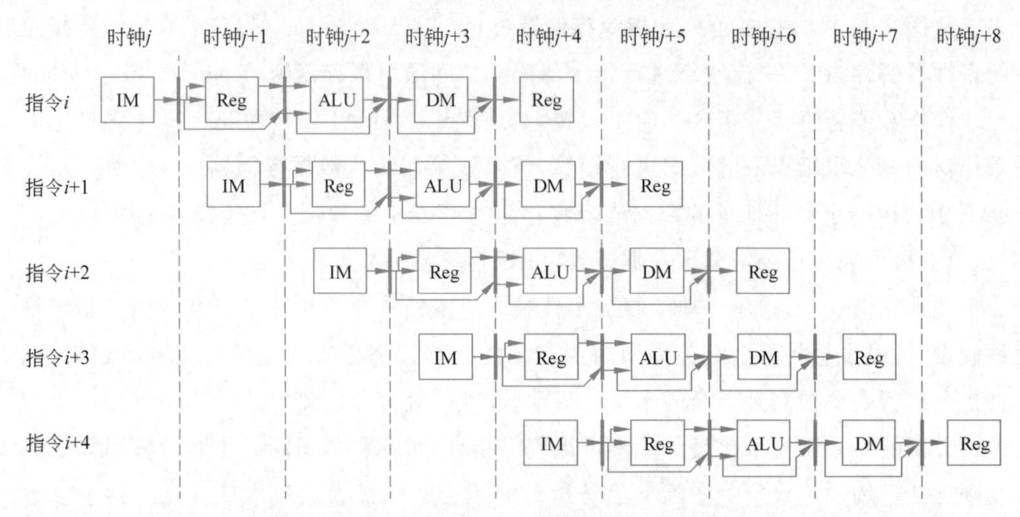

图 2.2　包含流水级间寄存器的指令流水化数据路径

1. 流水级长度失衡

在理想情况下，指令执行过程流水化设计时通常将相对独立的步骤划分为一个流水级，同时所有步骤对应流水级时间延迟相等。若流水级深度为 k，此时可将时钟频率提高到原来的 k 倍。实际上这样的情况不可能出现，均匀划分流水级作为流水化的理想设计目标，只能无限接近而不可能达到。以下举例说明流水级长度失衡对流水线效率提升的影响。假设一个特殊的算术运算单元总延迟为 100ns，根据运算过程特征将该运算过程分为 5 个流水级。流水线各级的运算延迟分别为 15ns、23ns、20ns、22ns、20ns。在理想情况下，流水线每级的运算延迟应该为 20ns，然而流水线的时钟周期取决于运算延迟最长的流水级，因此上述特殊运算单元流水化之后，流水线的时钟周期为 23ns。在不考虑流水级间寄存器延迟的情况下，上述运算单元流水化之后总延迟为 115ns。除第二流水级之外，其他流水级分别有 8ns、3ns、1ns 和 3ns 无效时间，这些无效时间被称为内部碎片(Internal Fragmentation)。内部碎片时间的存在，使得完成一次运算的时长为 115ns，而不是 100ns。在此情况下，设计流水线时可以通过进一步细化运算过程，减小单级流水级长度，尽量使流水级长度保持平衡，以减少内部碎片时间，同时采用高速锁存器来降低流水级之间的延迟。在实际情况中，可能总会有一个运算步骤无法继续分解为更小的运算过程。处理器和存储器之间越来越大的访问速度差距，使得大量时间浪费在数据搬移上，这种现象被称为存储墙(Memory Wall)，致使存储器访问在流水线中扮演了这样一个角色。因此，优化微架构寻址模式的同时采用速度更快的缓存，以此来缓解存储器访问速度瓶颈。

2. 指令一致性不足

指令一致性不足是指具体指令在执行过程中对每个流水级的利用率并不一致。与支持单一指令的流水线不同，处理器中指令流水线的设计要满足多种或者多类指令的执行。与之矛盾的是，不是所有的指令执行都经过所有的流水级。例如，在 RISC-V 指令集架构经典 5 级流水线中，除了加载和存储指令外，其他指令并不需要流经第四流水级，或者流经这些流水级时什么也不执行。这些在某些指令中没有使用或者空闲的流水级是另一种形式的无效时间，这些无效时间被称为**外部碎片**（External Fragmentation）。这是指令之间的差异引起的流水级利用率问题。另外，应注意到这样一个问题：第一条指令从进入流水线到执行完成，需要经过与流水级深度一致的时钟周期数，这段时间内流水级存在空闲时间。在经典 5 级流水线中，这种空闲时间为 5 个时钟周期，这段空闲的时钟周期被称为指令填充时间。与之对应的是，最后一条指令从进入流水线到离开流水线，流水线上同样存在空闲时钟周期，这样的空闲时间被称为指令排空时间。同样地，经典 5 级流水线的排空时间也为 5 个时钟周期。为了提高流水线的吞吐率应该尽量降低指令填充时间和排空时间在指令总执行时间中的比例，这在大量指令需要执行时成为可能。不同类型的指令对硬件资源需求是不一样的，整合并尽量统一具有较大差异的硬件资源，做到支持所有类型的指令同时尽量减少外部碎片是流水线设计的一大挑战。减少指令的种类并降低指令的复杂度是解决这个挑战的关键。RISC 架构正是为解决这样的问题而生的。

3. 指令存在时间相关性

流水线在指令执行过程中会出现各种原因的停顿，严重影响流水线吞吐率。避免出现流水线停顿的必要条件之一是指令之间相互独立，特别是同时在流水线上执行的指令避免存在数据或者控制相关性。如果后续指令的执行需要当前指令的运算结果才能继续，而当前指令还没有执行到产生结果的流水级，那么后续所有指令必须暂停并等待当前指令输出运算结果，这一现象称为**流水线停顿**（Pipeline Stall）。流水线停顿不可避免地导致后续流水级出现空闲。事实上，指令不可能完全相互独立。指令流水线必须采用一套指令相关性检测机制检测指令相关性，提前干预，尽可能避免出现流水线停顿的现象。指令相关性检测的难度与寻址模式的复杂度有关，寻址模式复杂度越高，相关性检测难度越大。一般来说，寄存器寻址模式下相关性检测比较容易，而存储器寻址模式下较为困难。寄存器寻址模式下相关性检测可以通过在微架构硬件实现上增加部分开销来实现，也可以在代码编译阶段来检测。

以上 3 个影响流水线性能的因素需要在微架构设计时予以重点考虑，并与其他手段结合，如编译器，尽量减小上述因素对流水线性能的影响。

2.1.4 流水线冒险

流水线冒险是指由于潜在不可控因素导致指令不能继续执行或者错误改变处理器状态的情况。流水线冒险致使当前指令需要停顿直到冒险解除，导致流水线外部碎片的产生，降低了流水线吞吐率。一般来说可能出现的冒险情形有 3 类：一是结构冒险，通常由硬件资源不足以满足所有的指令组合而产生；二是数据冒险，由流水线中指令间的相关性引起；三是控制冒险，分支指令或者其他改变程序计数器的指令会导致此类冒险情况发生。以下详细阐述上述 3 类冒险的产生原因以及应对方案。

1. 结构冒险

结构冒险最常见的原因是部分参与流水线进程的硬件没有完全流水化，不能满足一个时钟周期执行一条指令的要求；另一个原因是参与流水线进程的硬件资源不足，无法同时响应一个以上的服务请求。例如，如图 2.3 所示，在 RISC-V 指令集架构经典 5 级流水线中，指令提取阶段和访存阶段都要访问存储器。如果指令和数据位于同一个存储器，或者这样的存储器只有一个端口，那么此时就会出现结构冒险。处于指令提取流水级的指令必须等待当前处于 MEM 流水级的指令完成对存储器的访问。以上处理结构冒险的方法称为流水线停顿。流水线停顿能够处理这种冒险情况，但是流水线会因此产生大量空泡(Bubble)，导致 CPI 升高和流水线效率降低，应该尽量避免使用这种方法来处理结构冒险。处理结构冒险的另一种常用方法是改造导致结构冒险的硬件。上述结构冒险可以通过在存储器中单独设置 IM 和 DM 来解决，如图 2.4 所示。实际上，这是处理器中一级缓存常采用的存储模式。需要特别指出的是，指令和数据在内存中是统一存储的。除了存储器会导致结构冒险，其实同时对通用寄存器组进行读写也会产生结构冒险，处理方法是为通用寄存器组增加单独的读写端口。在微架构设计中要考虑一个问题：如果解决结构冒险要付出超越流水线停顿的代价，是否还要避免结构冒险？

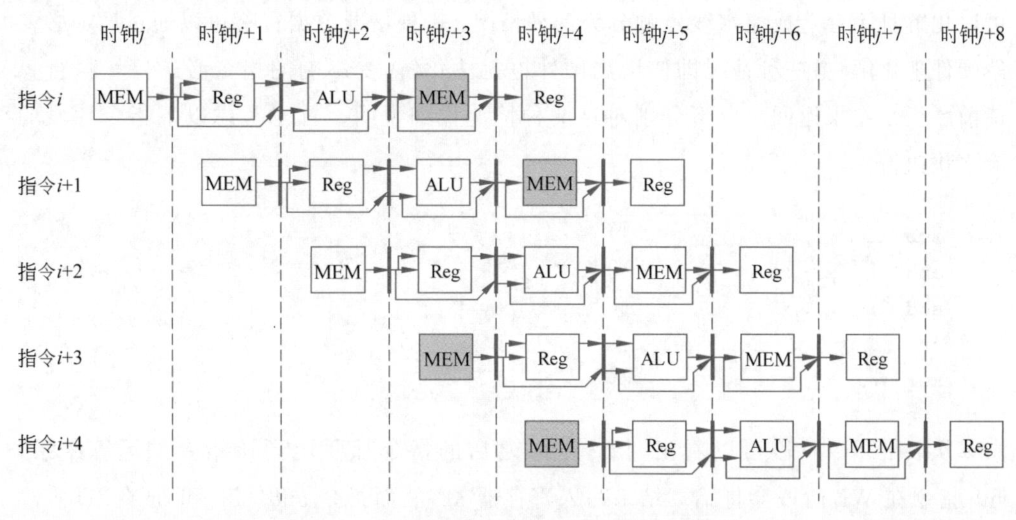

图 2.3　流水线结构冒险示例——存储器访问

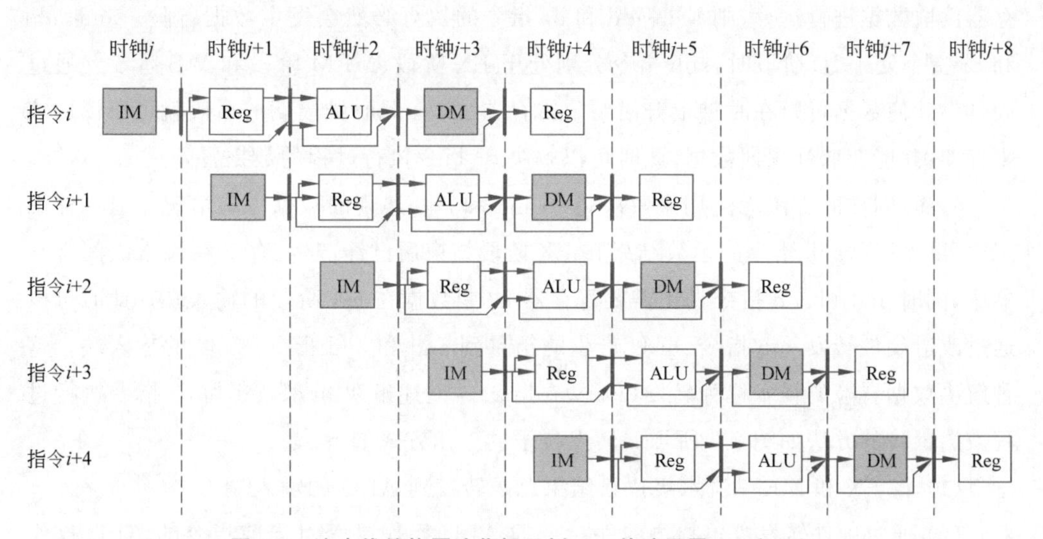

图 2.4　流水线结构冒险化解示例——单独设置 IM 和 DM

2. 数据冒险

有别于非流水化处理，流水线的引入改变了操作数的访问顺序，数据访问顺序与指令执行顺序存在潜在的违反情形。数据冒险是指当前指令执行需要前序指令的执行结果，但前序指令的结果在需要时仍未返回或者未生成的情况。数据冒险按照是否可以化解且不会造成流水线停顿分为两种情况：一种情况数据冒险可以通过增加必要的硬件来化解；另一种情况即使增加硬件也无法化解，受影响的指令必须停止执行等待前序指令结果返回。以下分别对这两种情况详细说明。首先考虑以下指令片段的流水化执行。

```
sub  x2, x1, x3
and  x4, x2, x5
add  x6, x2, x7
or  x8, x2, x9
xor x10, x2, x11
```

从以上指令片段可以看出，指令 sub 之后的指令都要用到该指令的运算结果。sub 指令在 WB 阶段会将结算结果写入寄存器 x2，然而指令 and、add 和 or 在 ID 阶段就要用到 sub 指令的结果。若前一条指令未将结果写回到寄存器，而后续指令从该寄存器读取数据进行运算，则 and、add 和 or 指令的执行必然会发生数据冒险。and、add 和 or 指令处于 ID 阶段时，sub 指令分别处于 EX 阶段、MEM 阶段和 WB 阶段。通过硬件设计使数据可以在时钟上升沿写入寄存器 x2，在此时钟周期的后段就可以读取该寄存器，并能获取到预期数据，此时可以解决 or 指令执行过程的数据冒险。

然而，同样的方法无法用来解决指令 and 和 add 遇到的数据冒险情况。通过仔细观察可以发现，sub 指令的运算结果在 EX 阶段结束后已经产生，存储在流水级间寄存器中，同时 and 和 add 指令真正需要寄存器 x2 中数据在 EX 阶段的输入端。此时可以通过改造硬件转发 sub 指令 ALU 产生的结果到 and 和 add 指令 ALU 的输入端。这种解决数据冒险的技术称为转发（Forwarding）。上述解决 and、add 和 or 指令执行过程数据冒险的方法如图 2.5 所示。转发技术的工作方式如下。

（1）将 EX 和 MEM 流水级执行结果总是转发到 ALU 的输入端。

（2）通过硬件转发逻辑检测前序指令的 ALU 操作是否对当前指令的 ALU 操作的源寄存器进行了写入操作。若进行了写入操作，则选择转发结果作为输入，否则选择从指定寄存器中读出的数据作为操作数。

通过使用转发技术，大部分的数据冒险都可以解决。然而，并不是所有的数据冒险都可以通过转发技术消解。假如当前指令需要使用的数据在 EX 阶段之前仍然没有产生，那么此时当前指令的执行必然会遇到数据冒险且无法通过转发技术来解决。

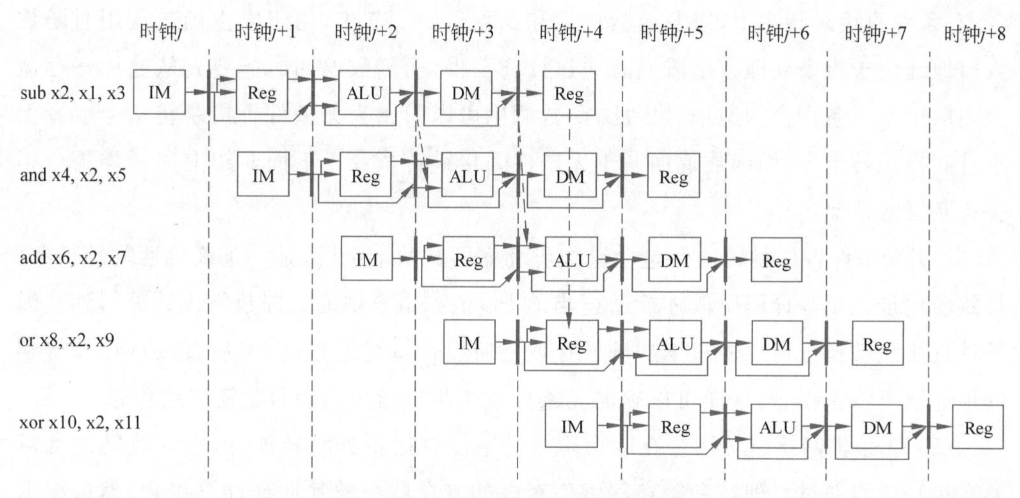

图 2.5 流水线转发技术示例

例如,这样的指令片段:

```
lw    x1, 0(x2)
add   x4, x1, x5
```

lw 指令用于从存储器指定地址读取数据,然后存储在寄存器 x1 中,在 MEM 流水级结束之前并不会得到存储器指定地址存储的数据,然而 add 指令在 EX 阶段就要真正使用该数据。这种情况必然会导致 add 指令数据冒险,而且无法通过硬件转发来解决。这种情况可以通过增加硬件来检测冒险。如果检测到冒险,则通过互锁机制,使当前指令流水线停顿,直到数据冒险情况解除或者前序指令执行完成。然而,流水线停顿必然会导致空泡产生,导致流水线降低效率。

3. 控制冒险

控制冒险是指由分支跳转指令引入的潜在错误取指情况。跳转地址或者跳转条件在指令译码阶段或者执行阶段才能知晓,分支指令的下一个时钟周期无法正确取到下一条指令。流水线停顿可以用来处理控制冒险,但会降低流水线执行效率。控制冒险造成的流水线性能损失大于结构冒险和数据冒险。一个停顿周期流水线会损失10%~30%性能。控制冒险造成的停顿周期数取决于具体的分支跳转指令。RISC-V 指令集架构中具有潜在控制冒险的情形包括无条件直接跳转指令、无条件间接跳转指令、有条件直接跳转指令，以及函数调用和函数返回。其中，由于发生函数调用时函数入口地址位于指令立即数字段或者通过计算获得，而函数返回时需要先从通用寄存器组内取出下一条指令的地址。因此，函数调用可以归属为无条件直接跳转指令或者无条件间接跳转指令，而函数返回属于无条件间接跳转指令。下面介绍上述 3 类指令相关控制冒险情况。

(1) 无条件直接跳转指令包含操作码和立即数两个字段，是一条确定性跳转指令，且跳转地址在指令译码阶段才能通过当前 PC 值和指令中的立即数字段计算得到。无条件直接跳转指令可以通过增加硬件在取指阶段计算跳转地址，然后直接从计算得到的地址取下一条指令，这样可以确保无条件直接跳转指令不会引起流水线停顿。

(2) 无条件间接跳转指令在取指阶段并不能直接得到跳转地址，因为跳转地址需要在执行阶段通过立即数和寄存器索引对应的寄存器中的基地址计算得到，然后根据该跳转地址从指令存储器中获取下一条指令。对于无条件间接跳转指令，由于在执行阶段结束后才能获取跳转地址，因此解决无条件间接跳转指令造成的控制冒险流水线需要停顿两个时钟周期。

(3) 有条件直接跳转指令具体是否进行跳转要通过比较指令中两个寄存器索引对应寄存器中的内容进行判断，而这两个寄存器中的内容在指令译码阶段结束时才能获取。跳转条件是否成立在执行阶段才能得到结果。因此，有条件直接跳转指令需要使流水线停顿两个时钟周期才能得到下一条指令的取指地址和跳转条件。由于两个数比较在硬件实现层面相对 ALU 来说相对简单，因此在指令译码阶段通过专用的硬件来判断跳转条件是否成立。从有条件直接跳转指令的字段来看，立即数字段包含了跳转地址信息，在指令提取阶段可以通过与 PC 值一起计算得到跳转地址。若跳转条件成立，则将计算得到的跳转地址存入 PC 寄存器，下一条指令从该地址取指。经过增加必要硬件，可以使有条件直接跳转指令的流水线停顿缩减为一个时钟周期。

无条件直接跳转指令通过硬件改造可以避免控制冒险，但是无条件间接跳转指令和有条件直接跳转指令必须使流水线至少停顿一个时钟周期才能消除控制冒险。为了使上述两类指令在解决控制冒险时不会导致流水线停顿，下面介绍一种延迟转移技术。延迟转移技术在程序代码编译阶段通过调整指令的执行顺序，将符合要求的指令放在跳转指令后面执行，这样可以保持流水线不停顿。用来填充时钟空隙的指令要满足两个条件：一是该指令一定会执行；二是该指令不会改变跳转指令的跳转条件。这样的指令一般从跳转指令的前序指令去寻找，或者直接是跳转地址处的指令，甚至可以是跳转指令后面未选中的指令。虽然延迟转移技术可以解决控制冒险情况,但也有其局限性:一是满足填充时钟空隙条件的指令有限;二是编译器预测能力有限。更有效的控制冒险解决机制将在2.1.5节进行介绍。

2.1.5 分支预测

随着流水线深度增加,跳转或分支指令带来的流水线性能下降变得更加明显,因此需要寻找一种更加积极的分支预测算法,降低分支指令对流水线性能的影响。现有分支预测机制分为两种:静态分支预测和动态分支预测。以下简单介绍这两种分支预测机制,具体的分支预测算法将会在后续章节中详细阐述。

静态分支预测根据编译时可用的信息以及程序运行时的统计信息来尝试预测分支是否会跳转。这种分支预测机制有据可循,大量的统计信息表明具体的分支指令总是倾向于跳转或者不跳转。同时,静态分支预测的准确性由预测机制的精确度和条件分支出现的频度决定。SPEC基准测试发现静态分支预测机制在整数程序中预测错误率比浮点程序高。一般来说,这是因为整数程序中条件分支指令出现的频率更高。

动态分支预测根据程序中分支指令的跳转统计情况来预测当前的跳转是否发生。分支历史表或者分支目标缓冲器用来统计分支指令过去的跳转情况。以具有两位状态位的动态分支预测器为例,分支历史表包含了3个字段,分别存储了分支指令地址、预测的目标地址以及两位预测状态位。当一个分支指令第一次执行时,将该指令放入分支历史表并记录分支跳转情况。取指时,将指令地址同时发送到指令存储器和分支历史表,如果当前指令地址命中分支历史表中的一条记录,则将该条记录中预测目标地址字段中的地址取出,将预测的目标地址发送到指令存储器,取出对应的指令然后顺序执行。当前指令执行完成后,根据预测的分支地址是否正确来更新分支历史表中对应的记录。动态分支预测具有较高的预测准确性。一个具有4K分支历史表项的动态预测机制的错误率为1%~8%。

2.1.6 标量流水线局限性

经典5级流水线属于标量流水线。流水线技术确实能够提高处理器性能,但同时也有很大的局限性,使其性能无法继续提升。标量流水线主要有3方面的问题。

(1) 标量流水线具有吞吐率上限。标量处理器只有一条指令流水线,每一流水级同时只能处理一条指令，所有指令都要经过所有流水级。因此，标量流水线的吞吐率上限不会超过每时钟周期一条指令。虽然增加流水线深度可以提高时钟频率，但这是以增加流水线的硬件开销为代价。为提高流水线吞吐率上限，可以考虑在一个流水段同时处理多条指令。

（2）标量流水线为指令统一流水线。在前述经典 5 级流水线中，第四流水级用来访问存储器，只有加载和存储指令需要经过第四流水级，其余指令均不需要经过该流水级的处理。浮点指令或其他特殊的运算指令的执行需要多个时钟周期且结构复杂，很难统一到一条流水线中。复杂指令甚至不同类型的指令采用专用硬件来处理将是未来流水线设计的方向。

（3）标量流水线为严格流水线。在标量流水线中，所有指令必须按照先后次序、步调一致处理。一旦流水线冒险的情况发生，流水线中后续指令必须停顿等待冒险解除。流水线停顿必然导致流水线性能下降。

以上是限制标量流水线性能提升的 3 个问题。为了继续提升处理器性能，现代处理器架构多采用超标量流水线来处理指令。超标量流水线一个周期可以发射多条指令，指令并行执行；支持指令乱序执行，进一步增强并行度。本书以标量流水线为例进行撰写，后续内容不对超标量流水线继续探究。

2.2 Ariane 微架构

2.1 节对处理器微架构中的重要组成——流水线进行了介绍。接下来，以一个开源处理器核——Ariane 为例，介绍 RISC-V 处理器的微架构实现细节。本节首先对 Ariane 开源项目进行介绍，然后从顶层接口、流水线架构、数据流、模块层次 4 个角度对 Ariane 的整体设计进行分析。

2.2.1 Ariane 简介

Ariane 是由苏黎世联邦理工学院（ETH Zurich）设计开发并经过流片验证的一款开源 64 位 RISC-V 处理器核。Ariane 的设计定位是应用级（Application Class）处理器，可以完整支持Linux操作系统，其基本特性如下。

（1）6级流水线，单发射，顺序执行架构。

（2）支持RISC-V64 GC指令集，支持M、S、U特权等级。

（3）支持动态分支预测，预测组件表项深度可以参数化配置。

（4）使用硬件乘法器、除法器，可配置的硬件**浮点处理单元**（Floating-point Processing Unit，FPU）。

（5）支持**存储管理部件**（Memory Management Unit，MMU）。

（6）独立的**指令缓存**（Instruction Cache，I-Cache）和**数据缓存**（Data Cache，D-Cache）。

Ariane使用SystemVerilog语言进行设计，代码风格良好，可读性高，是学习RISC-V处理器设计的一个极佳范例。2020年6月，Ariane改名为CVA6，作为OpenHw组织Core-V项目的一部分，移交OpenHw进行维护，本书后续统一以Ariane指代这个开源项目。

除了Ariane，ETH Zurich的PULP（Parallel Ultra Low Power）项目还开放了一系列源代码，包括32位处理器核RI5CY（4级流水线），32位处理器核Zero-riscy（2级流水线），AXI、APB等总线IP，以及I^2C、SPI、UART等一系列外设IP，感兴趣的读者可以到PULP的官方网站及Github上获取更详细的信息。

2.2.2 顶层接口

Ariane的顶层接口设计非常简洁，除了时钟、复位、中断等必要的配置信号外，主要通过一个AXI Master接口与其他模块进行数据交互。Ariane顶层接口信号及描述见表2.2。表格中，“位宽/类型”一列如果是数字，则表示该信号的数据位宽；如果是一个英文变量名，则表示该接口信号是用结构体定义的一组信号的集合。

表2.2 Ariane顶层接口信号及描述

信号	方向	位宽/类型	描述
clk_i	输入	1	时钟
rst_ni	输入	1	复位
boot_addr_i	输入	64	复位撤离后第一条指令的指令提取地址
hart_id_i	输入	64	本hart的标识ID

续表

信号	方向	位宽/类型	描述
irq_i	输入	2	外部中断输入,bit0 是 M 模式中断,bit1 是 S 模式中断
ipi_i	输入	1	软件中断输入,来自 CLINT
time_irq_i	输入	1	计时器中断输入,来自 CLINT
debug_req_i	输入	1	debug 请求输入
trace_o	输出	trace_port_t	定义 FIRESIM_TRACE 宏的时候才生效,用于仿真时候输出 trace 信息
l15_req_o	输出	l15_req_t	定义 PITON_ARIANE 宏的时候才生效,用于 OpenPiton 系统
l15_rtrn_i	输入	l15_rtrn_t	定义 PITON_ARIANE 宏的时候才生效,用于 OpenPiton 系统
axi_req_o	输出	req_t	从高速缓存(Cache)发往总线的请求,包含所有输出给 AXI 总线的信号
axi_resp_i	输入	resp_t	从总线返回 Cache 的响应,包含所有从 AXI 总线输入的信号

上述 Ariane 接口信号,clk_i、rst_ni 是时钟、复位信号。boot_addr_i 可以用来设置处理器核的启动地址,在复位撤离之后,Ariane 会从 boot_addr_i 配置的地址开始提取指令。hart_id_i 被用作处理器核的标识,其配置值会直接被映射到一个只读的控制和状态寄存器 mhartid 中。irq_i、ipi_i、time_irq_i 是中断输入信号,关于中断的详细介绍,请读者参考第 9 章。debug_req_i 是请求进入 debug 模式的输入信号。

axi_req_o、axi_resp_i 是一组 AXI Master 接口,这是 Ariane 与其他模块进行数据交互的主要通道。通过这组 AXI 接口,Ariane 可以控制各种外部设备,也能与存储设备进行数据交互。采用通用的总线接口,使得 Ariane 可以便捷地集成到各种 AXI 片上系统中。

需要注意的是 trace_o、l15_req_o 和 l15_rtrn_i 这 3 组信号,它们并不是必需的,可以通过宏定义关闭。

trace_o 是软件仿真调试接口,当打开 FIRESIM_TRACE 宏,使用 EDA 软件对寄存器传输级(Register Transfer Level,RTL)代码进行验证时,该接口会输出处理器核在运行过程中的一些状态信息,并打印到日志文件中,便于仿真调试。在进行 ASIC 实现时,该宏被关闭,trace_o 接口也被关闭。

l15_req_o 和 l15_rtrn_i 接口在定义 PITON_ARIANE 宏的时候生效，在将 Ariane 集成到 OpenPiton 系统时，这组接口才会被使用，用于处理器核 Ariane 与 OpenPiton 系统的通信。OpenPiton 是普林斯顿大学(Princeton University)设计并开源的一套众核处理器框架。本书主要分析 Ariane 的设计，对于 OpenPiton 不做进一步的介绍，读者可以登录 OpenPiton 项目官网进行了解。

在 Ariane 的源代码中，将常用的信号都打包成结构体，在后续的使用中直接使用结构体对这组信号进行定义和引用。例如，axi_req_o、axi_resp_i 分别被定义成 req_t、resp_t 类型，这是对 AXI 总线信号的打包，req_t 类型定义了所有从 Ariane 发往 AXI 总线的信号，resp_t 类型定义了所有从 AXI 总线返回 Ariane 的信号。这两个数据类型的定义如下。

```
ariane_axi_pkg.sv
//Request/Response structs
typedef struct packed {
    aw_chan_t     aw;
    logic         aw_valid;
    w_chan_t      w;
    logic         w_valid;
    logic         b_ready;
    ar_chan_t     ar;
    logic         ar_valid;
    logic         r_ready;
} req_t;
typedef struct packed {
    logic         aw_ready;
    logic         ar_ready;
    logic         w_ready;
    logic         b_valid;
    b_chan_t      b;
    logic         r_valid;
    r_chan_t      r;
} resp_t;
```

以 AXI 总线中的 AW 通道为例，共包括 aw、aw_valid、aw_ready 3 个信号。其中 aw_valid、aw_ready 被定义成单位的 logic 类型，构成 AW 通道的握手信号。aw 信号又被进一步嵌套定义成 aw_chan_t 类型，定义如下。

```
ariane_axi_pkg.sv
//AW Channel
typedef struct packed {
    id_t                    id;
    addr_t                  addr;
    axi_pkg::len_t          len;
    axi_pkg::size_t         size;
    axi_pkg::burst_t        burst;
    logic                   lock;
    axi_pkg::cache_t        cache;
    axi_pkg::prot_t         prot;
    axi_pkg::qos_t          qos;
    axi_pkg::region_t       region;
    axi_pkg::atop_t         atop;
} aw_chan_t;
typedef logic[ariane_soc::IdWidth-1:0]        id_t;
typedef logic [AddrWidth-1:0]                 addr_t;
axi_pkg.sv
typedef logic[1:0]          burst_t;
typedef logic[1:0]          resp_t;
typedef logic[3:0]          cache_t;
typedef logic[2:0]          prot_t;
typedef logic[3:0]          qos_t;
typedef logic[3:0]          region_t;
typedef logic[7:0]          len_t;
typedef logic[2:0]          size_t;
typedef logic[5:0]          atop_t;   //atomic operations
typedef logic[3:0]          nsaid_t; //non-secure address identifier
```

通过把常用的公共信号提取出来，定义成数据结构使用，可以大大降低代码的维护难度，提高代码的可移植性以及可读性。

在 Ariane 源代码中，与 RISC-V 架构相关的数据结构被定义在 riscv_pkg.sv 中；与 Ariane 内核紧密相关的数据结构被定义在 ariane_pkg.sv 中；与 AXI 总线相关的数据结构被定义在 ariane_axi_pkg.sv 中以及 AXI 源代码的 axi_pkg.sv 中；与 Cache 相关的数据结构被定义在 std_cache_pkg.sv、wt_cache_pkg.sv 中。读者可以在学习源代码时自行查阅。

2.2.3 流水线架构

2.1 节对通用的流水线设计方法进行了介绍，本节以 Ariane 为例，介绍流水线设计方法在实际微架构实现中的应用。

Ariane是一个6级流水线，单发射顺序执行的处理器核，其流水线结构如图2.6所示。图中，灰色方框部分是流水线寄存器，包括PC-IF、IF-ID、ID-Issue、Issue-EX、EX-Commit。与2.1节介绍的经典5级流水线相比，为了提高时钟频率，Ariane将指令提取流水级拆分成PC生成、取指两个流水级，取消MEM流水级，增加指令发射流水级，同时使用指令提交流水级替代写回流水级，以支持硬件推测技术。

PC生成流水级主要生成取指地址，然后向I-Cache发出请求，返回的数据被放到PC-IF流水线寄存器暂存。因为从I-Cache的**静态随机存储器**(Static Random Access Memory，SRAM)返回的数据延时比较大，通过PC-IF寄存器暂存数据，可以减小组合逻辑的深度，降低关键路径的延迟。取指流水级对I-Cache返回的数据做指令重对齐、分支预测后，送入IF-ID流水线寄存器暂存。IF-ID是一个寄存器队列，也被称为**指令队列**(Instruction Queue)，以此为界限，Ariane可以被划分为**前端**(Frontend)和**后端**(Backend)。

需要注意的是，EX-Commit流水线寄存器，在图2.6中用虚线表示，因为在Ariane的实现中，EX-Commit并不是一个物理上独立实现的流水线寄存器。在微架构中，指令执行的结果被返回到指令发射级，存放在记分板(Scoreboard)中。因此，记分板实际上起到了EX-Commit流水线寄存器的作用。

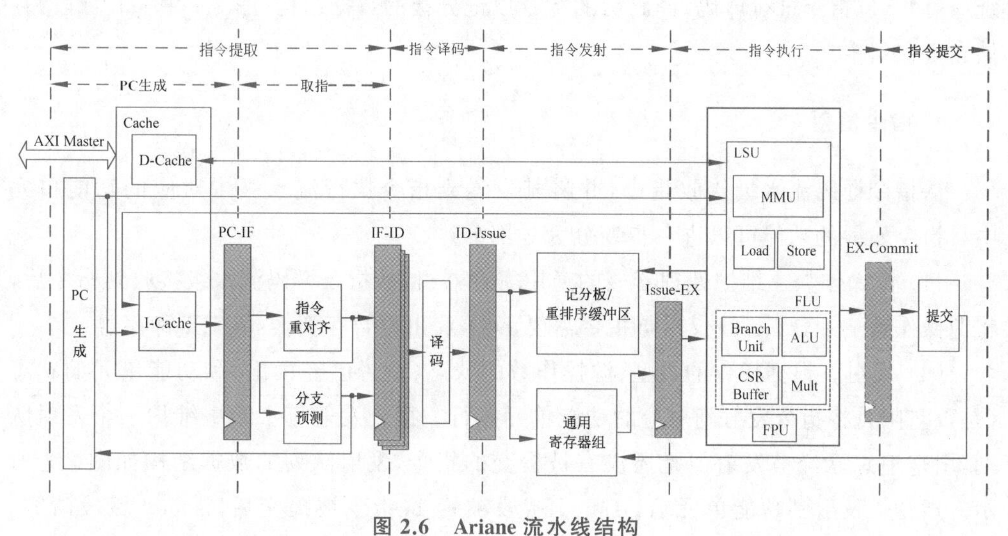

图2.6　Ariane流水线结构

下面，对Ariane流水线中各级功能做进一步介绍。

1. PC 生成

产生下一条指令的取指地址，向 I-Cache 发出请求，并接收指令数据后暂存到 PC-IF 寄存器。PC 生成逻辑向 I-Cache 发出的是虚拟地址，I-Cache 需要向 MMU 请求地址翻译，得到物理地址之后，获取相应指令数据并返回。

2. 取指

从 I-Cache 取数据的位宽是 32/64 位。由于存在 16 位压缩指令的间插，因此指令数据在存储器中并不是 32 位地址对齐的。可能存在本次取回来的最后一条指令只取回低 16 位数据，需要再执行一次取指操作才能得到指令数据的高 16 位，再将其拼成一条完整指令的情况。因此需要对 I-Cache 取回来的指令做重对齐处理(Instr_Realign)，统一变成 32 位数据位宽之后存储到指令队列中。同时，还要对指令做分支预测，将预测结果返回给 PC 生成流水级用于提取下一条指令。

3. 指令译码

从指令队列取指令之后，首先将压缩指令展开成等效的 32 位完整指令形式，然后统一对 32 位指令进行译码，译码后的指令以记分板的数据结构(图 2.7 中 scb 域段)存储在寄存器中。

4. 指令发射

从指令译码流水级接收指令，并将其发送到指令执行流水级中对应的功能单元中。指令发射的功能可以进一步划分为 3 部分。

(1) 读操作数。维护处理器核的通用寄存器组，从指令译码流水级接收到指令后，将源操作数 rs1、rs2、rs3(仅浮点指令需要 rs3) 读出再暂存到 Issue-EX 寄存器。

(2) 发射。根据指令的类型、源操作数的状态(是否已经读出)和功能单元的状态(是否空闲)，将指令发射到对应的功能单元执行。指令发射流水级中维护一个发射队列，用来追踪已经被发射但是还没有被提交的指令，发射队列的数据结构如图 2.7 所示。指令被发射到功能单元后，issued 域段被置 1；指令被提交后，issued 域段清零。功能单元执行完指令之后，scb.valid 域段被置 1，同时结果被写入 scb.result 中。

(3) 写回。功能单元执行完成后的结果先写回 scb.result 中，在这条指令被提交时，结果才会被真正写入通用寄存器组。

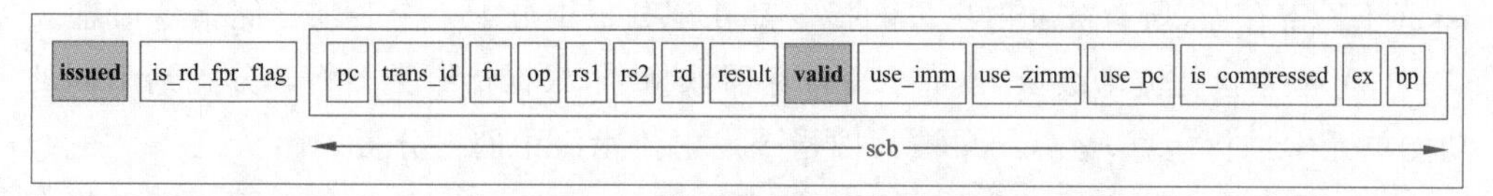

图 2.7　发射队列的数据结构

5. 指令执行

从指令发射流水级接收数据并执行具体的运算。指令执行流水级中的功能单元包括以下 3 类。

(1) 固定延迟单元(Fixed Latency Unit,FLU)。可以在固定的时钟周期内输出运算结果,所有的 FLU 共享一个向记分板写回结果的端口。

(2) 加载和存储单元(Load Store Unit,LSU)。专门用于处理加载和存储指令,其中包含了 MMU 模块进行虚拟地址的转换,LSU 的执行时间不确定。

(3) 浮点处理单元(Floating-point Processing Unit,FPU)。专门用于处理浮点指令。

6. 指令提交

流水线的最后一级,指令执行流水级写回记分板的数据还没有被真正写入通用寄存器组,处于可以被撤销的状态。只有指令被提交时才会改变处理器核中的控制和状态寄存器、通用寄存器组等。

2.2.4　数据流

2.2.3 节分析了 Ariane 流水线结构,本节介绍在处理器中一条指令从取指到提交的全过程。

Ariane 取指令执行的数据流如图 2.8 所示。图中,黑色粗线标示的就是指令在处理器核 Ariane 中的流动过程,粗线中的阿拉伯数字所代表的具体操作如下。

(1) PC 生成流水级产生取指地址后,向 I-Cache 发出取指请求,取回的指令数据暂存到 PC-IF 寄存器。

(2) I-Cache 取回的数据,经过指令重对齐、分支预测处理后暂存到 IF-ID 寄存器(即指令队列)。

(3) 指令译码流水级从指令队列取出指令,译码之后暂存到 ID-Issue 寄存器。

(4) 指令发射流水级从 ID-Issue 寄存器取出指令,将操作数读出之后存储在

Issue-EX 寄存器，所有被发射出去的指令都在记分板中分配一个表项存储指令信息。

（5）指令执行流水级从 Issue-EX 寄存器取指令，根据指令类型将其分配到不同的功能单元中进行运算，运算结果被写回指令发射流水级中的记分板中。

（6）指令提交流水级首先检查指令是否执行完（scb.valid＝1），然后再判断该指令是否符合提交条件，如果符合则将暂存在记分板的指令结果写回通用寄存器组。当一条指令被提交后，它就走完在处理器中的全流程。

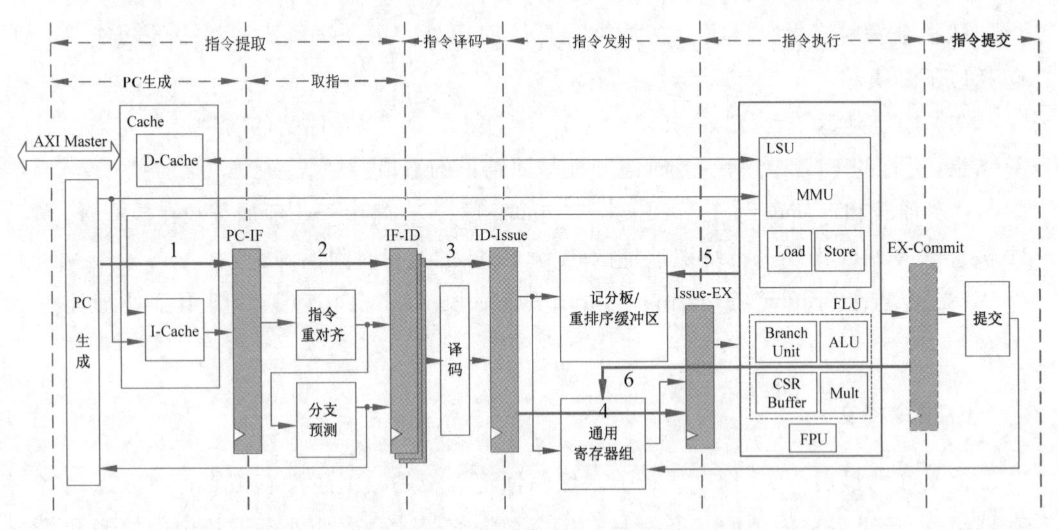

图 2.8　Ariane 取指令执行的数据流

2.2.5　模块层次

Ariane 的模块顶层名是 ariane，对应的源文件是 ariane.sv。Ariane 的顶层例化的子模块如图 2.9 所示。

各模块的功能简介如下：

（1）Frontend：处理器核前端，包括 PC 生成、取指两级流水级。

（2）ID_Stage：指令译码流水级。

（3）Issue_Stage：指令发射流水级。

（4）EX_Stage：指令执行流水级。

（5）Commit_Stage：指令提交流水级。

（6）CSR_Regfile：CSR。

（7）Perf_Counter：性能计数器，对指定的事件进行计数。

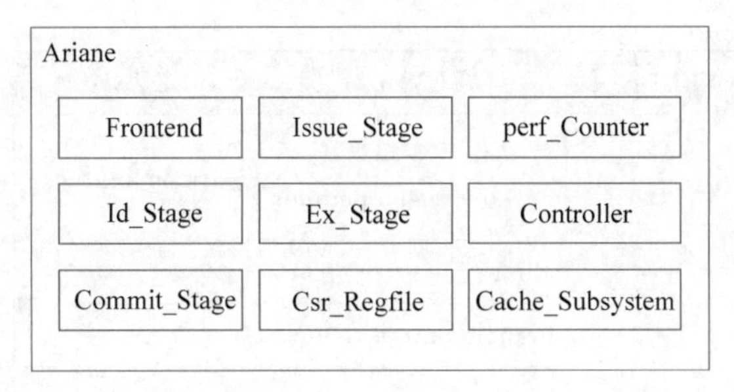

图 2.9　Ariane 顶层模块

（8）Controller：控制器，用于产生流水线冲刷信号。

（9）Cache_Subsystem：Cache 子系统，可以被配置成 Std_Cache 或者 Wt_Cache。

Ariane 在 RTL 代码中的例化层次如表 2.3 所示。其中，LEVEL1 表示 Ariane 顶层例化的一级模块；LEVEL2 表示对应的一级模块下例化的二级模块；LEVEL3 表示对应的二级模块下例化的三级模块。

Ariane 中模块例化名的命名规则是在模块名加上 i_前缀或者_i 后缀，模块对应的源文件的文件名与模块名一致。例如，i_frontend 是 Frontend 模块在 Ariane 顶层中的例化名，对应的源文件是 frontend.sv。根据表 2.3，读者可以快速找到各级子模块在整个处理器核 Ariane 中的层次位置，以及对应的源代码文件。

表 2.3　Ariane RTL 代码层次结构

TOP	LEVEL1	LEVEL2	LEVEL3	模块说明
Ariane 顶层 ariane	指令提取顶层模块 i_frontend	i_instr_realign		指令重对齐
		i_ras		RAS 分支预测组件
		i_btb		BTB 分支预测组件
		i_bht		BHT 分支预测组件
		i_instr_scan		预解码逻辑
		i_instr_queue		指令队列
	指令译码顶层模块 id_stage_i	compressed_decoder_i		压缩指令译码
		decoder_i		标准指令译码
	指令发射顶层模块 issue_stage_i	i_re_name		寄存器重命名
		i_scoreboard		记分板/重排序缓冲区

续表

TOP	LEVEL1	LEVEL2	LEVEL3	模块说明
Ariane 顶层 ariane	指令执行顶层模块 ex_stage_i	读操作数逻辑 i_issue_read_operands	i_ariane_regfile	通用寄存器组
		alu_i		ALU 模块
		branch_unit_i		分支执行模块
		csr_buffer_i		CSR 缓冲寄存器
		乘除法模块顶层 i_mult	i_multiplier	乘法器
			i_div	除法器
		fpu_i		FPU 模块顶层
		LSU 模块顶层 lsu_i	i_mmu	MMU 模块
			i_store_unit	存储模块
			i_load_unit	加载模块
			lsu_bypass_i	LSU 旁路模块
	commit_stage_i			指令提交模块
	csr_regfile_i			CSR
	i_perf_counter			性能计数器
	controller_i			控制器
	i_cache_subsystem			Cache 子系统顶层

2.3 本章小结

微架构是指令集的一种具体实现方案。本章首先介绍了处理器微架构中流水线的相关概念以及设计方法，然后以开源处理器核 Ariane 为例介绍了其顶层微架构设计。第 3～7 章以 Ariane 为例，进一步介绍流水线中各级流水的功能及设计方案。第 8 章介绍了存储管理子系统，第 9 章介绍了中断和异常子系统的设计。

第3章

指令提取

指令提取(Instruction Fetch),又称取指,位于处理器流水线架构的第一级,主要功能是从存储器中取出指令,并送给译码单元。本章首先概述指令提取单元的功能;其次对指令提取单元中的关键模块——分支预测进行详细介绍;最后以开源 Ariane 处理器核为例,介绍指令提取单元设计的细节。

3.1 指令提取概述

指令数据通常存储在**指令紧耦合存储器**(Instruction Tightly Coupled Memory, ITCM)或者**指令缓存**(I-Cache)中。ITCM 一般用片上 SRAM 实现。ITCM 硬件实现简单、速度快、访问延迟确定,适合实时性要求较高的场景或者嵌入式设备,但容量有限。如果指令数据比较大,就需要把程序存储在片外的 DDR 或者 Flash 存储器中。由于外部存储器访问速度很慢,通常使用 I-Cache 作为处理器跟片外存储设备之间的缓冲,此时,指令提取单元直接从 I-Cache 取出指令。

指令提取单元吞吐率会影响译码、发射、执行等后续流水级的吞吐率。取指位于流水线第一级,流水线吞吐率受限于取指流水级的吞吐率。一旦指令提取出现停顿,流水线必然产生空泡。因此,为了提高处理器的性能,指令提取单元必须能够快速连续地从指令存储器中取出正确的指令。在微架构实现中,影响取指效率的主要因素有以下两个。

1. 非对齐指令

指令集中可能存在不同位宽的指令。RISC-V 指令集架构中,存在 32 位位宽的标准指令和 16 位位宽的压缩指令。一条完整指令的 2 进制表示称为指令字。压缩指令混合在标准指令中,导致指令字在存储器中的存储位置不是 32 位地址对齐。一次取指操作取回来的数据称作取指数据。取指位宽是 32 位,取指操作中取回来一条压缩指令和一条标准指令的低 16 位数据,则称这次取指取到了非对齐指令。非对齐指令需要经过两次取指操作,分别取回低 16 位数据和高 16 位数据,然后才能拼凑出一个完整的指令字。

2. 控制流指令

当指令序列存在可能影响处理器架构状态的 CSR 指令和 fence 指令,或者出现中断和异常等情况,进行流水线冲刷时,指令提取单元就需要重新取指。另外,分支指令在执行单元进行分支解析之后才能准确知道分支是否跳转,以及跳转目标地址,因此分支指令也会对取指连续性造成影响。

在超标量处理器中,指令提取单元一次取出多条完整指令,除了受上述因素制约之外,取指位宽也会对吞吐率造成影响。假设超标量处理器一次需要取回 m 条地址连续的指令,如果这 m 条指令的第一条刚好位于取指数据的中部或者尾部,那么就需要执行两次取指操作,才能完整取回这 m 条地址连续的指令。

3.2 分支预测算法

指令提取单元取到分支指令之后,如果等待执行单元进行分支解析,得到分支结果后才继续取下一条指令,则会造成流水线出现停顿。为了保持流水线的连续性,指令提取单元需要对分支指令进行预测并根据预测结果取下一条指令。如果预测正确,则不会对流水线造成任何影响;如果预测失败,则需要冲刷流水线,并从正确的地址重新开始取指。

分支预测的目标可以分为两类:预测分支是否跳转以及跳转的目标地址。针对跳转地址的预测,可以采用**分支目标缓冲器**(Branch Target Buffer,BTB)或者**返回地址堆栈**(Return Address Stack,RAS)。针对分支是否跳转的预测,则可以采用静态分支预测方法或者动态分支预测算法。

静态分支预测算法很容易理解，对于所有分支指令，指令提取单元总是预测为跳转或者不跳转。静态分支预测在硬件实现上简单，但是预测准确性较低。为了提高分支预测的准确性，可以采用动态分支预测算法。下面对几种常见的动态分支预测算法进行介绍。

3.2.1　2位饱和计数器

动态分支预测算法使用分支跳转的历史信息来预测当前分支的结果。

最简单的动态分支预测算法是用一个1位记录寄存器来保存最近一条分支指令的执行结果，然后把记录寄存器的值作为下一条分支的预测值。例如，执行单元每次完成分支指令解析之后，都更新记录寄存器：如果该分支发生跳转，则记录寄存器置1，否则清零。指令提取单元在取指过程中遇到分支指令，就查询这个记录寄存器，如果为1，则预测这条分支需要跳转，并从预测的跳转地址取指令；如果为0，则预测分支不跳转，直接取下一条指令。

使用1位记录寄存器进行预测，虽然简单，但具有较高的预测准确性。为了进一步提高预测准确性，可以增大记录寄存器位宽。最常用的方法是采用一个2位饱和计数器来记录分支跳转的历史信息。2位饱和计数器如图3.1所示。

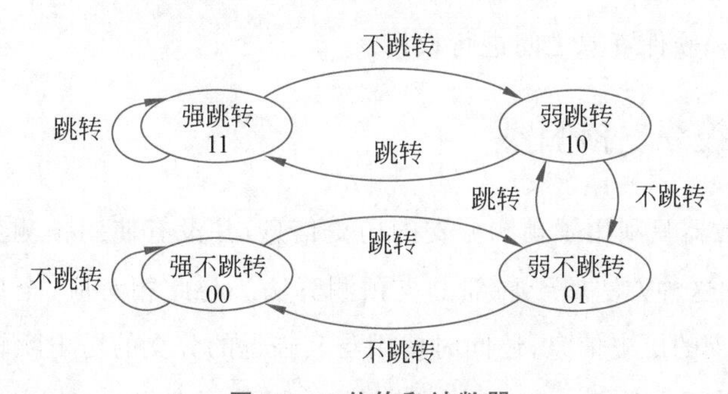

图3.1　2位饱和计数器

这个饱和计数器有4个状态：**强跳转**(Strong Taken)、**弱跳转**(Weak Taken)、**强不跳转**(Strong Not Taken)和**弱不跳转**(Weak Not Taken)。饱和计数器初始状态为强不跳转，执行分支指令之后根据执行结果按照上面的状态转移图进行状态迁移。当分支指令连续出现跳转，饱和计数器就处于强跳转状态，此时只有连续出现两条分支指令都不跳转，饱和计数器才会从强跳转状态切换到弱不跳转状态，预测结果从判定跳转变成判定不跳转。2 位饱和计数器记录了更多的分支历史信息，在强跳转到强不跳转之间设置两个缓冲状态可以取得更好的预测精度。

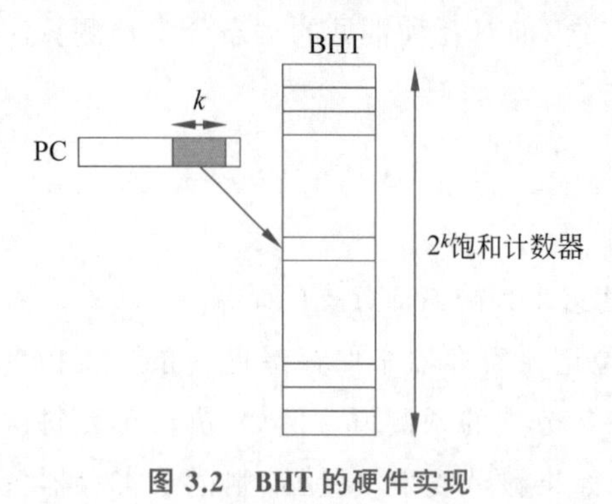

图 3.2　BHT 的硬件实现

把多个 2 位饱和计数器组织到一起构成一个**分支历史表**（Branch History Table，BHT）。所有分支指令在 BHT 中都可以有独立的表项用于分支历史记录。使用分支指令 PC 值的低位作为索引来搜索 BHT。由于 RISC-V 指令位宽是 16 位或者 32 位，PC 值的最低位没有任何表征意义，需要舍弃。

BHT 的硬件实现如图 3.2 所示。使用 PC 值中的低 k 位作为索引，则 BHT 需要包含 2^k 个表项。在指令提取单元中，当取到分支指令之后，使用其 PC 值从 BHT 中查找到对应的表项，并根据表项中的 2 位饱和计数器的值进行分支预测。

由于硬件资源有限，分支历史表容量不可能无穷大，使得每条分支指令都有自己独立的记录表项。实际上，可能出现多个不同的分支指令共用同一个数据表项的情况，这样会造成不同分支之间互相干扰，降低预测准确性。在具体的微架构实现中，需要在表项的数量和硬件资源之间进行权衡。

3.2.2　两级分支预测器

2 位饱和计数器只利用了预测分支的历史信息，并没有使用预测分支之外的其他分支的信息，因此这种方法属于局部分支预测算法。与此相对应，全局分支预测算法不仅利用预测分支的历史信息，还同时使用与其临近的分支的历史跳转信息。

1991 年，密歇根大学 Tse-Yu Yeh 等人首次提出了两级自适应分支预测器，这种预测器也称相关预测器。两级分支预测器由一个**分支历史寄存器**（Branch History Register，BHR）和**模式历史表**（Pattern History Table，PHT）组成，结构如图 3.3 所示。

BHR 记录了最近的分支跳转信息，1 表示该分支发生跳转，0 表示没有跳转。每次执行单元完成分支解析之后，就将结果更新到 BHR 中。PHT 是一个记录分支历史跳转信息的表格，每个表项可以用 1 个 2 位饱和计数器实现，也可以用其他预测算法实现。指令提取单元取到分支指令之后，以 BHR 的值作为 PHT 的索引，根据索引到

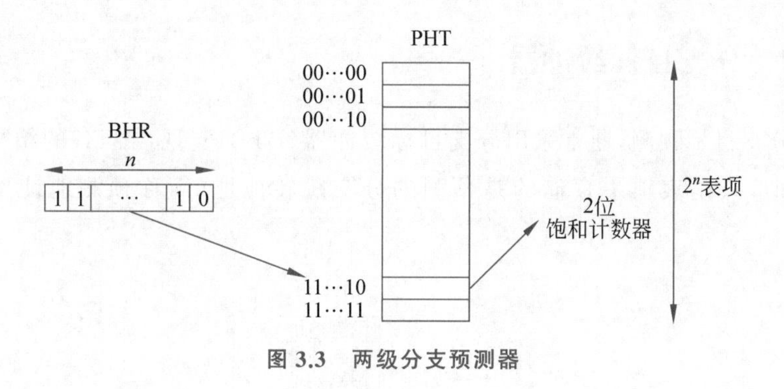

图 3.3　两级分支预测器

的表项数据预测该分支是否跳转。

3.2.3　Gshare 分支预测器

两级分支预测器使用BHR中存储的最近分支历史信息作为PHT的索引，会存在严重的别名冲突。不同分支信息互相干扰，从而降低了预测准确性。Gshare分支预测器额外使用了分支PC值作为索引信息，这样可以减少干扰。Gshare预测算法如图3.4所示。

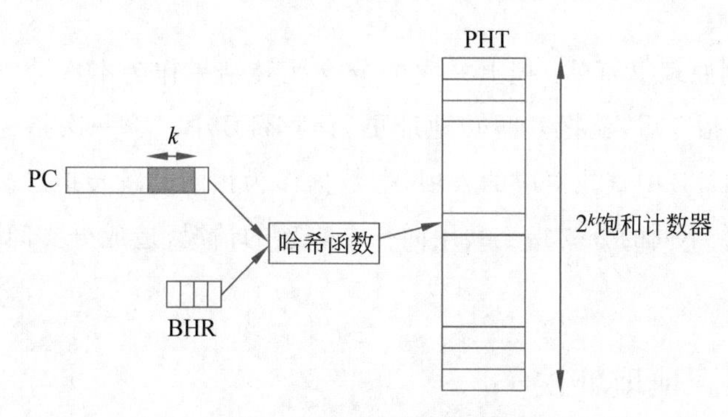

图 3.4　Gshare 分支预测器

该算法与两级分支预测器的主要区别在于索引部分。预测分支的PC值与BHR的值先做一次哈希运算之后，再把结果作为PHT的索引。实验表明，把PC值跟BHR按位异或后作为PHT的索引，就可以简单有效地减少分支冲突。

3.2.4 分支目标缓冲器

对于分支目标预测，通常采用分支目标缓冲器(BTB)实现。BTB 的结构与图 3.2 的结构类似，只是表项中存储的是预测的分支跳转地址(简称预测地址)，如图 3.5 所示。

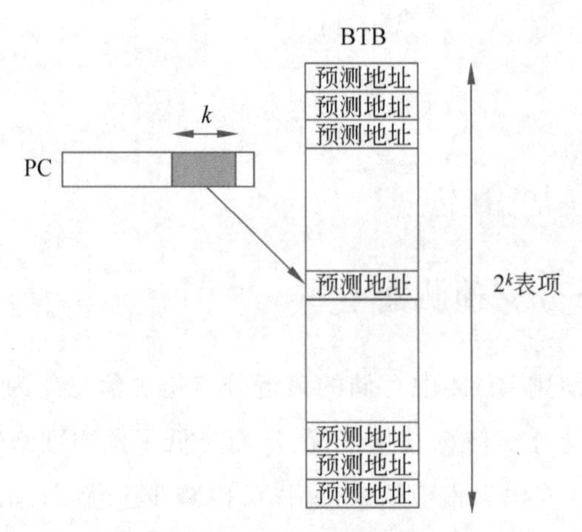

图 3.5 分支目标缓冲器

BTB 的预测原理很简单：把上一次的分支跳转结果作为本次分支的预测值。每次执行一条分支指令后，就把其跳转地址更新到 BTB 中。下一次指令提取单元遇到这条分支，就从 BTB 中查找对应的表项，把数据作为预测的跳转地址。由于表项的容量有限，必然存在不同的分支指令共用同一个表项的情况，造成分支间的干扰，降低预测准确性。

3.2.5 返回地址堆栈

对于函数调用和函数返回指令，虽然也可以使用 BTB 进行分支地址预测，但是有一种更简单高效的方式可以对这种指令进行地址预测，那就是返回地址堆栈(RAS)。发生函数调用时，将函数调用的下一条指令的 PC 值压入堆栈。在函数返回时，从 RAS 弹出一个 PC 值，作为返回地址的预测结果。在 RISC-V 指令集标准手册中，对 RAS 入栈及出栈的行为做了明确定义，当 JAL、JALR 指令满足表 3.1 的条件时，需要执行对应的 RAS 操作(表 3.1 中的 link 表示 x1 或者 x5 寄存器)。

表 3.1　RISC-V 指令集对 RAS 行为的定义

rd	rs1	rs1＝rd	RAS 行为
!link	!link	—	—
!link	link	—	出栈
link	!link	—	入栈
link	link	0	出栈，然后入栈
link	link	1	入栈

3.3　指令提取单元设计

3.1、3.2 节对指令提取单元的功能及分支预测算法进行介绍，本节将以开源处理器核 Ariane 为例，分析其指令提取单元设计的细节。Ariane 指令提取单元是 Frontend 模块，顶层模块源代码文件是 frontend.sv。本节首先从模块顶层对其进行整体分析，介绍 Frontend 的内部结构及其外围连接关系，然后对指令提取单元中的指令重对齐、分支检测、分支预测、指令队列等子模块进行详细分析。

3.3.1　整体设计

Ariane 指令提取单元的整体设计如图 3.6 所示。

在 Ariane 的微架构实现中，指令被存储在外部存储器中，Cache 是数据缓冲区。因此为了取指令，需要有接口逻辑负责与 Cache 之间的数据交互，这部分功能由左边虚线框中的 Cache_Itf 完成。

在通过 Cache_Itf 向 Cache 发出请求时，需要产生取指地址，PC_Gen 是取指地址的生成逻辑。存在多种场景会造成取指地址不连续，产生跳转，PC_Gen 要对这些情况进行监控，并选择正确的取指地址，生成 fetch_addr 送给 Cache_Itf。

Ariane 支持 RISC-V 压缩子集，16 位压缩指令与 32 位标准指令混合存储在指令存储器中。从 Cache 取回来的数据可能是非对齐指令，因此需要先对取回来的数据做重对齐处理，恢复完整的指令字。

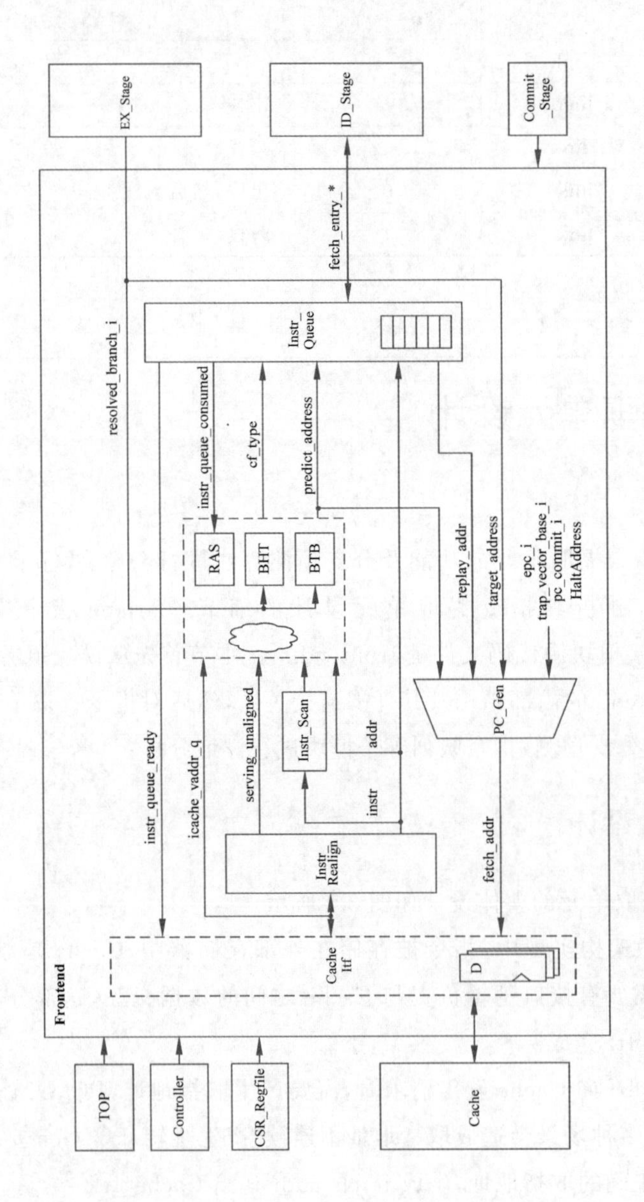

图 3.6 Ariane 指令提取单元的整体设计

在指令提取单元中，分支指令会对取指地址产生影响，因此首先需要判断是否取到分支指令。Instr_Scan是嵌入Frontend中的一个轻量级预解码逻辑，可以判断取回来的指令是不是分支指令，从而决定是否进行分支预测。如果是分支指令，需要预测其是否跳转，以及跳转的地址。3.2节已经介绍了几种常用的分支预测算法，在Ariane中，采用RAS、BHT和BTB进行动态分支预测。

经过重对齐后的指令字及分支预测结果最终被存储到指令队列中，等待后级的指令译码单元取出。

图3.6中，标示出了Frontend与其他模块的连接关系，表3.2对Frontend模块接口进行了详细说明。

表3.2 Frontend模块接口列表

信号		方向	位宽/类型	描述
TOP	clk_i	输入	1	时钟
	rst_ni	输入	1	复位
	flush_bp_i	输入	1	冲刷分支预测流水线
	boot_addr_i	输入	64	启动地址，复位时生效
Controller	set_pc_commit_i	输入	1	将PC值设置为commit指令的下一个地址
	flush_i	输入	1	冲刷PC_Gen流水线
CSR_Regfile	debug_mode_i	输入	1	debug模式
	set_debug_pc_i	输入	1	跳转到debug地址(由硬件编码决定)
	epc_i	输入	VLEN	异常PC，当eret_i有效时跳转
	eret_i	输入	1	跳转到epc
	trap_vector_base_i	输入	VLEN	ex_valid_i有效时跳转
Cache	icache_dreq_i	输入	icache_dreq_o_t	Cache返回的响应
	icache_dreq_o	输出	icache_dreq_i_t	给Cache发出的请求
EX_Stage	resolved_branch_i	输入	bp_resolve_t	EX_Stage级返回分支执行情况，更新分支预测组件
Commit_Stage	pc_commit_i	输入	VLEN	Commit_Stage返回PC值由set_pc_commit_i指示
	ex_valid_i	输入	1	异常valid信号

续表

信号		方向	位宽/类型	描述
ID_Stage	fetch_entry_ready_i	输入	1	送给指令队列的 ready 信号
	fetch_entry_o	输出	fetch_entry_t	指令队列输出的数据结构
	fetch_entry_valid_o	输出	1	指令队列输出数据 valid 标志

在流水线数据路径上，Frontend 与前级的 I-Cache 进行交互。Frontend 向 I-Cache 发出请求的接口是 icache_dreq_o，被定义为 icache_dreq_i_t 数据类型，具体定义如下：

```
ariane_pkg.sv
typedef struct packed {
    logic                         req;      //we request a new word
    logic                         kill_s1;  //kill the current request
    logic                         kill_s2;  //kill the last request
    logic    [riscv::VLEN-1:0]    vaddr;
} icache_dreq_i_t;
```

Frontend 通过将 req 置高向 Cache 发出取指请求，请求的地址 vaddr 是虚拟地址。在出现流水线冲刷、分支预测失败等情况时，Frontend 会将 kill_s1 或者 kill_s2 置高，通知 Cache 撤销之前发出的取指请求。

Cache 向 Frontend 返回的数据接口是 icache_dreq_i，被定义成 icache_dreq_o_t 数据类型，具体定义如下：

```
ariane_pkg.sv
typedef struct packed {
    logic                       ready;  //icache is ready
    logic                       valid;  //signals a valid read
    logic [FETCH_WIDTH-1:0]     data;   //2+cycle out: tag
    logic [riscv::VLEN-1:0]     vaddr;  //virtual address out
    exception_t                 ex;     //we've encountered an exception
} icache_dreq_o_t;
```

ready 是 Cache 与 Frontend 之间的握手信号。valid 是 Cache 返回的数据是否有效的指示信号，高电平表示数据有效。Cache 返回的信息包括数据 data、该数据对应的虚拟地址 vaddr 及异常信息 ex。

Frontend 与后级 ID_Stage 进行交互的接口是 fetch_entry_*。其中，fetch_entry_valid_o、fetch_entry_ready_i 是 Frontend 和 ID_Stage 两级流水线之间的握手信号。fetch_entry_o 是交互数据，被定义成 fetch_entry_t 数据类型，具体定义如下：

```
ariane_pkg.sv
typedef struct packed {
    logic [riscv::VLEN-1:0]    address;          //instruction address
    logic [31:0]               instruction;      //instruction word
    branchpredict_sbe_t        branch_predict;   //branch prediction
    exception_t                ex;               //exceptions
} fetch_entry_t;
```

address 是指令地址，Instruction 是 32 位的指令字，branch_predict 是指令提取单元对分支指令的预测结果，ex 是异常信息。

通过上面的分析，读者可以对 Ariane 中指令提取单元 Frontend 模块的功能、外部接口有一个整体认识，接下来对 Frontend 中几个关键子模块的设计进行详细分析。

3.3.2　指令重对齐

Frontend 每次从 Cache 中取回 32 位的数据。由于压缩指令的间插，这 32 位的取指数据不一定是一个完整的指令字，因此需要通过 Instr_Realign 模块进行重对齐，恢复出完整的指令字。指令重对齐模块 Instr_Realign 的逻辑设计框图如图 3.7 所示。

当取指宽度为 32 位时，由于压缩指令的间插，从 Cache 取回来的指令数据的可能组合如图 3.7 中的 Instruction Slot(指令槽)所示。取指数据可能是以下 5 种情况。

(1) 组合 1：一条完整的 32 位标准指令。

(2) 组合 2：一条完整的压缩指令加上一条标准指令的高 16 位。

(3) 组合 3：两条完整的压缩指令。

(4) 组合 4：一条标准指令的低 16 位加上另一条标准指令的高 16 位。

(5) 组合 5：一条标准指令的低 16 位加上一条完整的压缩指令。

在极限情况下，这 32 位数据可能包含两个完整的压缩指令，也就是一次取指解析出两条指令。因此，以 16 位为单位，将这 32 位的取指数据划分为两个指令槽 slot0 和 slot1。slot0 的输出是 valid_o[0]、instr_o[0]、addr_o[0]；slot1 的输出是 valid_o[1]、

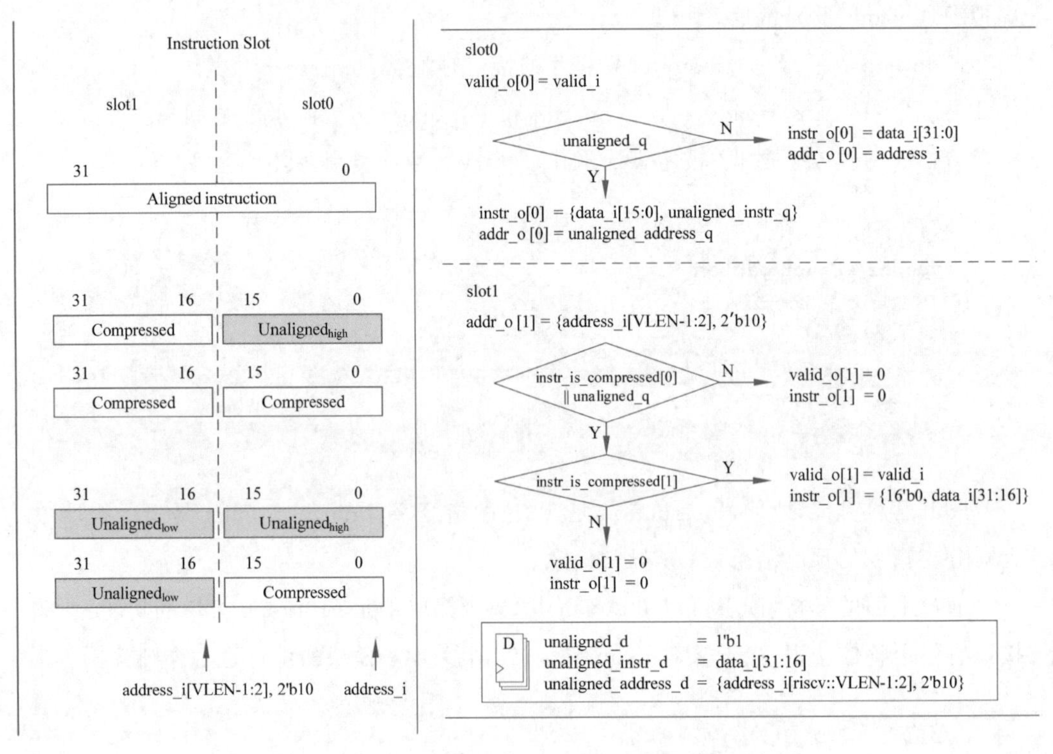

图 3.7　指令重对齐模块 Instr_Realign 的逻辑设计框图

instr_o[1]、addr_o[1]。valid_o[]表示对应的 slot 是否有有效指令，instr_o[]是其对应的指令字。

组合 4 和组合 5 的两种情况，取指数据的高 16 位都是一条标准指令的低 16 位，需要与下一个取指数据拼接起来才能凑成一条完整的标准指令。因此，用寄存器 unaligned_instr_d 把数据先暂存起来，等待下一次取指数据回来后对其进行拼接，同时，将 unaligned_d 置 1。

slot0 的输出是如何赋值的？观察图 3.7 中组合情况，可以发现，无论是出现哪种情况，slot0 始终是可以解析出一条完整的指令的，因此 valid_o[0]＝valid_i，即只要输入有效，valid_o[0]就有效。对于指令数据的输出，先判断 unaligned_q，如果为 0，表示上一次取指没有出现组合 4、组合 5，则本次取指必定为组合 1、组合 3 或者组合 5 中的一种，slot0 不需要拼接，可以直接输出，令 instr_o[0]＝data_i[31:0]。如果 unaligned_q 等于 1，则本次取指是组合 2 或者组合 4 中的一种，本次取指数据的低 16 位需要与暂存在 unaligned_instr_d 中的数据拼接成一条 32 位的标准指令，令 instr_o[0]={data_i[15:0],unaligned_instr_q}。

slot1 的输出相对复杂一点。首先要判断取指数据是否为组合 1，如果 slot0 不是压缩指令(instr_is_compressed[0]=0)，并且上一次取指没有残留待拼接的数据(unaligned_q=0)，则表示本次取指取到了一条完整的标准指令，输出 valid_o[1]直接置 0 表示 slot1 无效。否则，要进一步判断 slot1 是否为一条压缩指令(instr_is_compressed[1]=1)，如果是，则只要输入数据有效，valid_o[1]就可以置 1，并且把取指数据的高 16 位放在 instr_o[1]的低 16 位输出；如果不是压缩指令，则表示 slot1 存储的是一条标准指令的低 16 位数据，输出 valid_o[1]直接置 0 表示 slot1 数据无效。

3.3.3　分支检测

在做分支预测之前，首先要识别当前指令是否分支跳转指令。所以 Instr_Scan 模块会先对指令字做一次轻量级译码，其逻辑框图如图 3.8 所示。在 RISC-V 指令集中，直接对指令字的低 7 位进行判断，就可以知道指令是否分支指令了。对于 jal 指令，如果 rd 寄存器是 1 或者 5，则表示函数调用；对于 jalr 指令，rs1、rd 寄存器是 1 或者 5，并且 rs1 不等于 rd，则表示函数返回。

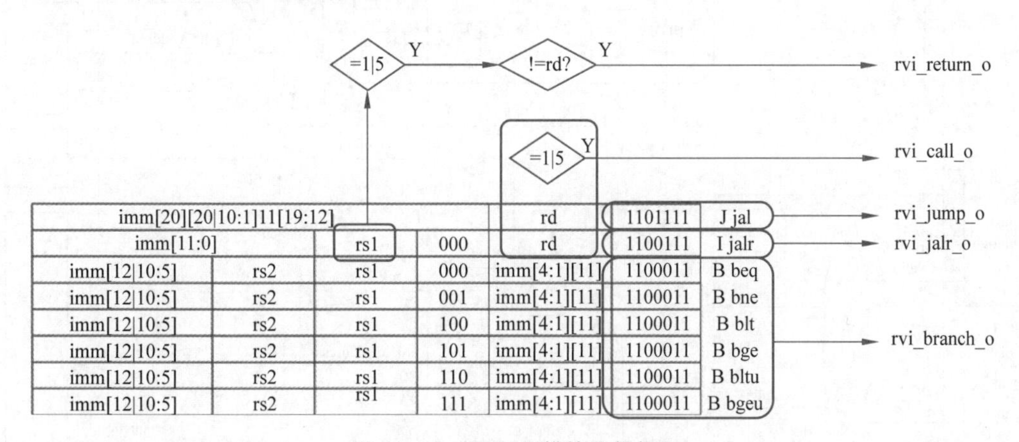

图 3.8　Instr_Scan 模块逻辑框图

根据 Instr_Sacn 的译码结果，可以进一步得到 is_branch、is_jump、is_jalr、is_return、is_call 5 组指示信号，标识该指令所属的分支类型，根据这几个信号可以判断要使用的分支预测组件，如表 3.3 所示。

表 3.3 分支指令类型及其预测组件

	类　　型	是否预测方向	是否预测地址	分支预测组件	备　注
is_branch	有条件直接跳转	Y	N	BHT	
is_jump	无条件直接跳转	N	N	不用预测	
is_jalr	无条件间接跳转	N	Y	BTB	
is_return	函数返回	N	Y	RAS	RAS 出栈
is_call	函数调用	N	N	RAS	RAS 入栈

3.3.4 分支预测

对于分支指令，Ariane 指令提取单元使用 RAS、BHT、BTB 对分支是否跳转，以及跳转的目标地址进行预测。

Ariane 指令提取单元中，分支预测逻辑框图如图 3.9 所示。

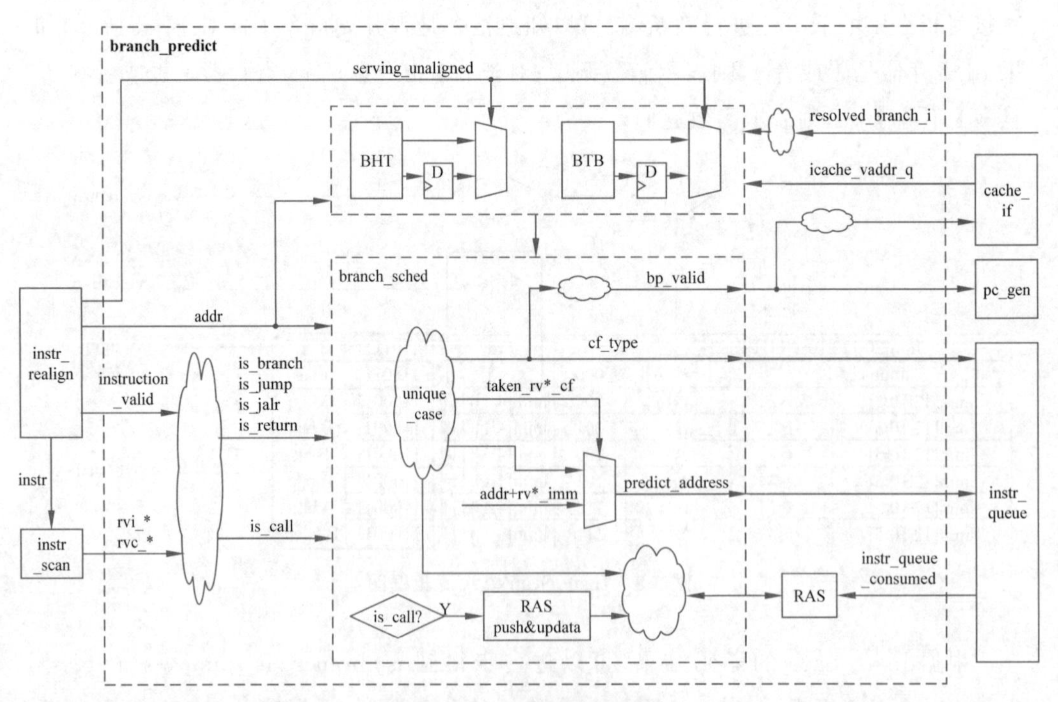

图 3.9 分支预测逻辑框图

图3.9上方的BHT、BTB组件是两个分支预测表，使用指令对应的虚拟地址icache_vaddr_q进行索引。serving_unaligned表示当前正在预测的是一条非对齐指令，该指令的低16位被取出时，就已经知道指令PC，并索引到一个预测数据，这个数据暂存在D触发器中，等待下一次取指操作把高16位数据取出拼凑成完整指令字之后，再输出作为预测值。resolved_branch_i是从执行单元返回的分支解析结果，用来更新预测表项的数据。

branch_sched是分支组件的调度逻辑，根据表3.3所示，对不同的分支指令类型，选择不同分支预测组件的输出作为预测结果，具体输出如下。

(1) predict_address：分支跳转地址。jalr分支使用BTB的预测值，return分支使用RAS的预测值，jump和branch分支直接由指令字计算得到。

(2) taken_rvi_cf/taken_rvc_cf：分支跳转方向。如果是jump类型，则置1；如果是branch类型，则使用BHT的预测值。rvi表示该指令是32位标准指令，rvc表示该指令是16位压缩指令。

(3) cf_type：控制流类型。表示该指令是否分支指令，以及是哪种类型的分支指令。被定义成cf_t数据类型，其定义如下：

```
ariane_pkg.sv
typedef enum logic [2:0] {
    NoCF,       //no control flow prediction
    Branch,     //branch
    Jump,       //jump to address from immediate
    JumpR,      //jump to address from registers
    Return      //return address prediction
} cf_t;
```

3.3.5 指令队列

从Cache取回的指令数据，经过重对齐、分支预测之后，送入指令队列(Instr_Queue)存储，供处理器后级流水线取用。

图3.10是指令队列的电路框图，fifo_instr[0]、fifo_instr[1]是指令FIFO，fifo_addr是地址FIFO。两个指令FIFO被交替使用，idx_is_q指示数据要被写入哪个FIFO，idx_ds_q指示数据要从哪个FIFO读出。

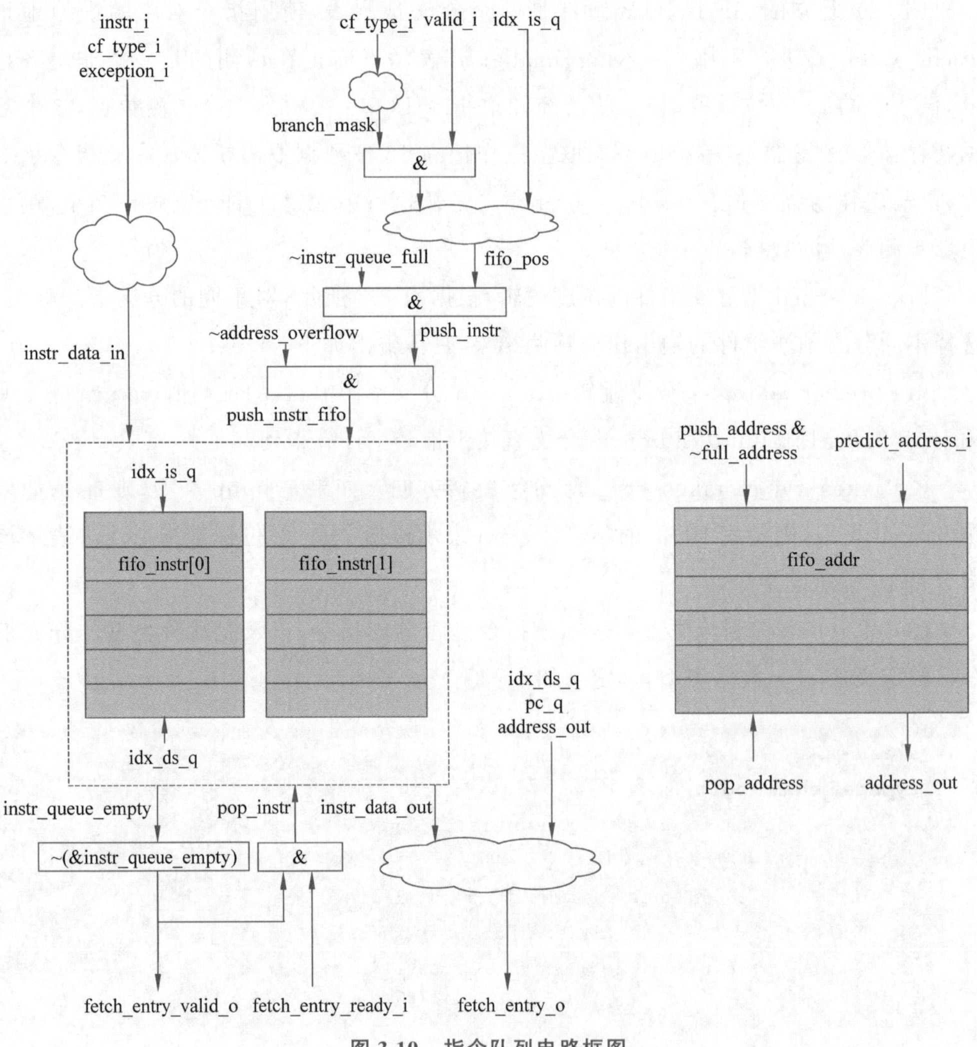

图 3.10　指令队列电路框图

在 Instr_Realign 模块输出的 valid_i 信号的指示下，指令 instr_i、分支类型 cf_type_i、异常 exception_i 一同被压入指令 FIFO 中。同时，如果该指令为分支指令，还要产生 push_address 信号，将其分支预测地址 preditc_address_i 压入地址 FIFO 中。

指令队列的输出 fetch_entry_ * 与指令译码单元 ID_Stage 通过握手信号进行交互。只要指令 FIFO 非空，就将 fetch_entry_valid_o 置 1，指示 ID_Stage 可以取数据。当指令被取走时，如果该指令是分支指令，则同时将地址 FIFO 中的 predict_address

取出。

3.3.6　取指地址

取指地址生成逻辑 PC_Gen 根据输入的控制信息及地址产生 fetch_addr，送到 Cache 取指令数据，PC 地址的来源按优先级从高到低列举如下。

（1）set_debug_pc_i：跳转到硬件参数化配置的 debug 地址。

（2）set_pc_commit_i：配置 CSR 可能引起 PC 跳转到 pc_commit_i＋4。

（3）ex_valid_i：跳转到 trap_vector_base_i。

（4）eret_i：跳转到 epc_i。

（5）is_mispredict：分支预测失败，跳转到真正的分支目标地址。

（6）replay：指令 FIFO 存满，跳转到 replay_addr。

（7）bp_valid：分支预测生效，跳转到预测的分支目标地址。

（8）if_ready：正常取指，顺序取下一个 PC 地址的数据。

3.4　本章小结

处理器按照指令集架构预先约定的语义执行各种指令序列。指令以二进制机器码的形式存储在存储器中，指令提取单元负责把指令数据从存储器中提取出来。在流水化处理器设计中，指令提取是流水线第一级，需要在设计中解决指令对齐、分支预测等任务，做到快速连续取指，从而不阻塞整条流水线。本章首先对指令提取的功能及分支预测算法进行介绍，然后以开源处理器核 Ariane 为例，介绍其指令提取单元——Frontend 的设计细节，通过实例分析加深读者对指令提取单元的理解。

第4章

指令译码

第3章主要介绍了流水线指令提取单元。取指后通过译码识别指令类型和将要进行的操作,然后再将相关数据传递给指令执行单元。本章首先简要概述指令译码单元功能,然后以开源处理器核 Ariane 为例介绍指令译码单元设计的细节。

4.1 指令译码概述

指令包含的信息被编码在有限长度的指令字中。指令译码的作用是准确识别指令语义。指令译码单元需要识别的指令语义包含以下3种。

(1) 指令类型:控制、访存和算术逻辑运算等。

(2) 指令内容:算术运算需要执行的 ALU 操作或者分支指令的分支条件等。

(3) 指令操作数:指令操作数的寻址模式。例如,立即数或者寄存器寻址等。

指令译码单元的输入是指令原始字节流。指令译码单元首先识别指令边界将字节流分割成有效指令,然后为每个有效指令生成一系列控制信号。指令译码单元的复杂程度依赖指令集架构和译码模块的并行度。

在 RISC-V 指令集架构中,指令长度指示标志位在低位,使得在缓冲区查找指令边界相对简单。RSIC-V 指令集架构指令编码格式较少,指令中操作码、寄存器和立即数域的位置相对固定,如图1.2所示6种基本指令类型。同时 RISC-V 指令很少为流水线提供控制信号。RISC-V 指令本身的特点使得其译码器结构较为简单,极大地降低了译码复杂度。使用简单的逻辑阵列电路或者小型查找表即可实现单周期译码。

4.1.1 压缩指令

微处理器架构设计支持压缩指令时，指令译码单元设计必须考虑压缩指令译码问题。压缩指令缩短了代码长度，但是扩展了指令和指令格式的数目，增加了指令译码单元设计的复杂度。得益于 RV-C 的精心设计：每条压缩指令必须和一条标准的 32 位 RISC-V 指令一一对应，可以使用一个解码器将 16 位压缩指令转换为等价的 32 位标准指令，再把统一的 32 位标准指令送入标准指令译码模块译码，降低实现代价。表 4.1 列出了压缩指令和标准指令的对应关系，其中，rd′、rs1′和 rs2′指 8 个常用的寄存器 a0～a5 和 s0～s1。

表 4.1　RV-C 解码器转换映射

压缩指令	等价标准指令
c.addi4spn	addi rd′,x2,imm * 4
c.fld	fld rd′,rs1′,imm * 8
c.lw	lw rd′,rs1′,imm * 4
c.ld	ld rd′,rs1′,imm * 8
c.fsd	fsd rs2′,rs1′,imm * 8
c.sw	sw rs2′,rs1′,imm * 4
c.sd	sd rs2′,rs1′,imm * 8
c.addi	addi rd,rd,imm
c.addiw	addiw rd,rd,imm
c.li	addi rd,x0,imm
c.lui	lui rd,imm
c.addi16sp	addi x2,x2,imm * 16
c.srli	srli rd′,rd′,shamt
c.srai	srai rd′,rd′,shamt
c.andi	andi rd′,rd′,imm
c.sub	sub rd′,rd′,rs2′
c.xor	xor rd′,rd′,rs2′

续表

压缩指令	等价标准指令
c.or	or rd′,rd′,rs2′
c.and	and rd′,rd′,rs2′
c.subw	subw rd′,rd′,rs2′
c.addw	addw rd′,rd′,rs2′
c.j	jal x0,imm
c.beqz	beq rs1′,x0,imm
c.bnez	bne rs1′,x0,imm
c.slli	slli rd,rd,imm
c.fldsp	fld rd,x2,imm * 8
c.lwsp	lw rd,x2,imm * 4
c.ldsp	ld rd,x2,imm * 8
c.jr	jalr x0,rs1,0
c.mv	add rd,x0,rs2
c.ebreak	ebreak
c.jalr	jalr x1,rs1,0
c.add	add rd,rd,rs2
c.fsdsp	fsd rs2,x2,imm * 8
c.swsp	sw rs2,x2,imm * 4
c.sdsp	sd rs2,x2,imm * 8

4.1.2 译码异常

指令译码过程中需要判断指令的合法性。如果是非法指令,译码单元产生非法指令异常标志,更新异常原因寄存器[m|s]cause 值为非法指令异常,并将非法指令编码更新到异常值寄存器[m|s]tval 中。非法指令主要有 3 个来源:一是不存在的指令编码,如未定义的操作码或者功能码等;二是源寄存器或目的寄存器配置错误;三是特权或浮点指令与控制状态寄存器(CSR)或者特权模式不匹配。下面列出与 CSR 以及特权模式相关的非法指令异常,非法指令异常处理请参考第 9 章。

mret 指令只允许在 M 模式执行。当特权模式为 U 模式或 S 模式时，mret 指令非法。sret 指令只允许在 M 模式和有条件的 S 模式执行。当特权模式为 U 模式或特权模式为 S 模式且 mstatus 寄存器的 TSR(Trap sret)域为 1 时，sret 指令非法。uret 指令只允许在处理器支持 U 模式的条件下执行，否则触发非法指令异常。

sfence.vam 指令只允许在 M 模式和有条件的 S 模式执行。当特权模式为 U 或 S 模式且 mstatus 寄存器的 TVM(Trap Virtual Memory)域为 1 时，sfence.vam 指令非法。

wfi 指令只允许在 M 模式和有条件的 S 模式执行。当特权模式为 U 或 S 模式且 mstatus 寄存器的 TW(Timeout Wait)域为 1 时，wfi 可能触发非法指令异常。

mstatus 寄存器的 FS(Float Status)域为 off 时，任何访问浮点 CSR 或者任何浮点指令操作都会产生非法指令异常。

浮点指令舍入模式(Round Mode，RM)编码为 101 或 110，产生非法指令异常；浮点指令舍入模式编码为 111(动态舍入模式)，浮点 CSR 动态舍入模式域为 101～111，产生非法指令异常。

4.2 指令译码单元设计

4.1 节对指令译码模块的主要功能进行了介绍，本节以开源处理器核 Ariane 为例，分析其指令译码 ID_Stage 模块的设计细节。Ariane 的指令译码模块是 Ariane 处理器核 Backend 的第一个阶段，属于第三流水级。本节首先介绍指令译码单元的整体框架、内部结构及其外围连接关系，然后对压缩指令解码、标准指令译码子模块进行详细分析。

4.2.1 整体设计

Ariane 的 ID_Stage 模块主要功能有识别指令类型，确定具体的指令执行单元，准备操作数据，传递分支预测和前级异常等信息，整体实现如图 4.1 所示。

ID_Stage 模块接收 Frontend 模块传来的 fetch_entry_i 结构数据与 fetch_entry_

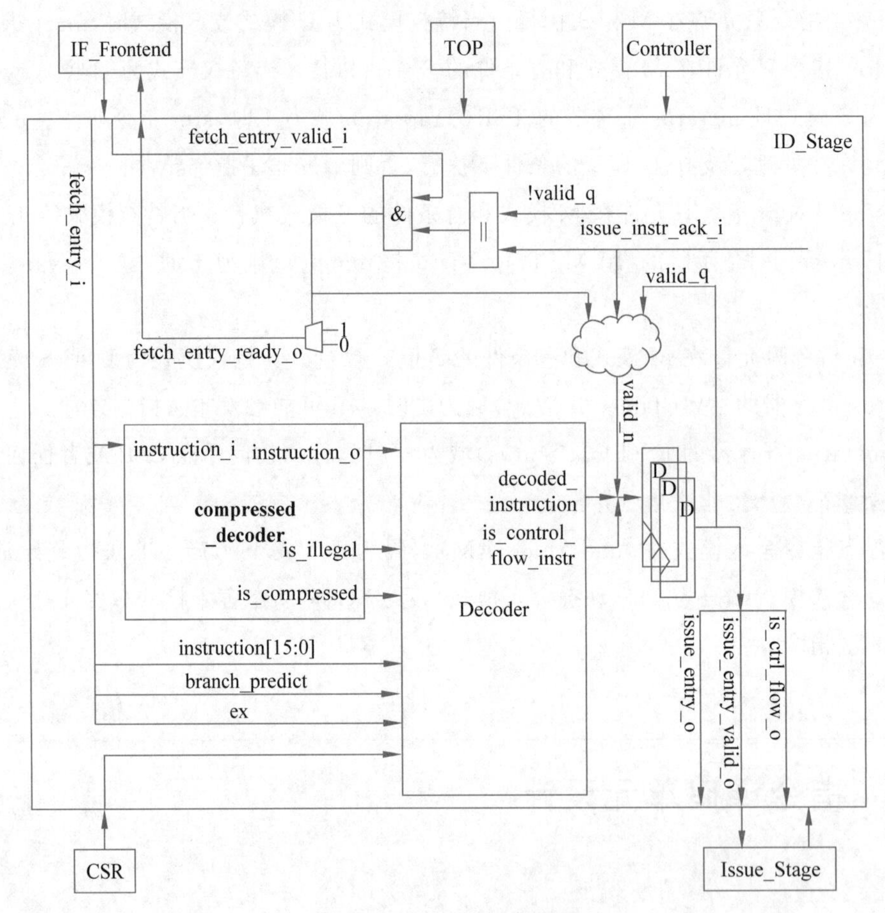

图 4.1　ID_Stage 模块整体框图

valid_i 数据 valid 标志。Ariane 微架构支持 RISC-V GC 指令集组合，包含 32 位标准指令和 16 位压缩指令两种长度的指令数据。由于 Ariane 的指令对齐处理在 Frontend 完成，可参考 3.3.2 节了解指令重对齐过程，所以 ID_Stage 模块接收的 32 位指令字数据只包含一条有效指令。ID_Stage 模块只需要处理两种指令格式译码，功能相对简单。为了降低译码模块规模，ID_Stage 模块不单独对压缩指令译码。ID_Stage 接收的 32 位指令字先进入压缩指令解码 Compressed_Decoder 模块，将压缩指令转换为等价的 32 位标准指令，然后统一格式的标准指令送入标准指令译码 Decoder 模块。译码后的数据经寄存器缓存后发送给下一级 Issue_Stage 模块并等待 Issue_Stage 模块的握手响应信号 issue_instr_ack_i，同时向前一级 Frontend 模块返回握手响应信号

fetch_entry_ready_o，指示 ID_Stage 模块是否可以接收处理下一个指令字。

ID_Stage 模块需要判断指令是否为非法指令，同时也可以确定断点、环境调用等插入异常指令。ID_Stage 接收 TOP 模块输入的外部中断信号，和 CSR 模块输入的全局中断使能以及与中断异常相关寄存器信号。如果在译码模块中检测到异常，将异常信息记录下来并传递给下一级。ID_Stage 模块同时受 Controller 模块控制，接收冲刷流水线信号，冲刷指令译码寄存器数据。

在流水线数据路径下，ID_Stage 与前级 Frontend 的数据交互格式和握手信号在 3.3.1 节已经进行了说明，不再重复。ID_Stage 模块与后级指令执行 Issue_Stage 交互接口是 issue_entry_*。其中，issue_entry_valid_o、issue_instr_ack_i 是 ID_Stage 和 Issue_Stage 两级流水线间的握手信号，issue_entry_o 是交互数据，交互数据内容参考 4.2.3 节。ID_Stage 模块接口如表 4.2 所示。

表 4.2　ID_Stage 模块接口列表

信　号		方向	位宽/类型	描　述
TOP	clk_i	输入	1	时钟
	rst_ni	输入	1	复位
	debug_req_i	输入	1	debug 请求
	irq_i	输入	2	外部中断
Controller	flush_i	输入	1	冲刷流水线标志
CSR	priv_lvl_i	输入	pri_lvl_t	特权等级
	fs_i	输入	xs_t	浮点模块状态
	frm_i	输入	3	浮点动态舍入模式
	irq_ctrl_i	输入	irq_ctrl_t	中断控制信息
	debug_mode_i	输入	1	debug 模式标志
	tvm_i	输入	1	虚拟内存自陷控制
	tw_i	输入	1	超时中断等待控制
	tsr_i	输入	1	sret 自陷控制
Frontend	fetch_entry_i	输入	fetch_entry_t	指令队列输出的数据结构
	fetch_entry_valid_i	输入	1	指令队列输出的 valid 标志
	fetch_entry_ready_o	输出	1	送给指令队列的 ready 标志

续表

信　　号		方向	位宽/类型	描　　述
Issue_Stage	issue_instr_ack_i	输入	1	指令发射单元输入 ready 标志
	issue_entry_o	输出	scoreboard_entry_t	送给指令发射单元的数据结构体
	issue_entry_valid_o	输出	1	送给指令发射单元的 valid 标志
	is_ctrl_flow_o	输出	1	分支指令标志

4.2.2 压缩指令解码

从 Frontend 模块接收的 instruction_i 只包含一条有效指令：32 位标准指令或者低 16 位有效的压缩指令。RISC-V 将指令长度指示标志放在低位，标准指令的最低 2 位数据值为 11，压缩指令的最低 2 位数据值为 00、01 或者 10。通过最低 2 位数据值可快速识别出压缩指令。

压缩指令解码模块主要负责识别压缩指令，并将该压缩指令转换为等价的 32 位标准指令，压缩指令解析过程如图 4.2 所示。将 instruction_i[1:0]送入 2 位译码器 d0，d0 输出 00 时，选通 3 位译码器 d1，d1 的输入为 instruction_i[15:13]，经 d1 译码可识别具体指令。d0 输出 01 时，选通 3 位译码器 d2。d2 输出 011 时，instruction_i[11:7]＝2，该压缩指令为 c.addi16sp(栈指针加上 16 倍立即数)；instruction_i[11:7]＝0，该压缩指令为非法指令；instruction_i[11:7]!＝[0||2]，该压缩指令为 c.lui(高位立即数加载)。d2 输出 100 时，将 instrcution_i[11:10]、instruction_i[6:5]作为索引值，识别出具体指令。d2 输出其他值时，可直接判断出具体指令。类似地，d0 输出 10 时，选通 3 位译码器 d3。d3 输出 100 时，需要参考 instruction_i[12]、instruction_i[11:7]及 instruction_i[6:2]域值判断具体指令。d0 输出 11 时，该指令为标准指令，不做转换直接输出。

解析出具体指令后，根据表 4.1 的对应关系转换为等价的 32 位指令，输出压缩指令 is_compressed 标志。以加 4 倍立即数到栈指针 c.addi4spn 指令为例，说明压缩指令转换为标准指令的过程，如图 4.3 所示。RV-C 中 c.addi4spn 指令的 8 位立即数 imm 字段位于指令的 12～5 位，目的寄存器 rd′索引字段位于指令的 4～2 位。c.addi4spn 指令的算术操作为立即数先左移 2 位后做无符号扩展，扩展后的立即数再与栈指针寄存器值相加，相加结果写入目的寄存器 rd′＋8。c.addi4spn 对应的扩展形式为 addi rd,

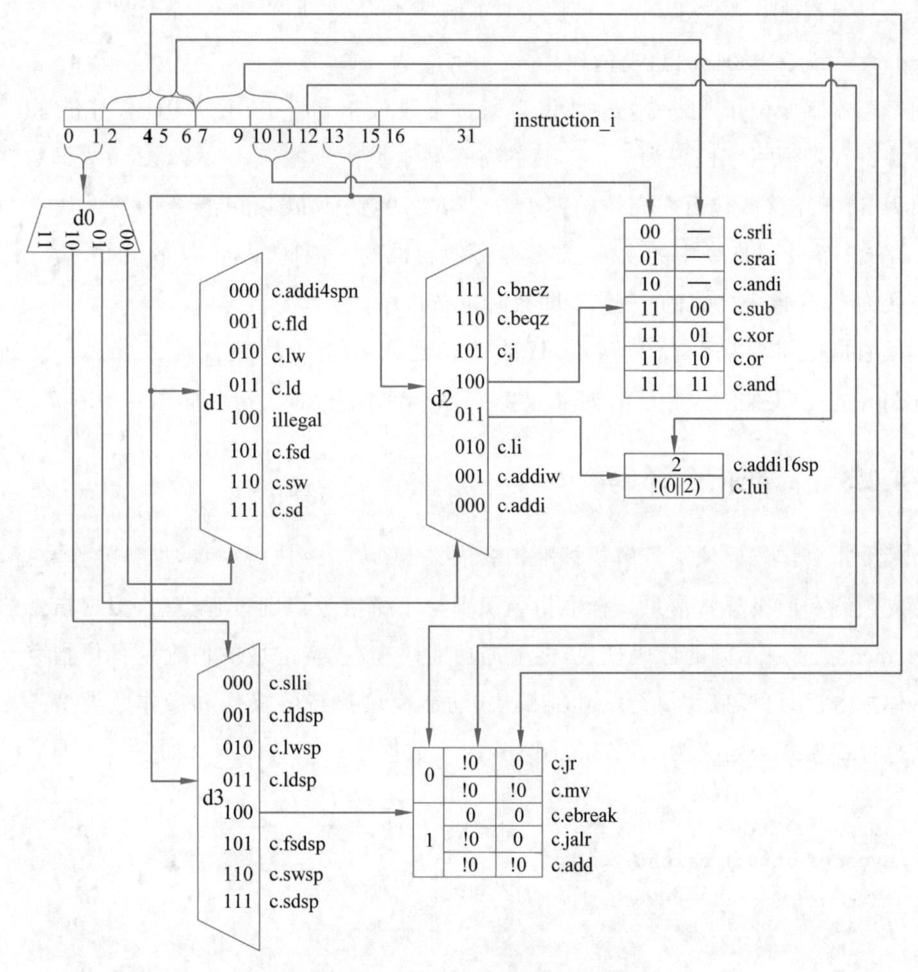

图 4.2　压缩指令解析过程示意图

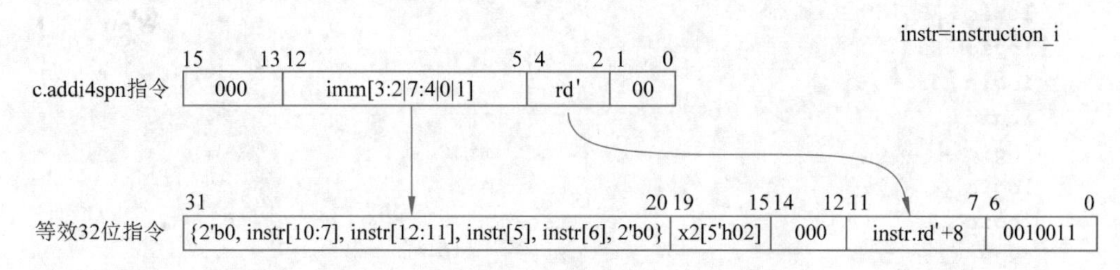

图 4.3　压缩指令转换为标准指令示例

x2,imm * 4,其中 rd=rd'+8。根据 RV-I 指令集定义,加立即数 addi 指令的操作码 opcode 字段为 7'b0010011,功能码 funct3 字段为 000,源寄存器字段位于 19~15 位,目的寄存器字段位于 11~7 位,12 位立即数字段位于 31~20 位。因此,等价 addi 指令的源寄存器索引字段置为 5'h02,目的寄存器索引字段置为 8+rd',12 位立即数字段的值为 imm 左移两位后左高位补两个 0。需要注意 c.addi4spn 指令中的 8 位立即数乱序存放,而 addi 指令中的 12 立即数是顺序存放的。因此,c.addi4spn 的 8 位立即数在扩展为 addi 指令格式的 12 位立即数时重新排序。

压缩指令需要确认源寄存器、目的寄存器或者立即数配置是否合法。例如 c.addi4spn 的立即数值不能为 0,如果为 0,则该指令非法,非法指令标志 is_illegal 置 1。

4.2.3 标准指令译码

标准指令译码模块负责解析标准指令语义,确认指令执行模块,准备操作数据,传递分支预测和前级异常信息。标准指令识别与压缩指令识别过程类似,根据指令的操作码 opcode 选通不同的译码模块,再根据功能码和/或特定域的值确定具体指令。识别具体指令后,可以确定执行的功能模块、功能模块执行的操作和操作数类型等。译码信息保存格式被定义为 scoreboard_entry_t 数据结构。具体定义如下:

```
ariane_pkg.sv
typedef struct packed {
logic [riscv::VLEN-1:0]         pc;
logic [TRANS_ID_BITS-1:0]       trans_id;
fu_t                            fu;
fu_op                           op;
logic [REG_ADDR_SIZE-1:0]       rs1;
logic [REG_ADDR_SIZE-1:0]       rs2;
logic [REG_ADDR_SIZE-1:0]       rd;
logic [63:0]                    result;
logic                           valid;
logic                           use_imm;
logic                           use_zimm;
logic                           use_pc;
exception_t                     ex;
branchpredict_sbe_t             bp;
logic                           is_compressed;
} scoreboard_entry_t;
```

pc 是下一条指令的 PC 指针，trans_id 是指令的索引，fu 是执行的功能模块，op 是功能模块执行操作，rs1 是源寄存器 1 索引，rs2 是源寄存器 2 索引，rd 是目的寄存器索引，result 是中间结果值，valid 是 result 数据有效标志，use_imm 是有符号扩展立即数作为操作数 b 标志，use_zimm 是无符号扩展立即数作为操作数 a 标志，use_pc 是使用 PC 值作为操作数 a 标志，ex 是异常信息，bp 是分支预测信息，is_compressed 是压缩指令指示标志。其中，bp、trans_id、valid 信息不在指令译码模块确认。bp 来自指令取指模块，trans_id 在指令发射模块配置记录指令发射顺序，valid 在指令发射模块置位表示该指令可以被提交。

表 4.3 以 opcode 等于 7′b0000011 为例，介绍该类指令语义的解释过程。根据 RV-I 指令集定义，opcode 等于 7′b0000011 时，当前指令为 I-type 的 LOAD 指令，指令中 12 位立即数经符号扩展后加上基地址作为内存访问地址。内存寻址过程涉及的操作数或寄存器基地址寄存器 rs1、立即数 imm 以及目的寄存器 rd。因此，scoreboard_entry_t 的 fu 域段置为内存访问 LOAD 模块，rs1 域段置为 I.rs1，rd 域段置为 I.rd，use_imm 域段置为 1，is_compressed 域段置为 0，result 域段置为 12 位立即数符号扩展结果。根据 I-type 的 3 位功能码 funct3 确认加载模块执行操作类型，存入 scoreboard_entry_t 的 op 域段。funct3 等于 3′b000～3′b110 时，对应的数据加载执行类型分别为**字节加载**（Load Byte，LB）、**半字加载**（Load Halfword，LH）、**字加载**（Load Word，LW）、**双字加载**（Load Doubleword，LD）、**无符号字节加载**（Load Byte Unsigned，LBU）、**无符号半字加载**（Load Halfword Unsigned，LHU）、**无符号字加载**（Load Word Unsigned，LWU）。当 funct3 等于 3′b111 时，操作码非法，触发非法指令异常，scoreboard_entry_t 的 ex.valid 置 1、ex.cause 置为 ILLEGAL_INSTR。

表 4.3　语义解释过程示例

opcode	0000011								
function	I.funct3	000	001	010	011	100	101	110	111
scoreboard_entry_t	fu	LOAD							—
	op	LB	LH	LW	LD	LBU	LHU	LWU	—
	rs1	I.rsl							—
	rs2	0							—
	rd	I.rd							—

续表

<table>
<tr><td rowspan="7">scoreboard_entry_t</td><td colspan="2">result</td><td>{20{I.imm[11]},I.imm}</td><td>—</td></tr>
<tr><td colspan="2">use_imm</td><td>1</td><td>—</td></tr>
<tr><td colspan="2">use_zimm</td><td>0</td><td>—</td></tr>
<tr><td colspan="2">use_pc</td><td>0</td><td>—</td></tr>
<tr><td rowspan="2">ex</td><td>valid</td><td>0</td><td>1</td></tr>
<tr><td>cause</td><td>0</td><td>ILLEGAL_INSTR</td></tr>
<tr><td colspan="2">is_compressed</td><td>0</td><td>—</td></tr>
</table>

Decoder 模块需要保持前级的异常信息。若从 Frontend 接收的异常信息 ex.valid 为高,表明已经出现异常,此时不需要译码,直接将接收到的异常信息更新到输出结构体数据传递给下一级。前级未出现任何异常时,执行译码。若译码过程出现非法指令异常,ecase 更新为非法指令异常,etval 更新为当前非法指令。

4.3 本章小结

本章首先简要概述处理器译码模块功能,然后以开源处理器核 Ariane 为例介绍指令译码模块设计的细节。得益于 RISC-V 指令集指令格式相对固定且类型较少,Araine 的 ID_Stage 模块整体设计非常简单,压缩指令解码模块以及标准指令译码模块只需简单的组合逻辑即可实现,极大简化译码复杂度。

第5章

指令发射

指令发射(Instruction Issue)的目的是将译码后的指令发送到处理器的运算单元，由运算单元完成指令的执行。根据每个时钟周期发射指令的数量,指令发射可分为单发射和多发射;根据指令发射的调度方式则可以分为顺序发射和乱序发射。本章首先介绍指令发射单元的基本概念和相关调度算法,然后以开源 Ariane 处理器核为例介绍指令发射单元设计的细节。

5.1 单发射和多发射

单发射是指处理器一个时钟周期只发射一条指令,而多发射是指一个时钟周期能够发射多条指令。多发射技术包括动态多发射和静态多发射。动态多发射由硬件决定发射的指令数。流水线通过增加运算单元,在同一个时钟周期内支持多条指令同时工作从而实现指令级并行。静态多发射通过编译器预先编排指令的方式来实现处理器内部指令的并行执行,如**超长指令字**(Very Long Instruction Word,VLIW)处理器,VLIW 的实现过程是由编译器在编译时找出指令间潜在的并行性,进行适当调度安排,把多个能并行执行的操作组合在一起,成为一条具有多个操作段的超长指令。

多发射相比单发射具有更宽的数据通路,流水线上每个阶段处理的指令数也更多,因此多发射相比单发射具有更高的数据吞吐率。但是,在多发射中数据的相关性要比单发射更加复杂,在同一阶段多条指令可能会存在数据相关。

5.2 顺序发射和乱序发射

顺序发射是指处理器按照程序原始二进制指令流的顺序将指令发射到执行单元，因此需要等到前序指令都已发出，同时源操作数和硬件资源已经就绪才会发射新的指令。乱序发射是指译码后的指令被分配到发射队列中，发射队列中的指令去除相关性后就可以优先发射而不需要等待按序发射，乱序发射队列通常可以分为分布式发射队列和统一发射队列。

分布式发射队列是指不同类型的**功能单元**（Function Units，FU）具有独立的发射队列，每个发射队列只负责向对应的功能单元发射指令，只要功能单元空闲和源操作数可用就可以执行发射。该方式可以降低设计复杂度，但效率较低。不同功能单元的使用率不同，导致对应的发射队列的使用率也会有所差异，如浮点发射队列已满，而整数队列出现空闲的情况。

与分布式发射队列不同，统一发射队列存储所有的发射指令，指令发射的过程可以分为发射前读取源操作数和发射后读取源操作数两种。发射前读取源操作数是指寄存器源操作数在指令发送到发送队列之前被读取，并存储在发射队列中，当操作数可用且功能单元空闲时，从发射队列发出指令用于执行，这种方式需要大量的硬件资源来存储源操作数。发射后读取源操作数是指源操作数在指令发射时读取，发射队列中存储寄存器的标号，当实际执行时根据标号读取实际的值，因此寄存器需要更多的读取端口，保证同时读取多个数据。

乱序发射可以采用保留站来实现，保留站是每个功能单元的专用缓冲区，用于存储将要在功能单元上执行的指令及操作数。同时保留站具有寄存器重命名的功能，在发射阶段将待用操作数寄存器重命名为保留站的名称，消除因名称相关而产生的冒险。最后根据保留站中的标志信息决定哪条指令可以发射执行。

5.3 指令动态调度

指令动态调度是指处理器通过硬件重新安排指令执行的顺序,减少因指令的相关性而出现流水线停顿。相比于指令静态调度使用编译器来去除指令的相关性更高效,硬件复杂度也显著提高。在多级流水线中指令从指令译码到指令发射执行会存在数据相关和结构相关,为了解决这些相关性的问题,可以采用动态调度算法。经典的动态调度算法包括**记分板**算法和 Tomasulo 算法;记分板算法来自 CDC6600 处理器的设计;Tomasulo 算法是由 R. Tomasulo 提出来的,应用于 IBM 360/91 处理器的设计,主要是通过对寄存器的动态重命名来处理指令的相关性。这里主要介绍记分板算法。

为了更好地解释记分板算法,将 2.1 节介绍的经典 5 级流水线中的指令译码流水级拆分成发射和读操作数两个阶段。记分板深度参与如下 4 个阶段。

1. 发射阶段

检测结构相关或写后写(Write After Write,WAW)相关。如果待发射指令使用的功能单元空闲(该功能单元没有被前序活动指令占用),或者待发射指令所使用的目的寄存器空闲(该目的寄存器没有被前序活动指令占用),则将指令发射到功能单元。否则,停止发射当前指令并等待功能单元或目的寄存器被释放。

2. 读操作数阶段

检测写后读(Read After Write,RAW)相关。如果当前指令要读取的源操作数寄存器是前序活动指令的目的寄存器,则需要停止读操作数并等待前序指令执行完成,更新寄存器值。

3. 执行阶段

根据指令的类型,使用对应的功能单元执行指令,完成后通知记分板。

4. 写回阶段

检测读后写(Write After Read,WAR)相关。记分板收到指令执行完成的通知后,如果检测该指令要写入的目的寄存器是前序活动指令的源操作数寄存器,并且前序活动指令还没有完成读操作数的动作,则需要停顿已经完成执行阶段的指令的写回动作。

以下面的 RSIC-V 指令代码片段为例来进一步介绍记分板算法的执行流程。记分板算法通过表 5.1 所示的表格来记录指令的执行状态并进行动态调度,该表记录了第二条 lw 指令已经完成执行阶段,即将进入写回阶段时的处理器状态。

```
lw    x6, 34(x12)       //读取寄存器 mem[Regs[x12]+ 34]的操作数到 x6
lw    x2, 45(x13)       //读取寄存器 mem[Regs[x13]+ 45]的操作数到 x2
mul   x1,x2,x4          /寄存器 x4 和 x2 的操作数做乘法运算,结果存到 x1
sub   x8,x6,x2          /寄存器 x2 和 x6 的操作数做减法运算,结果存到 x8
div   x10,x1,x6         /寄存器 x6 和 x1 的操作数做除法运算,结果存到 x10
add   x6,x8,x2          /寄存器 x2 和 x8 的操作数做加法运算,结果存到 x6
```

表 5.1 中指令状态子表指示的是每条指令所处的阶段,其中数字代表时钟周期,指令按照时钟周期进行调度,还未执行的阶段用空白表示。第一条 lw 指令在执行时其他指令无法发射(第 1～4 个时钟周期),因为第二条 lw 指令与第一条 lw 指令存在结构性相关,只能等待第一条 lw 指令结果写回后才能发射(第 5 个时钟周期)。

表 5.1 记分板结构表

指令状态				
指　令	发射	读操作数	执行	写回结果
lw　x6,34(x12)	1	2	3	4
lw　x2,45(x13)	5	6	7	
mul　x1,x2,x4	6			
sub　x8,x6,x2	7			
div　x10,x1,x6				
add　x6,x8,x2				

续表

功能单元状态									
名称	Busy	Op	F_i	F_j	F_k	Q_j	Q_k	R_j	R_k
Integer	NO								
Mult1	YES	mul	x1	x2	x4	Integer		NO	YES
Mult2	NO								
Add	YES	sub	x8	x6	x2		Integer	YES	NO
Divide	NO								
寄存器状态									
寄存器	x1	x2	x4	x6	x8	x10	x12	…	x31
功能单元	Mult	Integer			Add				

表5.1的功能单元状态子表指示的是功能单元和寄存器的状态，表中各参数含义如下。

(1) Busy：指示功能单元是否空闲。

(2) Op：对源操作数1和源操作数2执行的运算。

(3) F_i、F_j、F_k：F_i 表示目的寄存器编号，F_j、F_k 分别表示源寄存器1和源寄存器2的编号。

(4) Q_j、Q_k：产生源操作数1和源操作数2的功能单元。

(5) R_j、R_k：源操作数1和源操作数2是否就绪，YES表示就绪，NO表示未就绪。

表5.1记录的是第7个时钟周期的状态。此时第二条lw指令执行完成，但结果未写回，后面二条指令已完成发射，但两条指令中的源操作数x2不可用，需要等待第二条lw指令将结果写回，也就是存在RAW相关。因此，表5.1中Mult一行，Op指示该功能单元被第三条mul指令占用，R_j 为NO指示源操作数1未就绪，Q_j 指示产生源操作数1的功能单元是Integer单元。Add一行，Op指示该功能单元被第四条sub指令占用，R_k 为NO指示源操作数2未就绪，Q_k 指示产生源操作数2的功能单元是Integer单元。

记分板算法的缺陷是对于WAW和WAR相关，需要等待相关性解除后才能发射指令，造成流水线停顿，效率较低。而Tomasulo算法能够使用寄存器重命名来解决WAW、WAR相关，寄存器重命名是由保留站提供，保留站用于缓冲待发射指令的操作数,同时将待发射的操作数寄存器重命名。

5.4 指令发射单元设计

5.1～5.3 节对指令发射单元的功能及记分板算法进行介绍,本节将以开源 Ariane 处理器核为例介绍指令发射单元设计的细节。Ariane 的指令发射单元是 Issue_Stage 模块,其顶层模块源代码文件是 issue_stage.sv。本节首先从模块顶层对其进行分析,介绍指令发射单元的内部结构及其外围连接关系,然后对发射单元中的 Scoreboard 模块、Issue_Read_Operands 模块进行详细分析。

5.4.1 整体设计

图 5.1 为指令发射单元(Issue_Stage)整体框图,内部包括 Re_Name、Scoreboard、Issue_Read_Operands 3 个子模块。

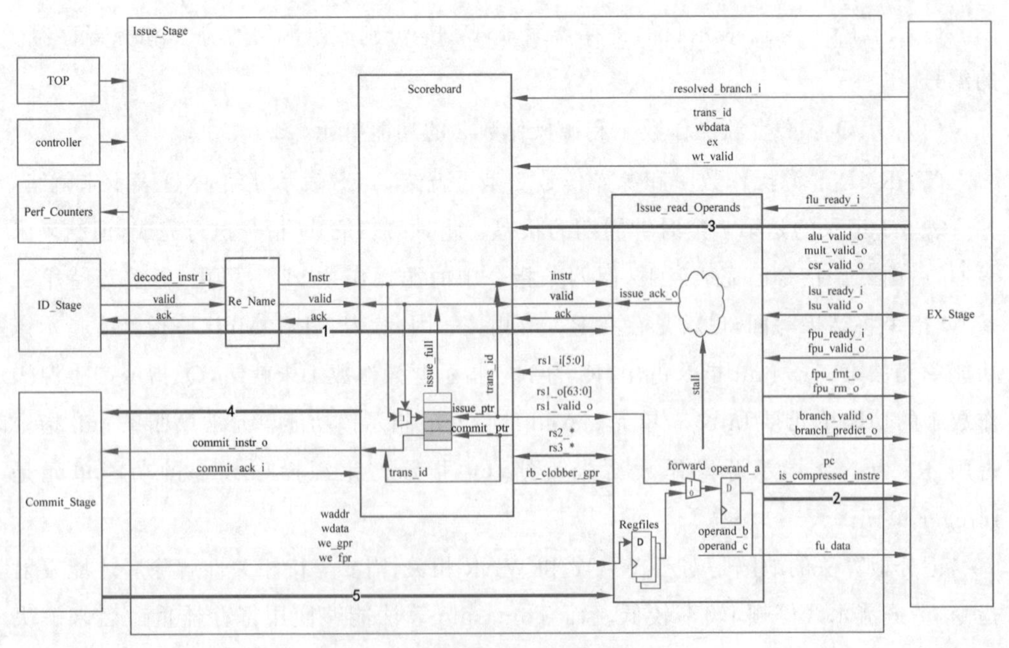

图 5.1　指令发射单元整体框图

(1) Re_Name 在 Regfiles 的索引上增加 1 位的重命名标志,但是目前的设计默认配置为关闭,因此相当于直接旁路。

(2) Scoreboard 维护一个发射队列。指令发射出去的同时被记录到 Scoreboard 中,该指令提交之后就从 Scoreboard 中撤销。指令执行单元(EX_Stage)执行后的结果被写入 Scoreboard。值得注意的是,由于不同指令执行的时间不一样,执行结果不是按照指令发射顺序写回 Scoreboard。

(3) Issue_Read_Operands 维护处理器核的 Regfiles,Regfiles 只能由指令提交单元(Commit_Stage)直接写入。该模块同时会读出操作数送给指令执行单元,根据 Scoreboard 的记录,操作数可能来自 Regfiles,也可能直接来自 Scoreboard。

图 5.1 中箭头标示指令发射单元(Issue_Stage)与指令译码单元(ID_Stage)、指令执行单元(EX_Stage)、指令提交单元(Commit_Stage)之间的数据交互。

(1) ID_Stage 将解码后的指令送到 Issue_Read_Operands 读取操作数。

(2) 根据指令功能单元类型的不同,Issue_Read_Operands 将操作数发送到 EX_Stage 中对应的功能单元。

(3) EX_Stage 中的 FU 执行完后,将结果写回 Scoreboard 暂存,并将 valid 置 1。

(4) Scoreboard 中的 valid 被置 1 之后,指令可以被提交。

(5) Commit_Stage 返回 commit_ack,同时指令执行的结果直接被写入 Regfiles。

在流水线数据路径上,指令译码单元将译码后的指令,通过 decoded_instr_i 接口,以数据结构 scoreboard_entry_t 的形式发送给指令发射单元,关于该数据结构的详细定义可以见第 4 章。这两级流水线之间通过握手信号 valid、ack 进行数据交互的控制。指令发射单元检测待发射指令要使用的功能单元是否空闲,解除数据相关性,并进行操作数读取之后,将该指令发送到指令执行单元中对应的功能单元进行处理。

指令发射单元与指令执行单元的接口信号可以分成两类:数据接口和控制接口。数据接口是 fu_data_o,不管指令要被发射到哪个功能单元中执行,它们都通过该接口进行数据传递。fu_data_o 是 fu_data_t 类型的数据结构,其具体定义如下:

```
ariane_pkg.sv
typedef struct packed {
fu_t                    fu;
fu_op                   operator;
logic [63:0]            operand_a;
logic [63:0]            operand_b;
```

```
logic [63:0]                    imm;
logic [TRANS_ID_BITS-1:0]       trans_id;
   } fu_data_t;
```

接口定义中 fu 是指令占用的功能单元，被定义成 fu_t 的数据类型，具体定义如下。

```
ariane_pkg.sv
typedef enum logic[3:0] {
    NONE,              //0
    LOAD,              //1
    STORE,             //2
    ALU,               //3
    CTRL_FLOW,         //4
    MULT,              //5
    CSR,               //6
    FPU,               //7
    FPU_VEC            //8
} fu_t;
```

operator 是指令具体要执行的运算，例如该指令是要执行 ADD 运算，或者 SUB 运算，或者 DIV 运算等。operator 被定义成 fu_op 数据类型，具体定义的运算类型与 RISC-V 指令集的定义是一致的，代码比较多，读者可以自行查阅 ariane_pkg.sv 文件。

trans_id 是这条指令在 Scoreboard 中的索引号。由于不同功能单元的延时不一样，指令执行单元的结果写回 Scoreboard 可能是乱序的，需要通过 trans_id 索引来判断数据属于哪条指令，以及要写入 Scoreboard 中的哪个表项。operand_a、operand_b、imm 是从指令中解析出来或者从通用寄存器组读取出来的操作数和立即数，是功能单元执行运算的输入数据。

指令发射单元与指令执行单元的控制接口，根据功能单元的不同，可以分成以下 3 类。

(1) **固定延迟单元(FLU)**控制接口：所有 FLU 共用一个 ready 信号 flu_ready_i，高电平表示 FLU 空闲，指令可以发射；低电平表示 FLU 被占用，指令需要等待 FLU 被释放。根据指令所使用的功能单元的不同，alu_valid_o、branch_valid_o、mult_valid_o、csr_valid_o 中的一个会被拉高，指示 fu_data_o 数据已经准备好，对应的功能单元可以取数据进行运算。

(2) **加载和存储单元**(LSU)控制接口:lsu_ready_i、lsu_valid_o,具体含义与FLU的ready、valid类似。

(3) **浮点处理单元**(FPU)控制接口:fpu_ready_i、fpu_valid_o,具体含义与FLU的ready、valid类似。

指令执行单元的功能单元执行完对应的运算之后,将结果通过写回端口先写回Scoreboard暂存,写回端口如下:

```
issue_stage.sv
input logic     [NR_WB_PORTS-1:0][TRANS_ID_BITS-1:0]  trans_id_i,
input bp_resolve_t                                     resolved_branch_i,
input logic     [NR_WB_PORTS-1:0][63:0]                wbdata_i,
input exception_t    [NR_WB_PORTS-1:0]                 ex_ex_i,
input logic     [NR_WB_PORTS-1:0]                      wt_valid_i,
```

wt_valid_i是写回数据有效的指示信号,当wt_valid_i置高时,分支解析结果resolved_branch_i、运算结果wbdata_i、异常信息ex_ex_i被写入Scoreboard中trans_id所索引到的表项中。需要注意的是,指令执行单元写回Scoreboard有4组独立的端口,其中,加载单元load_unit、存储单元stroe_unit、浮点处理单元fpu各自有自己独立的写回端口,而所有的FLU单元则共享同一个写回端口。

暂存在Scoreboard中的写回数据,需要通过指令提交单元写回寄存器组Regfiles,由于处理器核的Regfiles也是放在指令发射单元中,因此指令发射模块与指令提交模块也有另外一组接口信号用于数据写回。当指令被指令提交模块确认可以提交时,结果通过下面这组接口直接写入Regfiles中:

```
issue_stage.sv        //commit port
input logic [NR_COMMIT_PORTS-1:0][4:0]     waddr_i,
input logic [NR_COMMIT_PORTS-1:0][63:0]    wdata_i,
input logic [NR_COMMIT_PORTS-1:0]          we_gpr_i,
input logic [NR_COMMIT_PORTS-1:0]          we_fpr_i,
```

waddr_i是通用寄存器组的索引,wdata_i是写回的数据,we_gpr_i是写回整数Regfiles的指示信号,we_fpr_i是写回浮点Regfiles的指示信号。wdata_i在we_gpr_i、we_fpr_i的指示下,被写入Regfiles中waddr_i所索引到的寄存器中。表5.2为Issue_Stage模块与各模块之间的接口列表。

表 5.2 Issue_Stage 模块与各模块之间的接口

信号		方向	位宽/类型	描述
TOP	clk_i	输入	1	时钟
	rst_ni	输入	1	复位
Controller	flush_unissued_instr_i	输入	1	flush 信号
	flush_i	输入	1	flush 信号
Perf_Counters	sb_full_o	输出	1	Scoreboard 信号
EX_Stage	fu_data_o	输出	fu_data_t	给 FU 的数据结构,包含操作数
	pc_o	输出	VLEN	指令 PC 值
	is_compressed_instr_o	输出	1	压缩指令标志位
	flu_ready_i	输入	1	FU 握手信号
	alu_valid_o	输出	1	FU 握手信号
	branch_valid_o	输出	1	FU 握手信号
	branch_predict_o	输出	branch_predict_sbe_t	分支预测信息
	resolve_branch_i	输入	1	没有被使用
	lsu_ready_i	输入	1	FU 握手信号
	lsu_valid_o	输出	1	FU 握手信号
	mult_valid_o	输出	1	FU 握手信号
	fpu_ready_i	输入	1	FU 握手信号
	fpu_valid_o	输出	1	FU 握手信号
	fpu_fmt_o	输出	2	浮点指令 fmt 信息
	fpu_rm_o	输出	3	浮点指令 rm 信息
	csr_valid_o	输出	1	FU 握手信号
	resolved_branch_i	输入	bp_resolve_t	EX_Stage 反向返回真实分支执行情况
	trans_id_i	输入	NR_WB_PORTS * TRANS_ID_BITS	FU 写回端口索引
	wbdata_i	输入	NR_WB_PORTS * 64	FU 写回端口数据
	ex_ex_i	输入	NR_WB_PORTS	FU 写回端口异常
	wt_valid_i	输入	NR_WB_PORTS	FU 写回端口 valid 信号

续表

信　号		方向	位宽/类型	描　述
Commit_Stage	waddr_i	输入	NR_COMMIT_PORTS * 5	送到 Regfiles 的写端口地址
	wdata_i	输入	NR_COMMIT_PORTS * 64	送到 Regfiles 的写端口数据
	we_gpr_i	输入	NR_COMMIT_PORTS	整数 Regfiles 写使能
	we_fpr_i	输入	NR_COMMIT_PORTS	浮点数 Regfiles 写使能
	commit_instr_o	输出	NR_COMMIT_PORTS	等待提交的指令
	commit_ack_i	输出	NR_COMMIT_PORTS	ack 指示，高电平表示指令被提交
ID_Stage	decoded_instr_i	输入	scoreboard_entry_t	译码后的指令
	decoded_instr_valid_i	输出	1	译码后的指令握手信号
	is_ctrl_flow_i	输入	1	没有使用到
	decoded_instr_ack_o	输出	1	译码后的指令握手信号

通过上面的分析，读者可以对 Ariane 中指令发射单元模块的功能、外部接口有一个整体认识，接下来对模块中几个关键子模块的设计进行详细介绍。

5.4.2 Scoreboard 模块实现

Ariane 指令发射单元中的 Scoreboard 模块虽然称为记分板，但是在具体实现上与 5.3 节介绍的标准的记分板算法存在一些差异。这里的 Scoreboard 模块实际上起到了记分板和**重排序缓冲区**(Re-Order Buffer，ROB)的作用。ROB 本质上是一个 FIFO 队列，用来存储指令完成执行的标志和执行的结果。对于每条新的指令，先被分配到 FIFO 的尾部，然后当一条指令提交时，FIFO 的头部被释放。指令是按 FIFO 指针的顺序提交的，当头部的指令未执行完成，而后面有完成的指令也无法提交，需要从头部依次按顺序提交。下面对 Scoreboard 模块的设计细节进一步分析。

在 Scoreboard 模块中，需要维护一个 mem_q 发射队列，mem_q 中的每个表项可以存储一条指令信息。图 5.2 表示 mem_q 的数据结构。

从图 5.2 中可以看到，该数据结构除了具有记分板算法中记录功能单元的 fu 域段，记录指令类型的 op 域段，记录源寄存器的 rs1、rs2 域段，记录目的寄存器的 rd 域段外，还有用于暂存运算结果的 result、ex、bp 域段。其中，issued 字段和 valid 字段是控制位。当指令被发送出去时，issued 字段置 1，此时 issued 为 1 的数据会被 Issued_

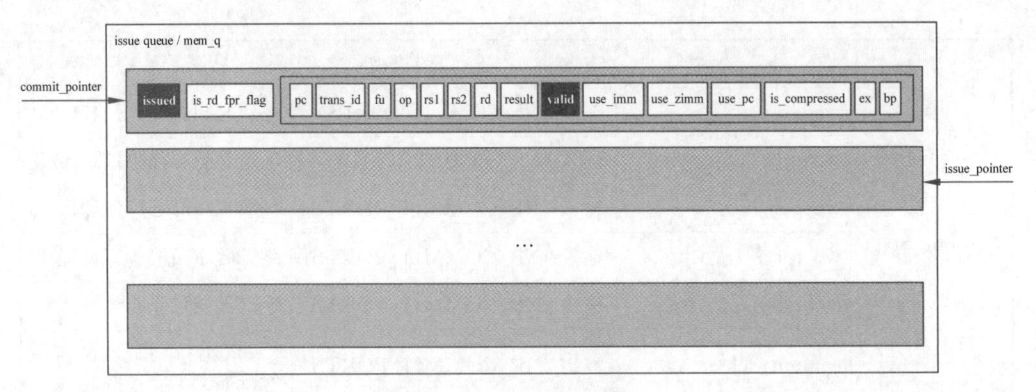

图 5.2　发射队列数据结构

Read_Operands 搜索到，而 issued 为 0 的表项为无效数据。Scoreboard 中的 valid 字段表示运算结果域段是否有效。被发射出去的指令在指令执行单元返回计算结果时，Scoreboard 中的 valid 会被置 1，同时 result 字段被更新。只有 Scoreboard 中的 valid 被置 1 后，指令才可以被提交，在接收到 commit_ack 信号之后，issued 字段被清零。

图 5.2 中的 issue_pointer 和 commit_pointer 是 Scoreboard 的两个指针，因为 Ariane 的策略是按序发射、按序提交，所以 Scoreboard 维护的两个指针也是按照顺序递增，这两个指针与 result、ex、bp 域段构成了一个 ROB 结构。issue_pointer 指向的是当前 Scoreboard 中最靠前的一个空位置，当指令被发射出去后，就被记录到 issue_pointer 指向的位置。commit_pointer 指向最前面一条被发射的指令，对应的指令直接被送给指令提交单元。

Scoreboard 模块每个通用寄存器都对应一个 rd_clobber 信号，该信号指示这个寄存器是否已经被 in-flight（已经发射但是未被提交）指令占用作为 rd 寄存器，rd_clobber 产生电路如图 5.3 所示。

如果 rd_clobber 指示某个寄存器 Rx 被占用，则存在如下两种情况。

(1) 待发射指令的 rd 寄存器为 Rx，则产生 WAW 冲突，此时要暂停发射（issue_ack 置 0），直到 in-flight 指令被提交。

(2) 待发射指令的 rs 寄存器为 Rx，产生 RAW 冲突，此时源操作数不能从 Regfiles 取出，而是要从 Scoreboard 取出，即读操作数转发（Forwarding）模式

图 5.4 为读操作数转发模式，在 Ariane 中有如下两种。

(1) 在 Scoreboard 所有 issued 和 valid 为 1 的表项中，搜索 rd 寄存器，若当前待

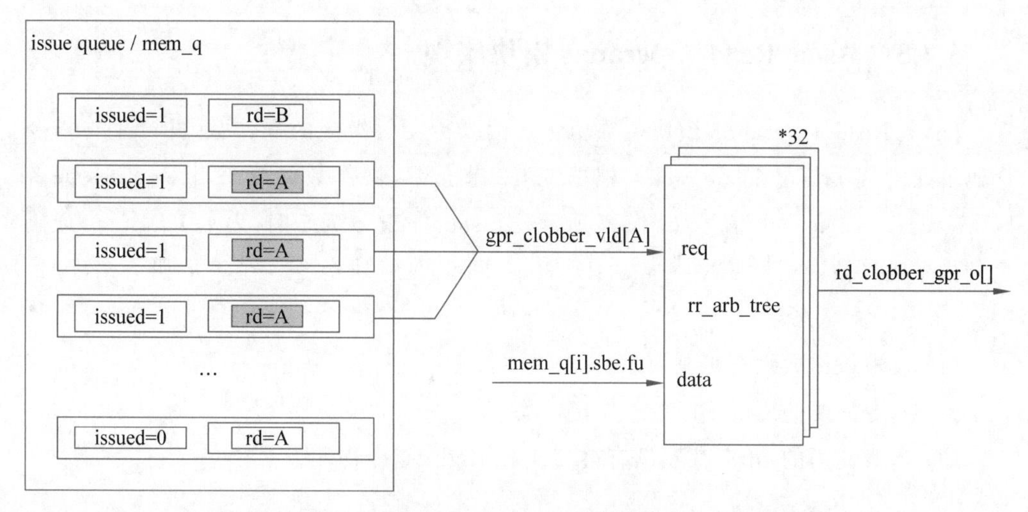

图 5.3 rd_clobber 产生电路

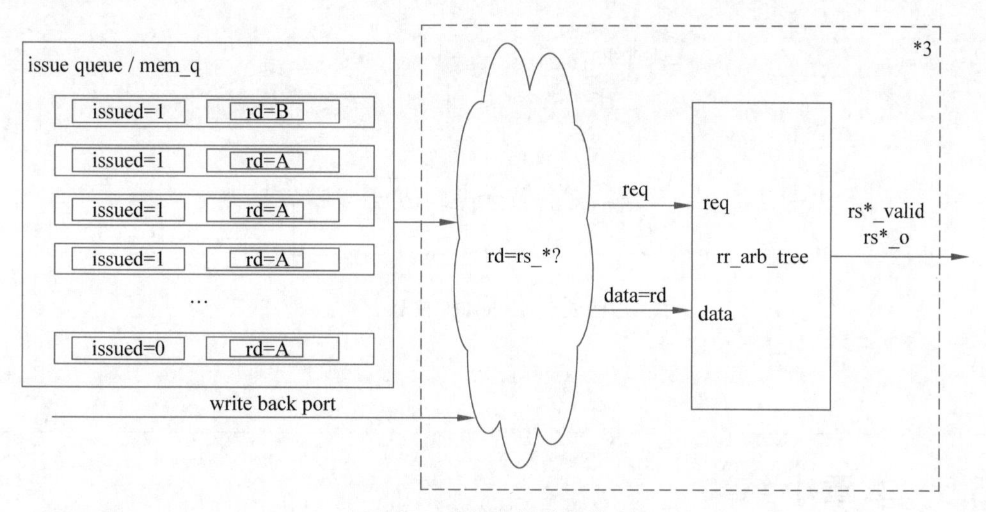

图 5.4 读操作数转发模式

发射指令的源操作数寄存器 rs_* 等于 rd,则表示待发射指令的源操作数已经被更新到 Scoreboard 中,但还没有被写回 Regfiles,可以直接从 Scoreboard 取出源操作数。

(2) 写回端口的数据项也符合 rs_* 等于 rd 的条件,这意味着待发射指令的源操作数还没有被写入 Scoreboard,下一个时钟周期才会被写入 Scoreboard。此时操作数从写回端口直接取出。

5.4.3 Issue_Read_Operands 模块实现

Issue_Read_Operands 模块主要功能是读取待发射指令的操作数,并产生与指令译码单元的握手信号 issue_ack。根据 5.4.2 节介绍,操作数可能来自 Regfiles 或者 Scoreboard。issue_ack 信号如图 5.5 所示,当 issue_ack_o 为 1 时,表示 ID_Stage 译码后的指令已经被发射到 EX_Stage,ID_Stage 可以取新的指令。在满足如下条件时,issue_ack_0 置 1。

(1) 读取操作数没有被阻塞。

(2) 指令需要使用的 FU 处于空闲状态。

(3) 指令使用的 rd 寄存器没有被其他 in-flight 指令占用。

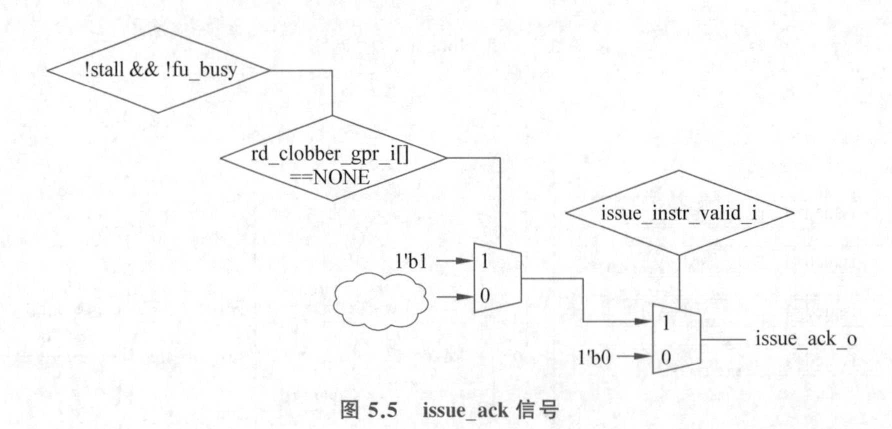

图 5.5　issue_ack 信号

5.5 本章小结

指令发射单元是处理器实现硬件动态调度指令的核心部件,经过译码的指令在消除了相关性之后被发送到功能单元执行。本章首先介绍指令发射的基本概念和记分板算法的具体实现过程,然后结合 Ariane 处理器核的设计,对指令发射单元的基本结构、模块接口以及关键的子模块做了详细介绍。希望通过学习本章,能够帮助读者更好地理解指令发射的过程,对处理器内核的开发有更深入的认识。

第6章 指令执行

指令执行单元的主要功能是接收指令发射单元的指令，经过运算和执行后将结果写回通用寄存器组。执行单元中包含多个不同类型的功能单元，如加载和存储单元、算术逻辑部件、分支单元、乘法单元、浮点处理单元。本章首先概述指令执行单元的功能；其次对指令执行单元中的主要功能单元进行介绍；最后以开源处理器核 Ariane 为例，介绍指令执行单元的设计细节。

6.1 指令执行概述

指令执行单元在处理器核中的位置如图 6.1 所示，在流水线中，指令执行单元接收发射单元的指令操作数，处理完之后将结果写回**记分板**(Scoreboard)，并允许指令提交

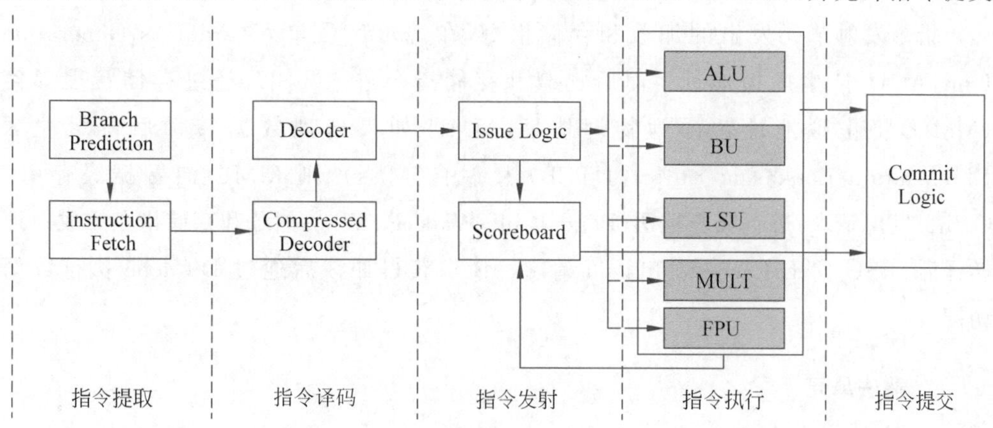

图 6.1 指令执行单元在处理器核中的位置

单元将结果更新到**通用寄存器组**(Reg)中。指令执行单元封装了所有的**功能单元**(FU),各 FU 之间一般不存在依赖关系,每个 FU 都能独立于其他的 FU 运行。通常执行单元包括**算术逻辑部件**(ALU)、**分支单元**(Branch Unit,BU)、**加载和存储单元**(LSU)、**乘法单元**(Multiplication Unit,MULT)和**浮点处理单元**(FPU)等。下面将分别介绍执行单元各 FU 的功能与设计原理。

1. 算术逻辑部件

算术逻辑部件是处理器核中不可或缺的基本功能单元,主要执行各种基本运算,包括整数算术运算(如各种数据位宽的加法、减法)、逻辑运算(如与、或、非、异或)和移位操作(如逻辑左移、逻辑右移、算术左移、算术右移)。为了降低硬件资源占用,部分微架构设计会复用算术逻辑部件,作为分支指令中跳转条件的计算单元。

2. 分支单元

分支单元负责执行控制流指令并完成 PC 值的更新。控制流指令可以带条件跳转,也可以不带条件跳转。在控制流指令中,跳转的目标 PC 可能被编码成多种形式:直接值、相对当前 PC 值的一个偏移量,或包含在某个通用整数寄存器中。分支单元会判断控制流指令是否发生跳转,以及跳转的目标地址,并将结果输出给指令提取模块。

3. 加载和存储单元

指令发射单元发出的加载和存储指令,在**地址产生单元**(Address Generation Unit,AGU)产生虚拟地址。而后加载和存储指令进入 LSU,经过**存储管理部件**(MMU)将虚拟地址转译为物理地址,MMU 如果出现数据**转译后备缓冲区**(Translation Lookaside Buffer,DTLB)未命中(Miss),则 MMU 向**数据缓存**(D-Cache)发出请求,进行**页表遍历**(Page Table Walk,PTW)。加载和存储指令完成地址转译后,LSU 向 D-Cache 发出访问请求。请求获得仲裁后通过 D-Cache 执行数据访问。

4. 乘法单元

乘法单元主要完成各种有符号数、无符号数的乘法、除法、取余等运算。由于整数乘法单元电路本身实现较复杂、成本较高,因此其通常会被独立出来作为一个可选的功能单元，而并不被包含在ALU中。

出于降低芯片成本或基于芯片在特定应用场景（如没有或很少有整数乘除法运算的场景）使用的考虑，某些处理器甚至不包含独立的整数乘法单元电路。当有整数乘除运算需求时，处理器先将输入的整数转换为浮点数，再交给浮点处理单元进行运算，运算完的结果再转换成整数输出。当然，相较于使用独立整数乘法单元电路进行计算的方式而言，这种处理方式可能会带来更高的时延。

5. 浮点处理单元

浮点处理单元完成浮点数的算术运算，包括加法、减法、乘法等，还可以实现其他更复杂的运算，如除法和平方根等。在浮点处理单元中，浮点数值通常以32位单精度或64位双精度表示。浮点处理单元电路复杂，其面积通常是对应整数运算单元的数倍。

6.2 指令执行单元设计

本节以开源处理器核Ariane为例，分析执行单元设计的细节。Ariane的执行单元顶层模块源代码文件是ex_stage.sv。本节首先从模块顶层对其进行整体分析，介绍执行单元的内部结构及其外围连接关系；其次对执行单元中的各子模块进行详细分析。

6.2.1 整体设计

Ariane执行单元EX_Stage模块如图6.2所示。执行单元按照FU分为ALU、Branch_Unit、CSR_ Buffer、MULT、FPU和LSU 6个模块。由于每个FU的功能相对独立，因此下面围绕各FU分析执行单元与外部模块间连接的关系。

在Ariane中，ALU、Branch_Unit、MULT、CSR_Buffer被统称为**固定延迟单元**（FLU）。所有FLU共用一组与Issue_Stage进行交互的接口。当这个交互接口空闲时，flu_ready置1，此时Issue_Stage可以通过fu_data将数据送给FLU，并根据指令

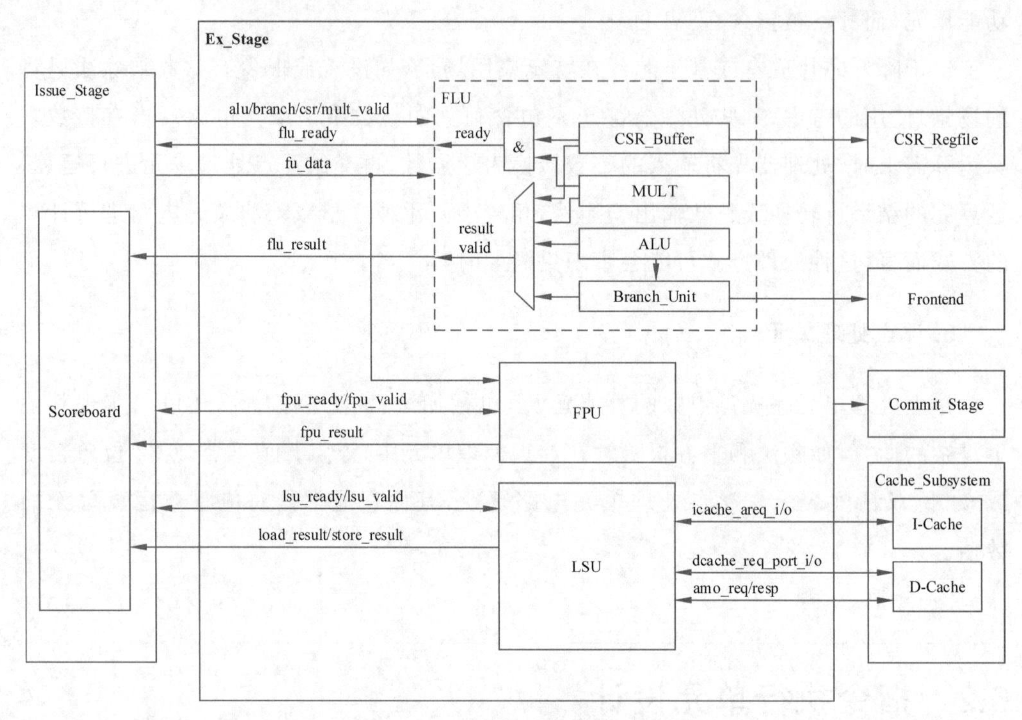

图 6.2　EX_Stage 模块整体框图

所使用的 FU 的类型，将 alu/branch/csr/mult_valid 中任意一个信号置 1。FLU 接收操作数，经过运算后，将结果通过 flu_result 送回给 Issue_Stage，同时将 flu_valid 置 1，指示数据有效。

除了与 Issue_Stage 进行数据交互，FLU 中的 Branch_Unit 在计算出分支跳转目标地址后，还会将其送给 Frontend，以改变取指指令流方向。在 CSR 指令被提交时，CSR_Buffer 将缓存的 CSR 地址送回给 CSR_Regfile 模块。

与 FLU 类似，FPU/LSU 有独立的与 Issue_Stage 进行交互的接口，fpu_ready/lsu_ready 指示 FPU/LSU 处于空闲状态，可以通过 fu_data 接收操作数。运算结果通过 fpu_result/load_result/store_result 返回给 Issue_Stage 模块。

LSU 在接收 Issue_Stage 的请求后，将经过地址转译的访问请求通过 dcache_req_ports_o 发送给 D-Cache，访问结果由 D-Cache 通过 dcache_req_ports_i 返回给 LSU，并由 LSU 将 D-Cache 的访问结果 load_result、store_result 写回给 Scoreboard。**原子内存操作**（AMO）请求也由 LSU 进行处理。LSU 将 AMO 进行地址转译后向 D-

Cache发起执行访问请求amo_req,并由D-Cache返回AMO执行的握手信号amo_resp。LSU同时接收来自I-Cache的地址转译请求icache_areq_i,经由LSU中的MMU完成地址转译后返回I-Cache转译结果icache_areq_o。

EX_Stage模块接口列表如表6.1所示。

表6.1 EX_Stage模块接口列表

信号	方向	位宽/类型	描述
clk_i	输入	1	时钟
rst_ni	输入	1	复位,低有效
flush_i	输入	1	来自Controller的流水冲刷请求
debug_mode_i	输入	1	未使用
fu_data_i	输入	fu_data_t	Issue_Stage发送给EX_Stage的指令
pc_i	输入	VLEN	当前指令对应的PC
is_compressed_instr_i	输入	1	当前指令是否为压缩指令标识
flu_result_o	输出	64	FLU的执行结果,写回Scoreboard
flu_trans_id_o	输出	3	指示写回Scoreboard的Entry ID
flu_exception_o	输出	exception_t	也作为FLU执行的结果,写回Scoreboard
flu_ready_o	输出	1	FLU送给Issue_Stage的握手信号,允许Issue_Stage发送指令给EX_Stage
flu_valid_o	输出	1	flu_result_o有效
alu_valid_i	输入	1	Issue_Stage指示当前指令发送给ALU
branch_valid_i	输入	1	Issue_Stage指示当前指令发送给Branch_Unit
branch_predict_i	输入	branchpredict_sbe_t	Issue_Stage输出的分支预测信息
resolved_branch_o	输出	bp_resolve_t	ALU输出的分支跳转结果,写回Frontend
resolve_branch_o	输出	1	未使用
csr_valid_i	输入	1	Issue_Stage指示当前指令发送给CSR_Buffer
csr_addr_o	输出	12	CSR地址
csr_commit_i	输入	1	Commit_Stage完成了CSR指令的提交
mult_valid_i	输入	1	Issue_Stage指示当前指令发送给MULT

续表

信　　号	方向	位宽/类型	描　　述
lsu_ready_o	输出	1	LSU 与 Issue_Stage 的握手信号，允许 Issue_Stage 向 LSU 发送指令
lsu_valid_i	输入	1	Issue_Stage 指示当前指令发送给 LSU
load_valid_o	输出	1	load_result_o 有效
load_result_o	输出	64	Load 执行结果，写回 Scoreboard
load_trans_id_o	输出	3	指示写回 Scoreboard 的 Entry ID
load_exception_o	输出	exception_t	也作为 Load 执行的结果，写回 Scoreboard
store_valid_o	输出	1	store_result_o 有效
store_result_o	输出	64	Store 执行结果，写回 Scoreboard
store_trans_id_o	输出	3	指示写回 Scoreboard 的 Entry ID
store_exception_o	输出	exception_t	也作为 Store 执行的结果，写回 Scoreboard
lsu_commit_i	输入	1	Commit_Stage 完成加载和存储指令的提交
lsu_commit_ready_o	输出	1	Store_Buffer 可以接收 Commit_Stage 的提交
commit_tran_id_i	输入	3	Commit 模块送往 LSU 的 Transaction ID
no_st_pending_o	输出	1	Store_Unit 的 Commit_Buffer 已经排空
amo_valid_commit_i	输入	1	Commit 完成了 AMO 指令的提交
fpu_ready_o	输出	1	FPU 回送给 Issue_Stage 的握手信号，允许 Issue_Stage 发送指令给 EX_Stage
fpu_valid_i	输入	1	Issue_Stage 指示当前指令发送给 FPU
fpu_fmt_i	输入	2	Issue_Stage 送给 FPU，当前指令的信息
fpu_rm_i	输入	3	Issue_Stage 送给 FPU，当前指令的信息
fpu_frm_i	输入	3	Issue_Stage 送给 FPU，当前指令的信息
fpu_prec_i	输入	4	Issue_Stage 送给 FPU，当前指令的信息
fpu_trans_id_o	输出	3	指示写回 Scoreboard 的 Entry ID
fpu_result_o	输出	64	FPU 执行结果，写回 Scoreboard
fpu_valid_o	输出	1	fpu_result_o 有效
fpu_exception_o	输出	exception_t	也作为 FPU 执行的结果，写回 Scoreboard

续表

信　　号	方向	位宽/类型	描　　述
enable_translation_i	输入	1	使能虚拟地址翻译
en_ld_st_translation_i	输入	1	使能加载和存储虚拟地址翻译
flush_tlb_i	输入	1	冲刷 D-Cache 的 TLB
priv_lvl_i	输入	priv_lvl_t	来自 CSR_Regfile 当前的特权模式
ld_st_priv_lvl_i	输入	ld_st_priv_lvl_i	加载和存储指令的特权模式
sum_i	输入	1	mstatus 寄存器的 SUM 域
mxr_i	输入	1	mstatus 寄存器的 MXR 域
satp_ppn_i	输入	44	satp 寄存器的根页表的物理页号域
asid_i	输入	3	satp 寄存器的地址空间标识域
icache_areq_i	输入	icache_areq_o_t	来自 Frontend 的地址转译请求
icache_areq_o	输出	icache_areq_i_t	去到 Frontend 取指的地址转译结果
dcache_req_ports_i	输入	dcache_req_o_t * 3	D-Cache 返回的结果
dcache_req_ports_o	输出	dcache_req_i_t * 3	访问 D-Cache 的请求
dcache_wbuffer_empty_i	输入	1	D-Cache Wbuffer 空，可以接收新 Load 指令
amo_req_o	输出	amo_req_t	送到 D-Cache 的原子指令请求
amo_resp_i	输入	amo_resp_t	D-Cache 返回的原子指令结果
itlb_miss_o	输出	1	MMU 的指令 TLB 未命中
dtlb_miss_o	输出	1	MMU 的数据 TLB 未命中

6.2.2　LSU 模块设计

LSU 的架构图如图 6.3 所示，Issue_Stage 发出加载和存储指令，在 AGU 产生虚拟地址，而后进入 LSU_Bypass。LSU_Bypass 有一个 2 深度的 buffer，当 buffer 空时，Issue_Stage 的请求可以不经过 buffer 直接旁路到后级模块；当 buffer 非空时，可以缓存一个请求。

LSU_Bypass 的指令被 Load_Unit/Store_Unit 读出，Load 指令可以立即发送，而 Store 指令被缓存到 Store_Buffer 中，在 Commit_Stage 提交 Store 指令时，Store_Buffer 中的指令出队，向 D-Cache 发出请求。

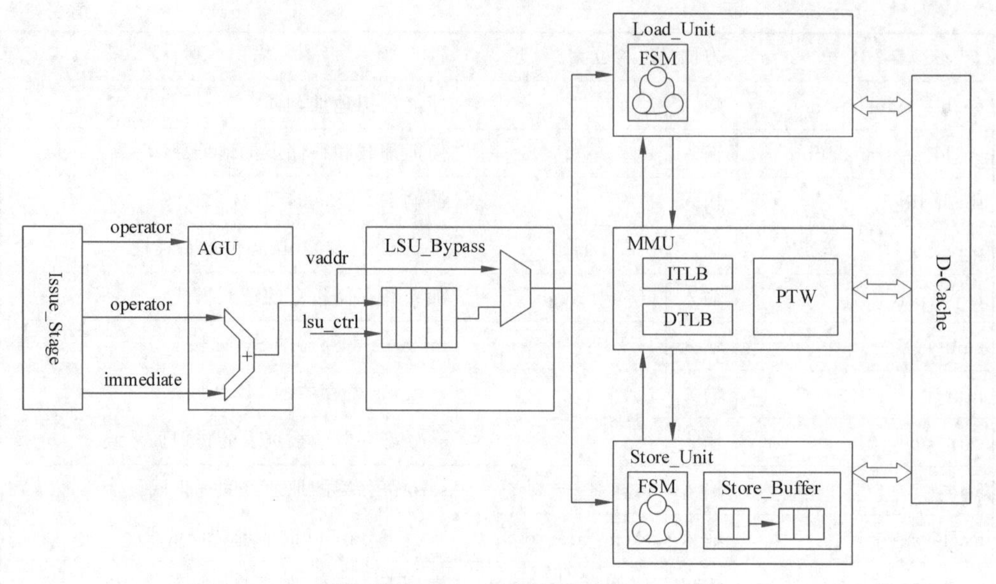

图 6.3 LSU 的架构图

无论 Store 还是 Load 都需要进行地址转译，将虚拟地址转换为物理地址。MMU 完成地址转译的过程，地址转译如果出现 TLB 未命中，则 PTW 保存虚拟地址并向 D-Cache 发出请求进行页表遍历。

D-Cache 将会对来自 Load_Unit、Store_Unit、MMU 的请求进行仲裁，获得仲裁后加载和存储指令得以在 Cache 中执行。

1. LSU_Bypass

LSU_Bypass 是 LSU 与 Issue_Stage 的接口模块。LSU 处理较慢，最主要的开销：①地址产生、地址转译、Store_Buffer 查询；②Issue_Stage 依靠 LSU 的 ready 信号分发新的指令，若 ready 信号 为 0，则会引起流水线停顿。

为了缓解这个问题，LSU_Bypass 引入了一个 2 深度 FIFO，多缓存一个 Issue_Stage 的请求。因此 ready 标志也可以延迟一拍，以缓解握手电路时序的紧张。LSU_Bypass 模块解耦了 FU 与 Issue_Stage。

2. Load_Unit

Load_Unit 处理所有 Load 指令。Load 不会缓存，会尽快发射。发射 Load 之前为了避免加载过期的数据，会将 Load 地址与 Store_Buffer 的 Store 地址相对比。由于全比较代价非常大，所以只有低 12 位(page-offset，物理和虚拟地址相同的部分)被比较。主要有两个好处：①12 位而非 64 位的比较会使得完成整个 Store_Buffer 的比对更快；②物理地址不参与比对，不需要等待地址转译完成。如果页面偏移与一个 Outstanding Store 一致(命中)，Load_Unit 会挂起，等待 Store_Buffer 排出命中的 Store 指令。

由于 Load_Unit 需要地址转译，Load 阻塞 D-Cache 的情况也是可能发生的，Load 指令发生 TLB 未命中后，Load_Unit 要给 D-Cache 发出请求，撤销当前的存储器接口上的 Load 请求，给硬件 PTW 操作 Cache 让行。

3. Store_Unit

Store_Unit 处理所有的 Store 指令，计算目的地址，并且设置字节使能位。它与 Load_Unit 进行通信，检查 Load 指令是否与 Outstanding Store(Store_Buffer 中缓存的而没有执行的 Store 请求)出现地址匹配。

Store_Buffer 保存所有 Store 指令的踪迹。它实际上包括两个缓冲区：一个是 commit 指令；另一个是 outstanding 仍处于投机(Speculative)状态的指令。冲刷之后已经提交的指令仍然存在，但是投机队列被完全清空了。为了避免缓冲区溢出，两个队列维护了各自的一个满标记。投机队列的满标记直接送到 Store_Unit，这个满标记将会挂起 LSU_Bypass 模块，使得 LSU 不再接收请求。commit 队列的满标记信号送到了 Commit_Stage。Commit_Stage 将会挂起 Store 指令，因为 Store_Buffer 的 commit 队列不能再接收新数据。

Commit_Stage 模块发送 lsu_commit 信号，将 Store 指令由投机队列放入 commit 队列。

当一个 Store 指令被放入 commit 队列中，一旦 commit 队列获得了 Cache 的仲裁，队列将会发送最先进来的 Store 请求。

commit 队列需要缓存物理地址。当投机队列中的指令提交时，该指令的转译已经完成。投机队列中其余 Store 指令的地址还没有完成转译，但是当 MMU 完成这些指令地址转译时，携带物理地址的数据结构会更新投机队列。

Store_Unit 同时也处理 AMO 指令，当 commit 队列为空、Commit_Stage 送出 amo_valid_commit_i 且 AMO_Buffer 非空时，Store_Unit 向 D-Cache 发出执行 AMO

的请求。注意,AMO_Buffer 是一个 1 深度的 FIFO。当获得 D-Cache 授权后,Store_Unit 从 AMO_Buffer 读出 AMO 指令。当 AMO_Buffer 与 Store_Unit 的投机队列都非满时才允许读 Bypass_Unit 的 FIFO。

6.2.3 FLU 模块设计

FLU 包含了 EX_Stage 下共享输出接口的 4 个子模块,分别为 ALU、Branch_Unit、CSR_Buffer 及 MULT,如图 6.2 虚线框所示。这些模块通过共享 EX_Stage 上的接口与 Issue_Stage、Scoreboard 模块进行交互。下面将分别对 ALU、Branch_Unit、CSR_Buffer 和 MULT 4 个子模块进行介绍。

1. ALU

ALU 模块的主要功能是完成 32/64 位加、减、移位和比较运算,并为 Branch_Unit 模块提供有条件跳转的比较结果。ALU 子模块内部结构如图 6.4 所示。ALU 内部逻辑电路根据功能可划分为 adder、shift、comparison 以及两个 mux。

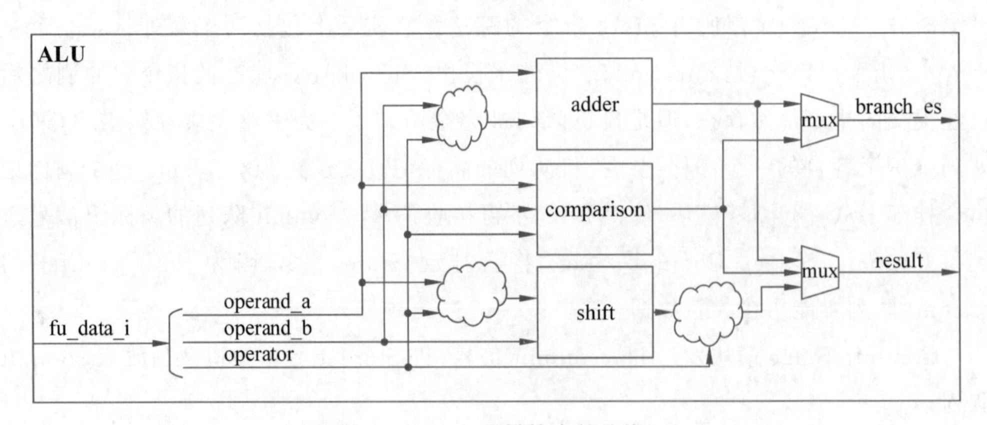

图 6.4　ALU 子模块内部结构

(1) adder:用于 add、sub、addw、subw 指令的执行,同时用于分支跳转指令 beq 和 bne 的跳转条件计算。

(2) shift:用于 slli、srli 和 srai 指令的执行。对于逻辑左移指令,先将操作数反序,进行右移操作后再反序。

(3) comparison:可用于两个操作数的比较,应注意是否有符号数运算。运算结果可作为 slti、sltiu 指令的比较结果或 blt、bltu、bge、bgeu 指令的跳转条件。

（4）mux：两个 mux 根据指令中的操作符，选择对应的结果输出。

2. Branch_Unit

Branch_Unit 模块的主要功能是产生分支指令的跳转地址及相关控制信号，也可用于判断是否有分支预测失败（mis-prediction）的发生。根据新产生的指令地址是否16位对齐，可判断是否有异常产生。Branch_Unit 子模块内部结构如图 6.5 所示。

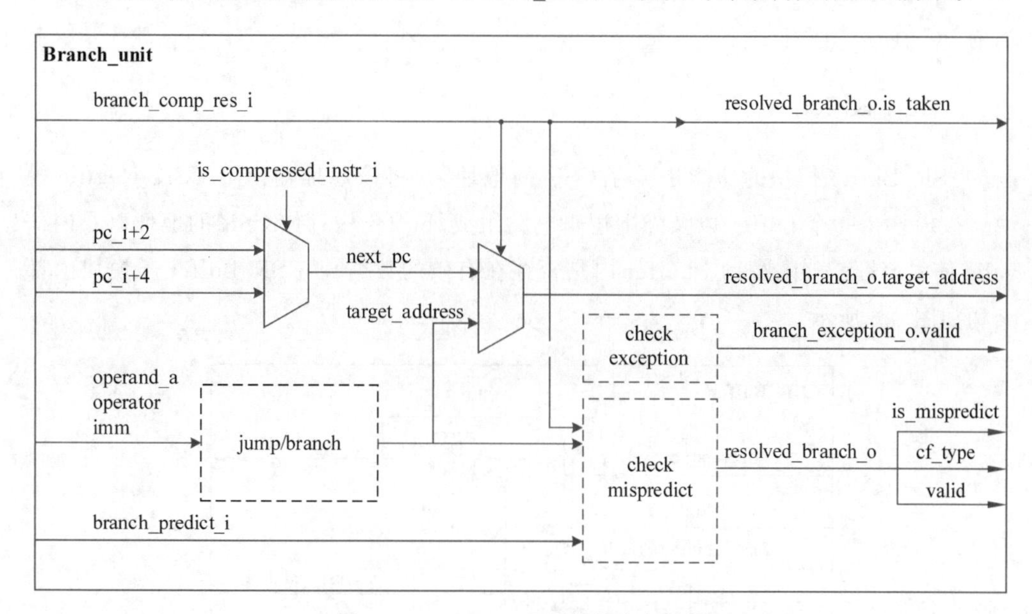

图 6.5　Branch_Unit 子模块内部结构

Branch_Unit 模块内部功能处理描述如下。

（1）非跳转状态地址产生。当为压缩指令时 PC＝PC＋2，否则 PC＝PC＋4。

（2）跳转状态地址产生。当为跳转指令时，target_address＝base_address＋imm。其中 base_address 的取值规则：若为间接跳转指令，base_address 为寄存器值；否则 base_address 为当前 PC 值。

（3）mis-prediction 判断。mis-prediction 在执行有条件跳转，或无条件跳转 jalr 指令时发生。有条件跳转下的 mis-prediction，即预测发生跳转而实际没有跳转，或预测不发生跳转而实际跳转了，此时将 resolved_branch_o.is_mispredict 标志置 1，且设置 resolved_branch_o.cf_type 为 Branch；无条件间接跳转 jalr 下的 mis-prediction，即

预测到的地址和实际的地址不一致，此时将 resolved_branch_o.is_mispredict 标志置 1，且设置 resolved_branch_o.cf_type 为 JumpR；无 mis-prediction 发生，则正常输出 target_address，resolved_branch_o.is_taken 标志表示是否有跳转发生。mis-prediction 判断完成后，将 resolve_branch_o.valid 置 1。

(4) 异常判断。对新产生的 target_address 进行检查，是否为 2 字节对齐（即是否产生异常）。判断方法是检查 target_address 最低位是否为 0：若为 0 则地址对齐且 branch_exception_o.valid 为 0，否则 branch_exception_o.valid 为 1 且输出引起异常的当前 PC 值。

3. CSR_Buffer

CSR_Buffer 模块的功能是缓存 CSR 的地址，并将该地址输出给 CSR_Regfile 模块。该模块由一个 buffer 以及外围逻辑电路组成，buffer 中存储 CSR 的地址以及内部 valid 信号（该信号用来标志 buffer 内是否存在有效的数据）。CSR_Buffer 子模块内部结构如图 6.6 所示。

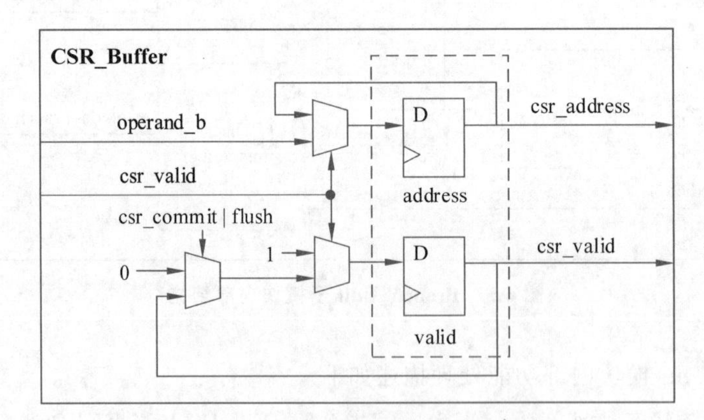

图 6.6　CSR_Buffer 子模块内部结构

根据控制信号的不同，buffer 将读取 CSR 地址，或改变 buffer 内部的 valid 标志以及 csr_ready_o 信号，具体有如下 5 种情况。

(1) 默认状态：csr_ready_o 置 1，buffer 可以接受来自外部的请求。

(2) if((csr_reg_q.valid || csr_valid_i) && ~csr_commit_i)：buffer 内有一个未发送的有效数据，且没有外部的 commit 信号，此时将 csr_ready_o 置 0，表示不可以接受来自外部的请求。

(3) if (csr_valid_i)：收到来自外部的 csr_valid_i 高电平信号，将 CSR 地址写入 buffer，并将 buffer 内部的 valid 标志置 1，表示此时 buffer 内有一个有效数据。

(4) if (csr_commit_i && ~csr_valid_i)：收到一个来自外部的 commit 信号，但是没有新的有效指令，则将 valid 标志置 0。

(5) if (flush_i)：冲刷 buffer，valid 信号置 0。

4. MULT

MULT 模块主要包含 Multiplier 子模块和 Serdiv 子模块，分别完成乘法和除法运算。MULT 模块内部结构如图 6.7 所示。

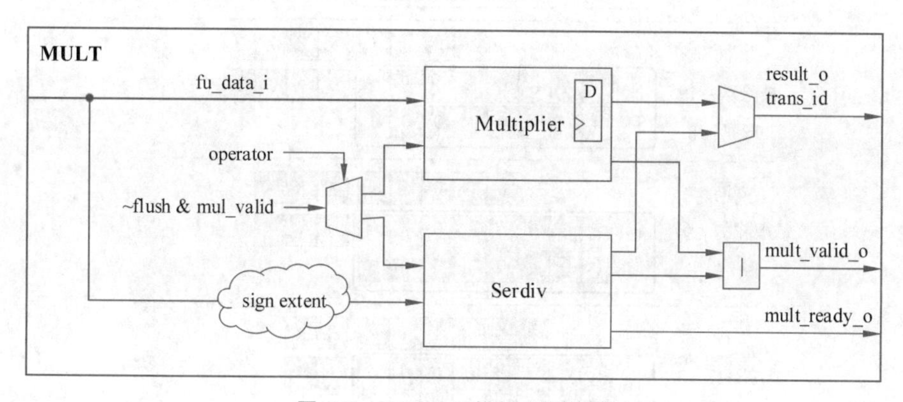

图 6.7　MULT 子模块内部结构

Multiplier 乘法器子模块采用并行算法，在输出仲裁时拥有较高优先级：即当 mul_valid 信号置 1 时，优先输出 Multiplier 的运算结果，且将 Serdiv 子模块的 out_rdy_i 信号置 0，表示此时 Serdiv 子模块的输出不可以被接收。Multiplier 内部结构插入了 pipeline 寄存器，可以通过 retimg 设置让综合工具优化乘法器内部的时序路径。

Serdiv 除法器子模块采用串行算法。mult_ready_o 信号直接由 Serdiv 子模块的 in_rdy_o 信号产生，即 MULT 能否接受来自外部的请求由 Serdiv 子模块的状态来决定。这是因为 Serdiv 子模块接受一次请求之后，经过多个时钟周期才能计算出结果，在此期间不能接受新的请求，而 Multiplier 子模块不存在这个限制。此外，操作数在传入 Serdiv 子模块之前，需要先根据指令类型进行符号位扩展。

串行算法是一种常见的除法器实现方法，通过将被除数、除数进行移位比较、逐位加减，可得到商和余数。图 6.8 为以 8 位除法器计算 195 除以 8 的运算过程示例：首

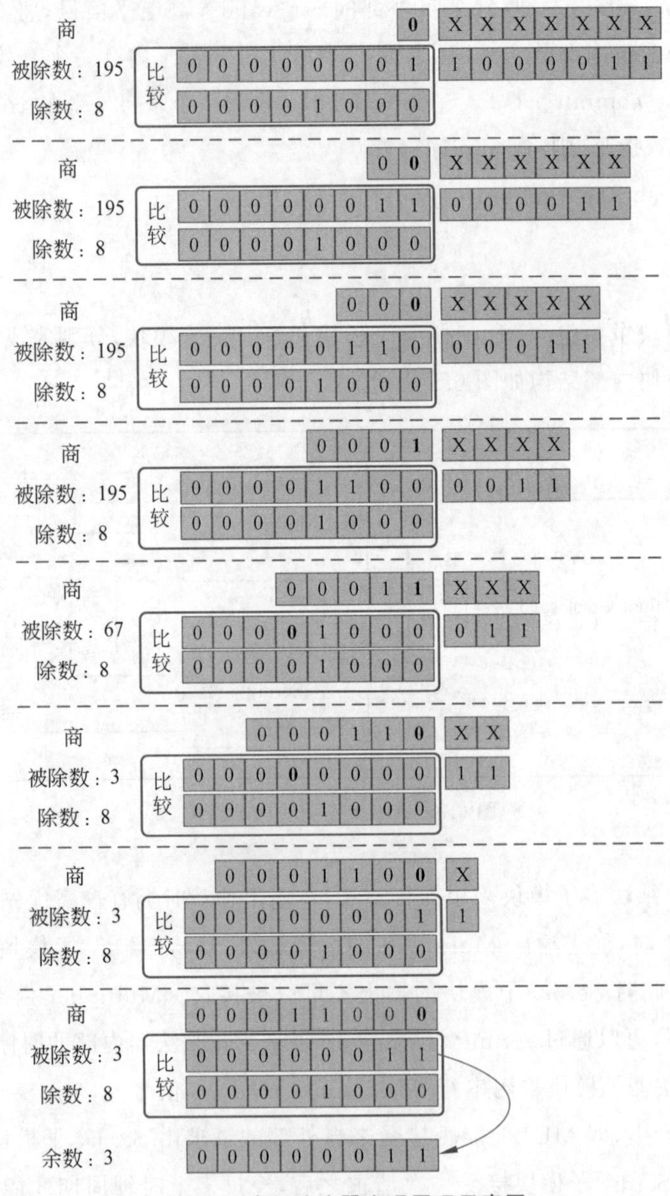

图 6.8　串行除法器实现原理示意图

先将被除数的高位补零后作为比较位与除数进行比较，此时除数较大，商的最高位为0；接着被除数左移一位，继续与除数比较；在第 4 和第 5 个时钟周期，被除数比较位大于或等于除数，此时商的对应位为 1，同时被除数需要减去除数后才能进行左移；在最后1个时钟周期，被除数仍然有剩余，则剩余值为余数。在实际实现时，存在基于该原理的各种变形，在有符号数的计算中也可能会有一些扩展。

6.2.4　FPU模块设计

FPU模块处理所有浮点数相关的指令，符合IEEE 754—2008定义的浮点数标准。本节只介绍Ariane的FPU顶层接口并简要介绍其结构划分，不详细介绍代码实现。

Ariane的FPU是一个深度参数化设计的模块。模块可支持表6.2浮点数和表6.3整数格式，并可通过参数设定浮点数和整数格式（fp_format_e、int_format_e），也支持多种格式混合。FPU模块可支持表6.4中运算单元的实现，也可通过参数（类型为operation_e）设置仅包含部分功能。

表6.2　浮点数格式

可选参数	格　式	宽度/b	指数位数	小数位数
FP32	IEEE binary32	32	8	23
FP64	IEEE binary64	64	11	52
FP16	IEEE binary16	16	5	10
FP8	binary8	8	5	2
FP16ALT	binary16alt	16	8	7

表6.3　整数格式

可选参数	宽度/b	可选参数	宽度/b
INT8	8	INT32	32
INT16	16	INT64	64

表6.4　运算单元

运 算 单 元	操作组
FMADD/ FNMSUB/ ADD/ MUL	ADDMUL
DIV/ SQRT	DIVSQRT
SGNJ/ MINMAX/ CMP/ CLASSIFY	NONCOMP
F2F/ F2I/ I2F/ CPKAB/ CPKCD	CONV

1. 接口列表

FPU_Wrapper 的接口列表如表 6.5 所示。

表 6.5　FPU_Wrapper 的接口列表

信　号	方向	位宽/类型	描　述
clk_i	输入	1	输入时钟
rst_ni	输入	1	复位信号
flush_i	输入	1	流水线冲刷
fu_data_i	输入	fu_data_t	输入数据
fpu_ready_o	输出	1	握手信号，指示 FPU 可以接收数据
fpu_valid_i	输入	1	握手信号，指示 FPU 输入数据有效
fpu_fmt_i	输入	2	浮点数格式
fpu_rm_i	输入	3	舍入模式
fpu_frm_i	输入	3	动态舍入模式
fpu_prec_i	输入	7	精度控制
fpu_valid_o	输出	1	输出有效
result_o	输出	FLEN	输出结果
fpu_exception_o	输出	exception_t	输出异常

2. 参数配置说明

FPU_Wrapper 中定义了一些配置参数，下面对其进行说明。

1) fcsr 寄存器

图 6.9 为 Ariane 的 fcsr 寄存器，在 riscv_pkg.sv 中定义为结构体 fcsr_t。其中，bit[4:0]为异常标志位(flag)，其含义如表 6.6 所示；frm 为舍入模式编码位，frm 编码及含义如表 6.7 所示；fprec 为自定义的精度控制位。

图 6.9　fcsr 寄存器

表6.6 flag含义

缩写标志	含义	缩写标志	含义
NV	无效操作	UF	下溢
DZ	除以零	NX	不精确
OF	上溢		

表6.7 frm编码及含义

缩写标志	编码	含义
RNE	000	当有两个最接近的值时,选择偶数舍入
RTZ	001	向0舍入
RDN	010	向下舍入
RUP	011	向上舍入
RMM	100	当有两个最接近的值时,向最大值舍入
—	101/110	无效
DYN	111	在frm寄存器中111为无效编码;在浮点指令的rm域中,编码为111表示使用动态舍入模式,即该指令使用fscr.frm中定义的舍入模式

2) FPU_FEATURES

此参数用于配置FPU内可用的格式和特殊功能,定义如下:

```
fpnew_pkg.sv
typedef struct packed {
    int unsigned    Width;
    logic           EnableVectors;
    logic           EnableNanBox;
    fmt_logic_t     FpFmtMask;
    ifmt_logic_t    IntFmtMask;
} fpu_features_t;
fpnew_pkg.sv
typedef enum logic[FP_FORMAT_BITS-1:0] {
    FP32    = 'd0,
    FP64    = 'd1,
    FP16    = 'd2,
    FP8     = 'd3,
    FP16ALT = 'd4
} fp_format_e
typedeflogic[0:NUM_FP_FORMATS-1] fmt_logic_t;
```

```
fpnew_pkg.sv
typedef enum logic[INT_FORMAT_BITS-1:0] {
    INT8,
    INT16,
    INT32,
    INT64
} int_format_e;
typedef logic [0:NUM_INT_FORMATS-1] ifmt_logic_t;
```

(1) Width 表示数据位宽,是 FPU 定义的浮点数和整数的最大位宽。

(2) EnableVectors 控制 FPU 中分组 SIMD(单指令多数据)计算单元的生成。如果设置为 1,将为所有小于 FPU 定义宽度的浮点格式生成矢量执行单元,以填充数据路径宽度。例如,给定宽度为 64 位,对于 16 位浮点格式的数据,将有 4 个执行单元进行操作。

(3) EnableNanBox 控制是否设置输入值为 Nan-boxing 格式。如果设置为 1,所有格式不是 Nan-boxing 的输入值将被认为是 Nan;而无论 EnableNanBox 是否置为 1,输出值总是 Nan-boxed。

(4) FpFmtMask 参数类型是 fmt_logic_t,保存 fp_format_e 中每个对应格式的逻辑位。如果在 FpFmtMask 中设置相应位,就会生成对应格式的硬件。

(5) IntFmtMask 参数类型是 ifmt_logic_t,保存 int_format_e 中每个对应格式的逻辑位。如果在 IntFmtMask 中设置相应位,就会生成对应格式的硬件。

3) FPU_INPLEMENTATION

FPU 分 4 个操作组,ADDMUL、DIVSQRT、NONCOMP 和 CONV,此参数控制这些操作组的实现方式。参数定义如下:

```
fpnew_pkg.sv
typedef struct packed {
    opgrp_fmt_unsigned_t    PipeRegs;
    opgrp_fmt_unit_types_t  UnitTypes;
    pipe_config_t           PipeConfig;
} fpu_implementation_t;
```

PipeRegs 用来设置 pipeline 级数。在每个操作组中,每个计算单元的每种浮点格式,需要插入一定的 pipeline 级数。UnitTypes 控制用于 FPU 的硬件资源,其配置如

表 6.8 所示。

表 6.8 UnitTypes 配置

可选配置	描述
DISABLED	不为这个浮点格式生成硬件单元
PARALLEL	为这个浮点格式生成一个硬件单元
MERGED	为所有选择合并的格式生成一个合并的多格式硬件单元

PipeConfig 用于控制各 pipeline 寄存器在操作单元中的位置，其配置如表 6.9 所示。

表 6.9 PipeConfig 配置

可选配置	描述
BEFORE	在输入插入寄存器
AFTER	在输出插入寄存器
INSIDE	在操作单元的中间插入寄存器(如果不能，则在前插入)
DISTRIBUTED	寄存器被均匀地分配到内部、前和后(如果没有内部，则在前插入)

3. 结构与数据通路

1）FPU_Wrapper

FPU_Wrapper 封装了 FPnew_Top 与外部模块的接口，并包含各种运算单元的参数配置选项。FPU_Wrapper 通过状态机控制 FPnew_Top 与外部的信号握手和输入数据缓存，并将计算结果通过 wb_port 写回给 Scoreboard。FPU_Wrapper 模块整体结构如图 6.10 所示。

FPU_Wrapper 模块状态机如图 6.11 所示。READY：fpu_ready_o 置 1，wrapper 可以接收来自外部的数据。当 fpu_valid_i & ~fpu_in_ready 时，进入 STALL 状态，将数据缓存到 buffer。STALL：此状态下待输入 FPnew_Top 的数据已缓存在 buffer 中。当 fpu_in_ready 置 1 时，进入 READY 状态，可接收新的数据。

2）FPnew_Top

FPnew_Top 模块根据参数 opgrp 例化了多个操作组模块，每个操作组包含一类运算单元。多个操作组的结果由一个仲裁器模块仲裁输出。操作组模块结构如图 6.12 所示。

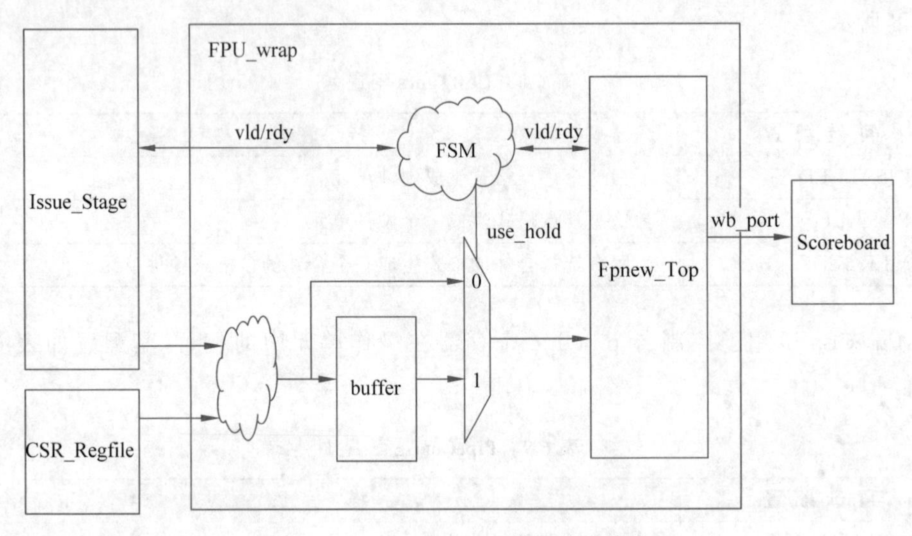

图 6.10　FPU_Wrapper 模块整体结构

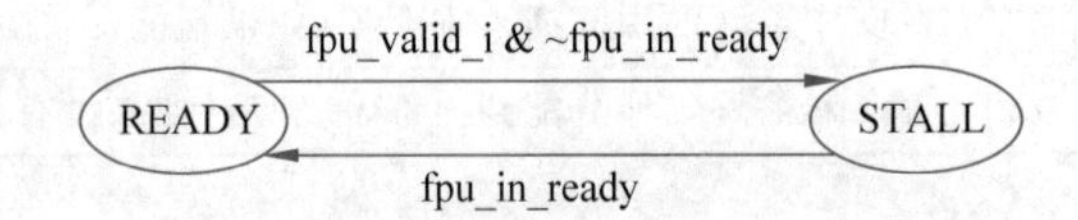

图 6.11　FPU_Wrapper 模块状态机示意图

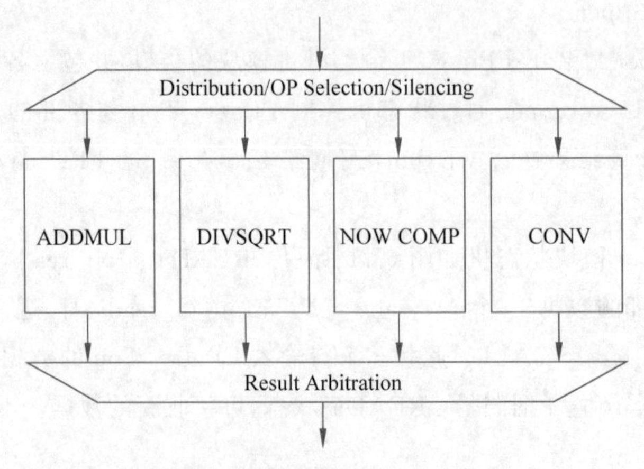

图 6.12　操作组模块结构

每个操作组内根据参数 fmt、FpFmtMask、FmtUnitTypes 例化多个支持不同浮点格式的硬件片(Slice),如图 6.13 所示。若 FmtUnitTypes 为 PARALLEL,则生成单格式硬件片 fmt_slice(如图 6.13 左边虚线框);若 FmtUnitTypes 为 MERGED,则生成多格式融合硬件片 multifmt_slice(如图 6.13 右边虚线框)。单格式硬件片的时序好,但面积较大;多格式融合硬件片在面积上有优势,但是延时会比较大。

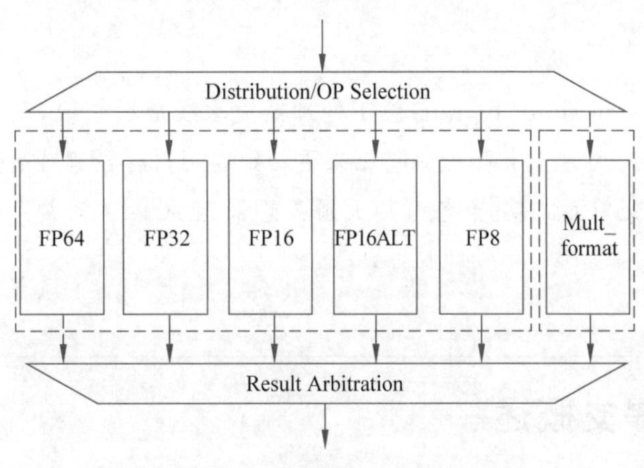

图 6.13 不同浮点格式的硬件片

6.3 本章小结

译码后的指令,被发送到指令执行单元中对应的功能单元进行运算,从而得到指令的执行结果。由于指令集中存在多种不同类型的指令,因此指令执行单元中所包含的功能单元也种类各异。本章首先对指令执行单元的基本功能以及各种不同类型的功能单元进行介绍,然后以开源处理器核 Ariane 为例,介绍其指令执行单元的设计,以实例分析加深读者对指令执行单元的理解。

第7章

指令提交

指令提交(Instruction Commit)位于处理器流水线最后一级,只有经过指令提交流水级确认的指令,才能真正生效并将结果更新到通用寄存器组或者存储器中。本章首先概述指令提交单元的功能,然后以开源处理器核 Ariane 为例介绍指令提交单元设计的细节。

7.1 指令提交概述

处理器**体系结构状态**(Architecture State)是指**通用寄存器组**(Reg)、**控制和状态寄存器**(CSR)以及存储器中的值。指令经过执行单元运算之后,其结果最终会更新体系结构状态。

从程序员的视角来看,软件在处理器中好像是按照原始二进制指令流的顺序,一条紧跟着一条执行的。实际上,为了提高效率,现代处理器采用了流水化、超标量、乱序发射等策略,使得指令流在硬件执行的顺序被打乱,并且在同一个时钟周期存在多条 in-flight 指令。例如,采用经典 5 级流水线结构,指令执行完之后就直接进入写回流水级,则体系结构状态可能以非原始指令流的顺序改变。假设在一条 store 指令后面紧跟一条 add 指令,由于 add 指令执行比 store 指令快,因此会出现 add 指令在 store 指令之前更新体系结构状态的情况。

另外,对于控制冒险,经典 5 级流水线必须等待分支指令解析完成之后才能执行分支后续指令,这会造成流水线停顿。基于硬件推测的微架构对其进行了扩展:指令提取流水级获取到的指令,不管其是否处于正确的分支路径上,只要该指令的操作数准备好,就尽快让其进入后续的流水线提前执行。这样虽然可以提高执行效率,减少流水线停顿，但是会带来一个问题：如果分支预测错误，处理器就处在一条错误的执行路径上。所以，在支持硬件推测的微架构中，这些处于推测执行状态的指令必须是可撤销的，它们的运算结果不能立即写回通用寄存器组，而是放在硬件私有的寄存器中先暂存起来，等到这条指令被确认可执行的时候，才将结果更新到体系结构状态中。确认指令可执行并更新体系结构状态这个操作，由指令提交单元来完成。流水线最后一级也由写回流水级变成指令提交流水级。

增加指令提交流水级之后，无论微架构采用顺序发射还是乱序发射策略，指令都可以按照原始二进制指令流的顺序进入指令提交流水级并更改体系结构状态。在微架构实现中，一般会将指令执行结果先存储在**重排序缓冲区**(ROB)中，指令提交单元从ROB中按照原始指令流顺序提取已经完成运算的指令并对其执行提交操作。

存在两种场景需要取消处于推测执行状态指令的执行。第一种场景是分支预测出错，推测执行状态指令处于错误的分支路径上。此时，需要冲刷流水线，让指令提取单元重新从正确的分支路径上取指令。第二种场景是指令在执行过程中产生异常。位于异常指令后面，处于推测执行状态的指令必须被取消。异常有可能是在指令提交流水级之前产生(如取指异常)，也有可能在指令提交流水级产生。无论是哪种情况，指令提交单元都必须识别出来，并进行相应的异常处理。

指令被提交单元确认就意味着这条指令已经在处理器流水线架构中走完全部的流程，这条指令退役(Retire)了。退役的指令将释放其占有的硬件资源，供后续的新指令使用。

7.2 指令提交单元设计

7.1节对指令提交单元的功能进行简介，本节将以开源处理器核Ariane为例，分析其指令提交单元设计的细节。Ariane的指令提交单元是Commit_Stage模块，顶层模块源代码文件是commit_stage.sv。本节首先从模块顶层对其进行分析，介绍其基本逻辑及外围连接关系，然后分别对Commit_Stage模块以及与其紧密相关的Controller模块做进一步分析。

7.2.1 整体设计

Ariane 的指令提交单元 Commit_Stage 模块整体框图如图 7.1 所示。Commit_Stage 模块支持一次提交两条指令，这两条指令分别存储在指令槽 0(commit_instr_i[0])和指令槽 1(commit_instr_i[1])中。

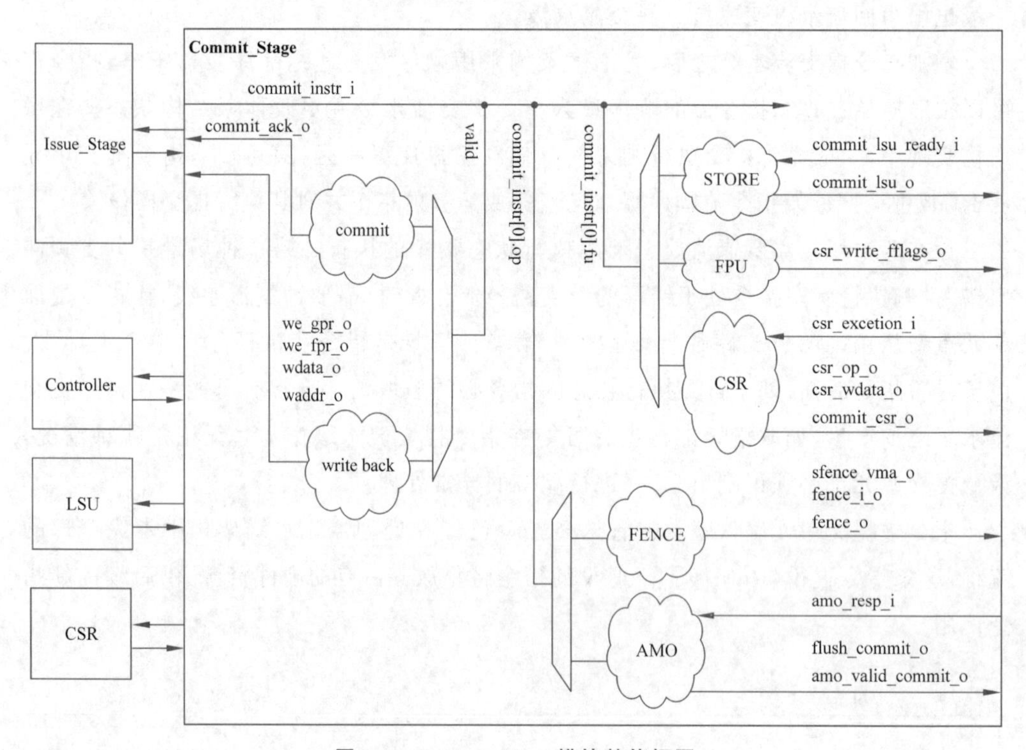

图 7.1 Commit_Stage 模块整体框图

指令槽 0 的提交没有任何约束，只要该指令已经完成运算(valid=1)就可以提交，对于特定的指令，如 STORE 指令、FPU 指令、CSR 指令、FENCE 类指令、AMO 指令等，在提交的同时还可能产生特定的硬件行为，Commit_Stage 模块必须识别出这些指令并按照要求输出特定的控制信号。另外，在提交过程中还必须判断是否有异常产生并进行相应的处理，产生异常的这条指令不会被提交。

对于指令槽 1 的提交则存在一些约束，首先，只有指令槽 0 完成提交，并且没有产生任何冲刷流水线信号时，指令槽 1 才可能被提交。其次，只有使用特定类型功能单元的指令可以在指令槽1中被提交。最后,与指令槽0相同,指令槽1提交的也必须是没有异常产生的指令。

指令提交单元在流水线数据路径上,主要与指令发射单元(Issue_Stage)进行交互。指令发射单元将待提交的指令通过 commit_instr_i 接口传送给指令提交单元,指令提交单元确认该指令可以提交之后,将 commit_ack_o 接口置高。同时,通过 waddr_o、wdata_o、we_fpr_o、we_gpr_o 端口将提交指令的结果写回通用寄存器组中。Commit_Stage模块的接口列表如表7.1所示。

表7.1 Commit_Stage 模块的接口列表

信　　号	方向	位宽/类型	描　　述
clk_i	输入	1	时钟
rst_ni	输入	1	复位
halt_i	输入	1	请求将处理器挂起,暂停提交指令
flush_dcache_i	输入	1	冲刷 D-Cache 请求
exception_o	输出	exception_t	输出异常信息
dirty_fp_state_o	输出	1	mstatus 寄存器的 FS(Float Status)位写回,当浮点处理单元完成执行后,要将 FS 标记为脏标志位(dirty)
single_step_i	输入	1	来自 dcsr 寄存器,高电平时,一个时钟周期只能提交一条指令
commit_instr_i	输入	scoreboard_entry_t * 2	等待被提交的指令
commit_ack_o	输出	2	送给指令发射单元,高电平表示指令已经被提交
waddr_o	输出	2 * 5	写回通用寄存器组的地址
wdata_o	输出	2 * 64	写回通用寄存器组的数据
we_gpr_o	输出	2	写回整数通用寄存器组的写使能
we_fpr_o	输出	2	写回浮点数通用寄存器组的写使能
amo_resp_i	输入	amo_resp_t	从 D-Cache 返回的 AMO 指令执行结果
pc_o	输出	64	commit_instr_i 对应的 PC 指针
csr_op_o	输出	fu_op	CSR 指令操作码解码
csr_wdata_o	输出	64	CSR 的写入值

续表

信　　号	方向	位宽/类型	描　　述
csr_rdata_i	输入	64	CSR 的读出值
csr_exception_i	输入	exception_t	来自 CSR 模块的异常信息
csr_write_fflags_o	输出	1	CSR fcsr.fflag 写使能信号
commit_lsu_o	输出	1	给到 Store 单元,把推测执行状态的 STORE 指令移入 commit 队列
commit_lsu_ready_i	输入	1	Store 单元 commit 队列非满
commit_tran_id_o	输出	TRANS_ID_BITS	commit_instr_i 对应的 transition id
amo_valid_commit_ o	输出	1	给到 Store 单元的 AMO 指令提交信号
no_st_pending_i	输入	1	Store 单元的 commit 队列已经排空,没有等待执行的 STORE 指令
commit_csr_o	输出	1	弹出 EX_Stage 中的 CSR_Buffer
fence_i_o	输出	1	提交了一条 fence_i 指令
fence_o	输出	1	提交了一条 fence 指令
flush_commit_o	输出	1	提交了一条 AMO 指令
sfence_vma_o	输出	1	提交了一条 sfence_vma 指令

7.2.2 Commit_Stage 模块实现

Commit_Stage 是 Ariane 的指令提交单元,负责对指令槽 0、指令槽 1 中的指令进行提交,并将结果写回通用寄存器组,同时需要对异常指令进行处理。

1. 指令槽 0(commit_instr_i[0])提交

指令槽 0 的提交逻辑框图如图 7.2 所示。若指令槽 0 的 valid 信号有效,并且没有异常(ex.valid=0),同时流水线没有被停顿(halt_i=0),则根据指令的类型分别产生对应的控制信号,并将 commit_ack_o 置 1,通知指令发射模块将该条指令退役。

根据 commit_instr[0]中的 fu 信号,可以判断当前指令是否属于 STORE 类型、FPU 类型或者 CSR 类型。根据 op 信号,可以判断指令是否属于 FENCE 类型或者是 AMO 类型。对于不同类型的指令,采取不同的提交策略。

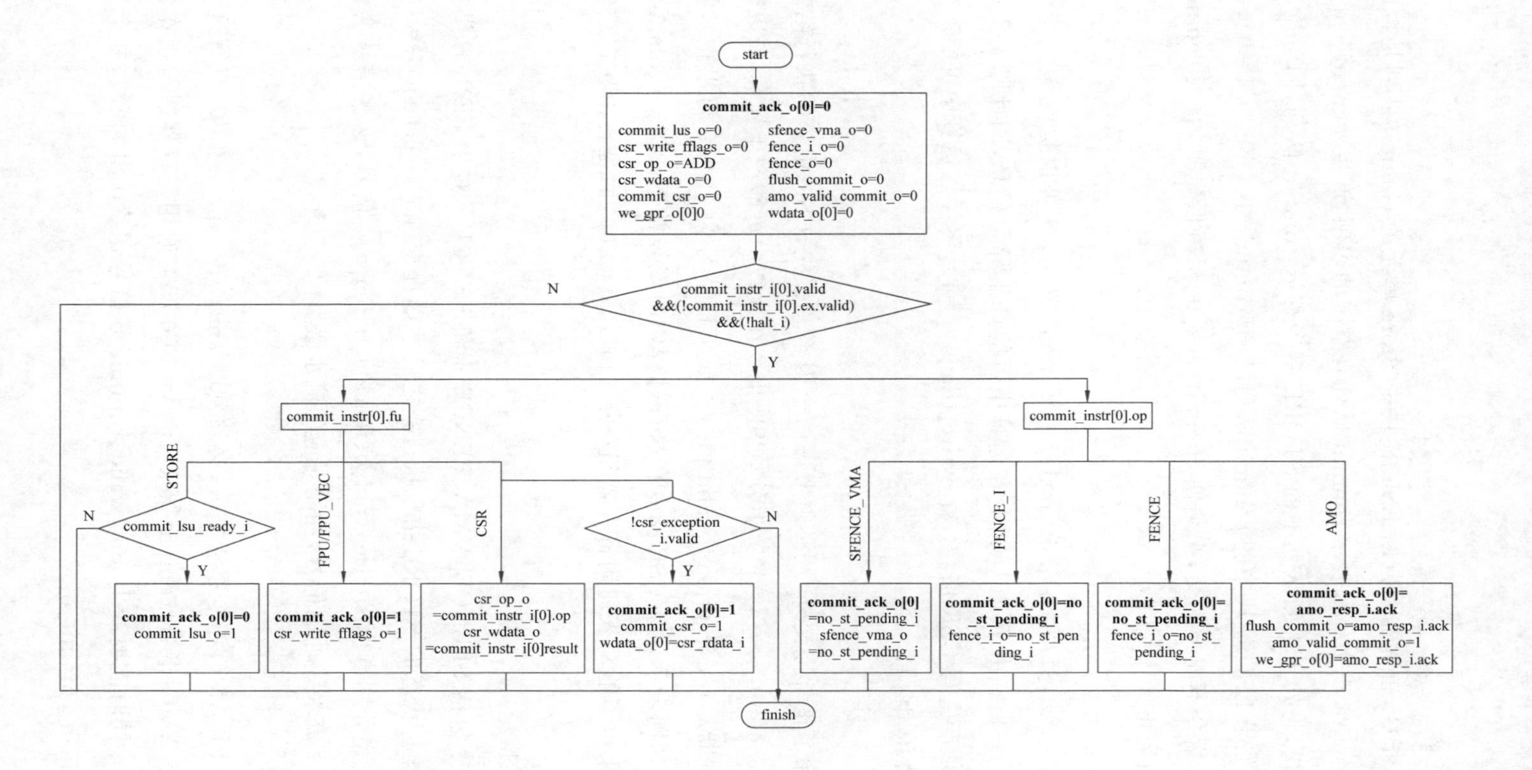

图 7.2　指令槽0的提交逻辑框图

1）STORE 指令

对于 STORE 指令，首先需要判断 LSU 模块中 Store 单元的 commit 队列是否已满，如果 commit_lsu_ready_i=1，表示 commit 队列有空闲的表项，产生 commit_lsu_o 信号给到 LSU 模块，将处于推测队列中的 STORE 指令移入 commit 队列，同时拉高 commit_ack[0]。如果 LSU 模块中的 commit 队列已满（commit_lsu_ready_i=0），则当前这条 STORE 指令不能被提交，必须使 commit_ack[0]保持低电平，直到 commit 队列出现空闲表项为止。

2）FPU 指令

对于浮点类型指令，只要 commit_instr_i[0].valid 置高，就可以提交该条指令（commit_ack_0[0]=1）。由于 FPU 指令在运算中可能产生异常信息，因此除了正常提交指令外，还必须产生写 CSR 信号（csr_write_fflags_0=1），将浮点运算中可能产生的异常信息写入 CSR 中。

3）CSR 指令

CSR 的指令除了正常提交外，还必须考虑两个因素。首先，CSR 指令的执行结果必须被写入 CSR（commit_csr_o=1）。其次，CSR 指令在执行中可能产生异常，所以对 CSR 指令还必须判断 csr_exception_i.valid 信号。如果该信号为 0，指令可以正常提交；如果该信号为 1，则表示这条 CSR 指令在执行过程中出现异常不能提交（commit_ack_o[0]=0），结果也不能写入通用寄存器组（we_gpr_o[0]=0），而是转由异常逻辑进行处理。

4）FENCE 类指令

FENCE 类指令包括 SFENCE_VMA、FENCE_I 和 FENCE。对于 FENCE 类指令，首先要等处于挂起状态的 STORE 指令执行完之后才能提交（no_st_pending_i=1）。然后根据指令的类型分别产生 sfence_vma_o、fence_i_o、fence_o 信号，这些信号会使 Controller 模块产生流水线冲刷信号，冲刷对应的流水级。

5）AMO 指令

与其他指令不同，AMO 指令是否完成，必须判断 amo_resp_i.ack 信号，只有这个信号为高才能提交 AMO 指令（commit_ack_o[0]=1）并产生通用寄存器组写操作信号（we_gpr_o=1）。同时需要产生 amo_valid_commit_o 信号送给 LSU 模块，并产生流水线冲刷信号 flush_commit_o。

2. 指令槽 1(commit_instr_i[1])提交

指令槽 1 中的指令要正常提交,存在一些约束条件。参见 commit_stage.sv 中的代码:

```
commit_stage.sv
if(commit_stage_ack_o[0] && commit_stage_instr_i[1].valid
&& !halt_i
&& !(commit_stage_instr_i[0].fu inside {CSR})
&& !flush_dcache_i
&& !instr_0_is_amo
&& !single_step_i)begin
```

指令槽 1 提交的前提条件是指令槽 0 已经提交(commit_stage_ack_o[0]=1),同时指令槽 1 的指令已经有运算结果(commit_stage_instr_i[1].valid=1),并且流水线没有被停顿(!halt_i)。

其次,要判断指令槽 1 的指令是否会被冲刷掉,如果这条指令会被冲刷掉,那么也不能提交。存在两种情况:①当前流水线正在被冲刷(flush_dcache_i=1);②指令槽 0 提交的指令引起流水线冲刷。如果指令槽 0 提交的指令,产生了流水线冲刷,则指令槽 1 的指令一定不能提交。

在满足上述条件的基础上,如果指令槽 1 的指令没有产生异常并且使用特定的功能单元,这条指令才可以和指令槽 0 的指令在同一个时钟周期被提交:

```
commit_stage.sv
if (!exception_o.valid && !commit_stage_instr_i[1].ex.valid &&
  (commit_stage_instr_i[1].fu inside
  {ALU, LOAD, CTRL_FLOW, MULT, FPU, FPU_VEC}))
```

3. 异常处理

如果指令执行过程中产生异常,则指令不能被提交。如 7.1 节所述,存在两种产生异常的情况:①指令在提交之前就产生异常并逐级传递下来;②指令在提交时才产生异常。无论是哪种情况,都需要将异常指示信号(exception_o.valid)置高并通过 exception_o 接口输出详细的异常信息。

7.2.3 Controller 模块实现

在 Ariane 处理器核中，Controller 模块并不属于任何一个流水级，实际上，Controller 的唯一功能是根据输入的控制信号，统一产生处理器冲刷信号，对相应的流水级数据进行冲刷。从 Controller 的输入信号来看，在流水线路径上的输入主要来自 Commit_Stage 模块，所以本节对 Controller 的设计进行简要分析。

Controller 模块主要根据输入控制信号来产生对应的流水线冲刷信号。其输入输出信号的真值表如表 7.2 所示。标 1 的单元格，表示在该列输入信号为 1 时，对应的输出信号也置 1；空白的单元格表示对应的输出信号置 0。

表 7.2 Controller 输入输出信号真值表

<table>
<tr><th rowspan="2">输　　出</th><th colspan="7">输　　入</th></tr>
<tr><th>mispredict</th><th>fence_i</th><th>fence_i_i</th><th>sfence_vma_i</th><th>flush_csr_i||flush_commit_i</th><th>ex_valid_i||eret_i||set_debug_pc_i</th><th>halt_csr_i||fence_actived_q</th></tr>
<tr><td>set_pc_commit_o</td><td></td><td>1</td><td>1</td><td>1</td><td>1</td><td></td><td></td></tr>
<tr><td>flush_if_o</td><td>1</td><td>1</td><td>1</td><td>1</td><td>1</td><td>1</td><td></td></tr>
<tr><td>flush_unissued_instr_o</td><td>1</td><td>1</td><td>1</td><td>1</td><td>1</td><td>1</td><td></td></tr>
<tr><td>flush_id_o</td><td></td><td>1</td><td>1</td><td>1</td><td>1</td><td>1</td><td></td></tr>
<tr><td>flush_ex_o</td><td></td><td>1</td><td>1</td><td>1</td><td>1</td><td>1</td><td></td></tr>
<tr><td>flush_icache_o</td><td></td><td></td><td>1</td><td></td><td></td><td></td><td></td></tr>
<tr><td>flush_dcache</td><td></td><td>1</td><td>1</td><td></td><td></td><td></td><td></td></tr>
<tr><td>fence_active_d</td><td></td><td>1</td><td>1</td><td></td><td></td><td></td><td></td></tr>
<tr><td>flush_tlb_o</td><td></td><td></td><td></td><td>1</td><td></td><td></td><td></td></tr>
<tr><td>flush_bp_o</td><td></td><td></td><td></td><td></td><td></td><td>1</td><td></td></tr>
<tr><td>halt_o</td><td></td><td></td><td></td><td></td><td></td><td></td><td>1</td></tr>
</table>

1. 输入信号

Controller 模块的输入主要来自 Commit_Stage、CSR、指令执行单元。

1）来自 Commit_Stage 的信号

（1）fence_i：提交了一条 FENCE 指令。

（2）fence_i_i：提交了一条 FENCE_I 指令。

（3）sfence_vma_i：提交了一条 SFEMCE_VMA 指令。

（4）flush_commit_i：提交了一条 AMO 指令，冲刷流水线。

（5）ex_valid_i：待提交的指令触发异常。

2）来自 CSR 的信号

（1）flush_csr_i：对 CSR 的写入触发了冲刷流水线请求。

（2）eret_i：从异常处理程序返回触发冲刷流水线请求。

（3）set_debug_pc_i：调试模式触发重新取指请求，取指流向改变，需要冲刷流水线。

（4）halt_csr_i：正在执行 wfi 指令，需要让处理器停下来，等待中断。

3）来自指令执行单元的信号

mispredict：分支解析结果，高电平表示分支预测失败，需要冲刷流水线。

2. 输出信号

（1）set_pc_commit_o：向指令提取单元发出重新取指的请求。

（2）flush_if_o：冲刷 Frontend、ID_Stage。

（3）flush_unissued_instr_o：冲刷 Issue_Stage 中未发射的指令。

（4）flush_id_o：冲刷 Issue_Stage 整级流水。

（5）flush_ex_o：冲刷 EX_Stage。

（6）flush_icache_o：冲刷 I-Cache。

（7）flush_dcache_o：冲刷 D-Cache。

（8）flush_tlb_o：冲刷 TLB。

（9）flush_bp_o：输出悬空，未使用。

（10）halt_o：使处理器停下来，暂停提交指令。

7.3 本章小结

指令提交是处理器流水线的最后一级，通过增加指令提交单元，可以使处理器支持硬件推测功能，并且按照原始指令流的顺序更改处理器体系结构状态。本章首先对指令提交单元的功能进行概述，然后以开源处理器核 Ariane 为例，介绍其指令提交单元 Commit_Stage 以及控制器 Controller 设计的细节。

第8章

存储管理

处理器的正常工作，有赖于存储器提供的记忆能力。预先编译的代码，以及等待处理的数据主要来源于存储器，处理的结果也需要存储器保存。本章将对存储器部分的原理和设计进行介绍。

8.1 缓存原理

未来的处理器需要容量更大、速度更快的存储器。然而，存储器速度越快，成本越高。设计人员需要在成本与速度之间进行折中。大多数程序不会均衡地访问所有代码和数据。如在循环结构中，被访问过的存储器位置大概率会在未来多次被访问，即时间局部性；如在数组、结构体中，一个被访问过的存储器的附近位置大概率会在未来被访问，即空间局部性。充分利用程序的时间局部性、空间局部性及存储器的层次结构是一种经济有效的解决方案。各个层次由不同工艺、不同大小、不同速度的存储器组成。图8.1是一种常见的存储器层次结构。

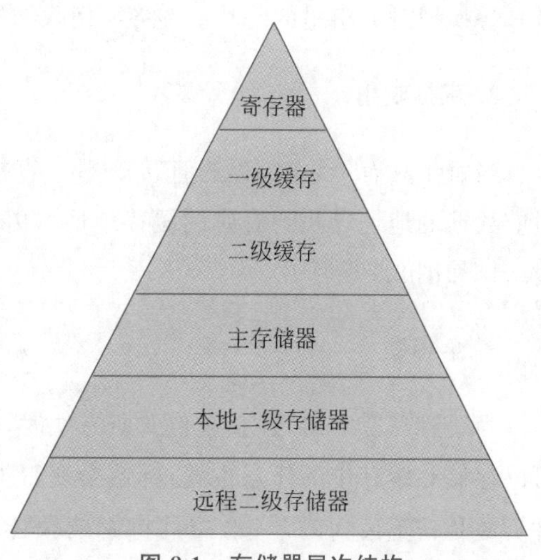

图8.1 存储器层次结构

通常速度越快的存储器的容量越小成本越高，所以此类存储器被安排到存储系统中更靠近处理器的位置。同时，速度比较慢的存储器就被安排到存储系统中远离处理器的位置。这么做的根本目的是使整个存储系统在速度、容量、成本上达到最优。

高速缓存是存储器层次中最接近处理器的结构之一。缓存一般很小,但速度很快,它用于保存来自较大、较慢存储层次的最近使用的指令和数据。

8.1.1 缓存组织结构

当某个数据未在缓存中找到时,需要从次一级层次中寻找,替换到缓存中再继续程序的执行。由于空间局部性,通常一次会替换多个数据从而提升效率。在这里使用**块**(Block)指代被移动的多个数据。

在设计缓存时,哪些块可以放在缓存中是一个关键的决策,策略包括组相联、直接映射、全相联,其中最常使用的是组相联。每**组**(Set)包含 1 块或者多块。根据数据在主存储器中的低位地址产生**索引**(Index)。将主存中地址的高位作为**标签**(Tag),用于组内的查找。当需要写入时,一块首先被指向一组,然后可以替换组内一块。当需要读取一块时,首先根据地址索引到组,然后在组内寻找。

1. 组相联

如果一组里有 n 个块,则这个缓存布局称为 n 路组相联。n 路组相联替换块时,需要根据对应数据的地址寻找到对应的缓存地址。再根据缓存替换算法(见 8.1.3 节),替换掉对应组里的一块。4 路组相联结构如图 8.2 所示。

2. 直接映射

当每组只有一块时,称为直接映射。直接映射的缓存需要替换块时,只需要根据对应数据的地址寻找到对应的缓存地址。由于每组只有一块,直接替换即可。直接映射结构如图 8.3 所示。

3. 全相联

当缓存只有一组,且直接包含所有块时,称为全相联。在全相联中,主存中的数据可以存储在缓存中的任意位置,标签会变得很长,所有的标签都需要进行比较,这对硬件资源是一笔巨大的开销,而且将影响整体的时序,因此全相联在实际中并不实用。全相联结构如图 8.4 所示。

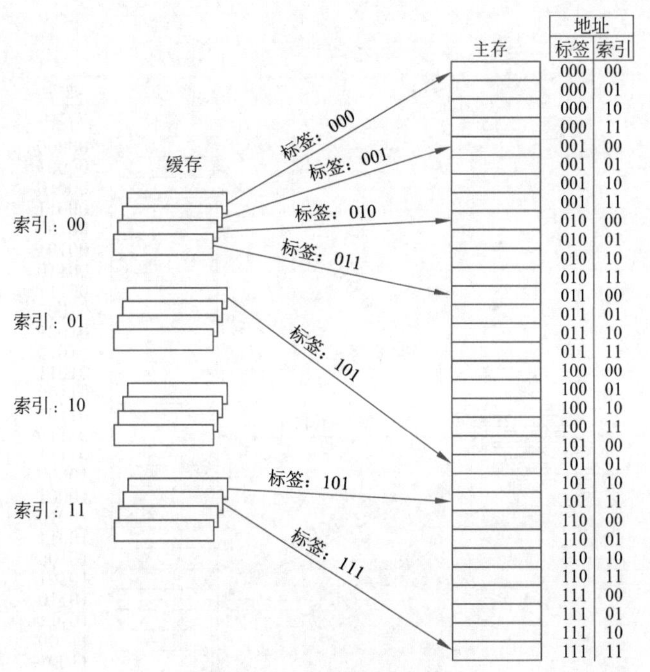

图 8.2　4 路组相联结构

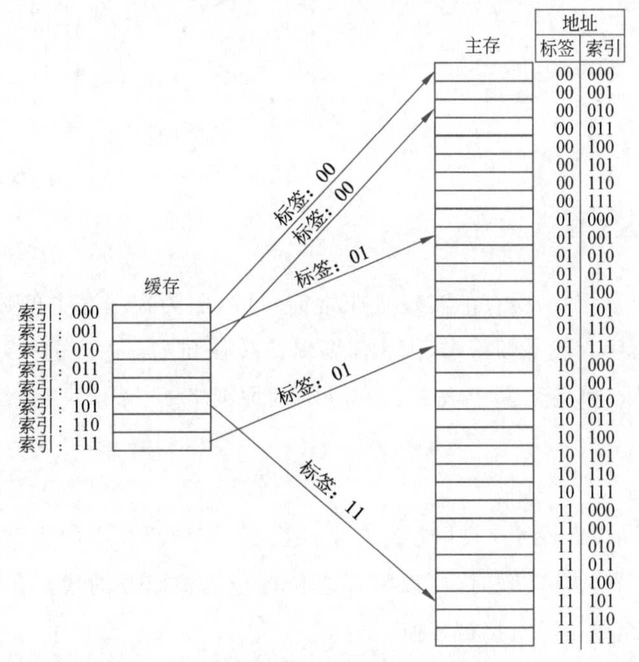

图 8.3　直接映射结构

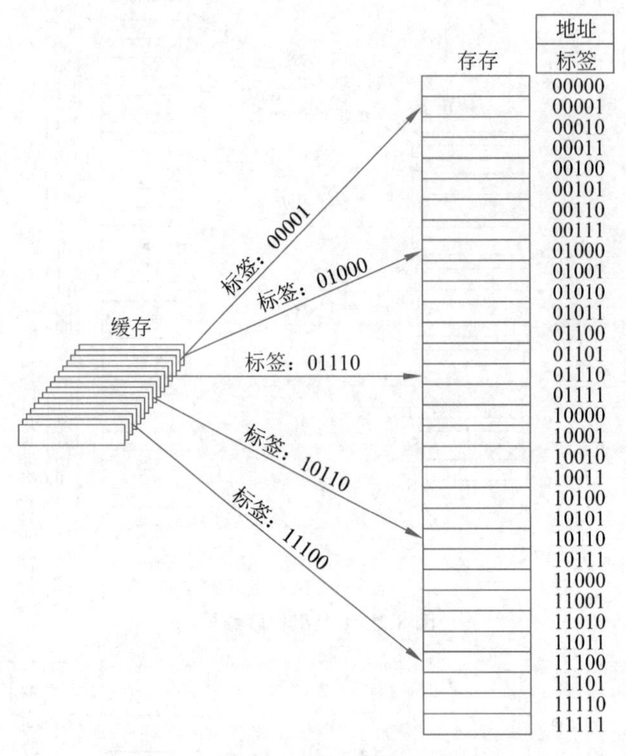

图 8.4　全相联结构

8.1.2　缓存写入策略

如果只需要读缓存，缓存的实现是非常简单的，因为在缓存中的数据始终与主存保持一致。而写缓存就麻烦得多，因为需要保持缓存和主存内容的一致。对此主要有写回（Write Back）和写直达（Write Through）两种策略。

1. 写回

如图 8.5 所示，写回缓存只更新缓存中的数据，直到缓存中的块需要被替换时，才将其写回主存。在实际实现时，可以将标志位标记为被修改的块。在替换块时，如果该块没有被修改，则可以直接被替换。

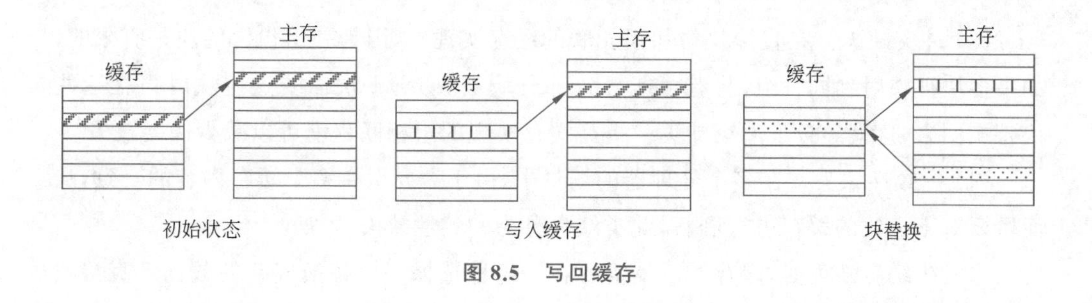

图 8.5 写回缓存

2. 写直达

如图 8.6 所示，写直达缓存在更新缓存中数据的同时，也更新主存中的内存块。这种策略非常简单而且可靠，主要应用于写缓存操作不频繁的场合。另外这种方式在系统故障或意外断电的情形下可以更好地避免数据丢失。但是缓存存在的意义是避免频繁访问主存，这种策略需要将数据写入缓存和主存两个位置，在频繁访问主存的情况下开销较大。

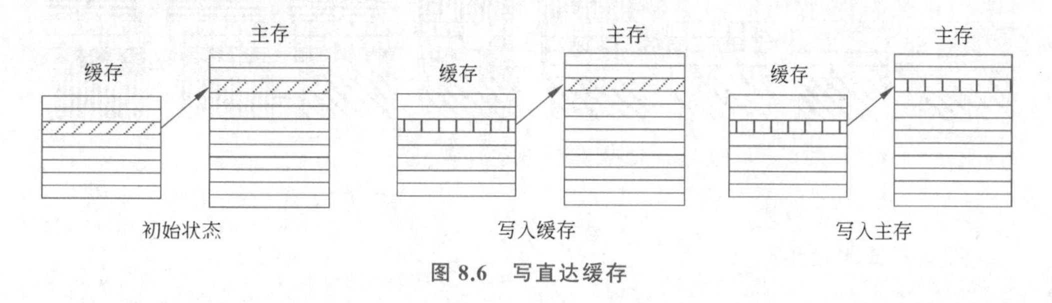

图 8.6 写直达缓存

8.1.3 缓存替换算法

缓存中的数据不可能包含主存中的所有数据，当处理器需要的数据不在缓存中时，则发生缓存缺失。缓存缺失主要包括以下 4 种。

(1) 强制缺失。在程序第一次运行时，缓存中必然没有该程序的任何数据，这种缓存缺失为强制缺失。任何缓存都无法避免强制缺失的发生。

(2) 容量缺失。由于缓存的容量是有限的，当超出程序的需求时，需要将部分块放弃，下次需要这些块时，再把这些块替换回来，这就导致了容量缺失。增大缓存的大小可以减少容量缺失。

(3) 冲突缺失。在直接映射和组相联的缓存实现中,因为一组包含的块是有限的,如果多块被映射到同一组,将有可能导致部分块被放弃,下次需要这些块时再把这些块替换回来,这就导致了冲突缺失。提高缓存实现的组相联程度可以减少冲突缺失。

(4) 一致性缺失。在多个处理器的场景中,由于需要保持多个缓存内容的一致,从而需要对不一致的缓存进行刷新,此类缺失称为一致性缺失。

当发生缓存缺失时,缓存控制器需要在一组里选择一块替换成新的数据。直接映射每组内有且仅有一块,因此它的替换决策很简单,不需要决策。但是组相联和全相联则有多块可以选择,因此就有多种不同的替换算法。

1. 随机替换

有些系统选择产生伪随机数来选中随机替换的块,因为这样可以做到均匀分配。同时这种方案硬件易于实现,仅需要一个伪随机数发生器即可。如图 8.7 中,在所有块被填满后,后续的替换都是随机选取一块进行替换。

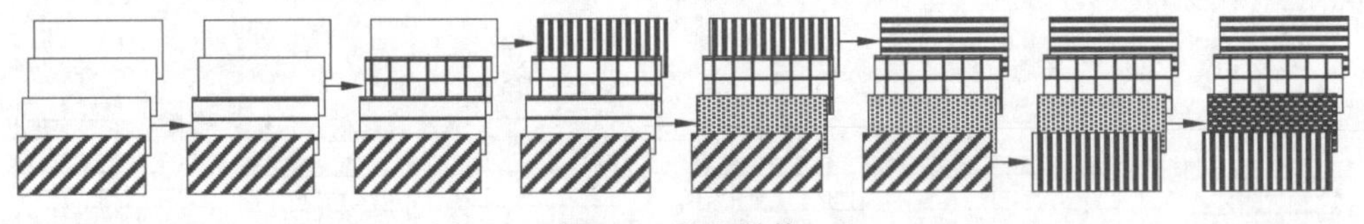

图 8.7 随机替换

2. 最近最少使用

通过记录块的使用情况,最长时间没有使用的块将会被替代。这种方法可以减少抛弃不久又要使用数据的概率。但这种方法的实现成本随着需要跟踪的块数的增加而增大。如图 8.8 所示,在所有块被填满后,后续的替换根据每块的最近使用时间进行选择。每块被再次使用时将刷新使用记录。替换时,将最长时间没有使用的块替换掉。例如,在图 8.8 中,第 6 次读取时,一块因为被再次使用而更新了最近使用时间,在

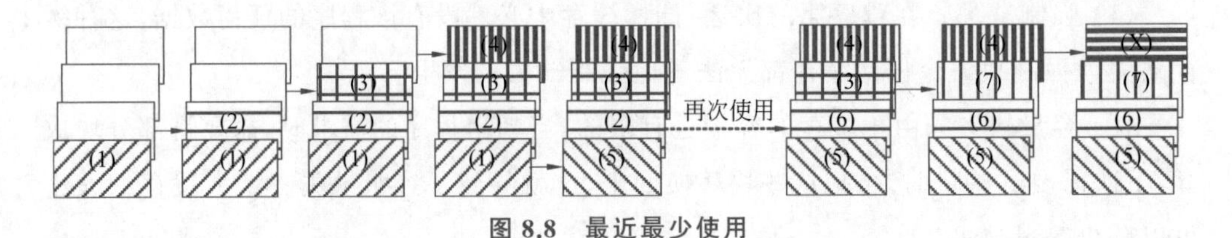

图 8.8 最近最少使用

下一次缓存缺失时避免被替换。

3. 先进先出

由于最近最少使用策略实现较为复杂,则出现了方案的折中:将更早进入缓存的块优先进行替换。如图8.9所示,在所有块被填满后,依次对最早替换的块进行更新。

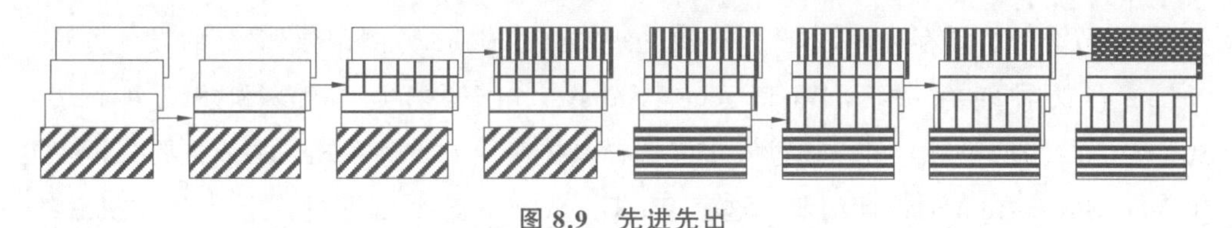

图8.9 先进先出

8.1.4 缓存优化

存储器的平均访问时间是一个很好的用于评价存储器性能的标准。可以用存储器的平均访问时间来评价所设计缓存的性能。

$$存储器平均访问时间=命中时间+缺失率\times缺失代价$$

由此公式可得,提升缓存性能可以从缩短命中时间、降低缺失率、降低缺失代价3个维度入手。

缓存中发生的缺失主要有冲突缺失、容量缺失、强制缺失。

冲突缺失是最容易解决的,使用尽可能多路的组相联即可降低冲突缺失发生的概率,使用全相联结构即可完全避免冲突缺失的发生。然而,这种优化是相对的,由此带来的是硬件成本的大幅提高,和系统整体时钟频率的制约,系统整体的性能将受到损失。

对于容量缺失,增大缓存的大小是唯一办法。同样地,增大缓存大小将增加硬件成本,同时命中时间和功耗也将增加。大的缓存一般用于片外缓存。

对于强制缺失,增大块的大小可以利用空间局部性的优势降低缺失率。但是,较大的块又增加了缺失代价。在相同大小的缓存实现中,较大的块则减少了块的个数,这又增加了冲突缺失发生的概率。当缓存很小时,也会增加容量缺失发生的概率。

当前处理器运行速度的增长快于存储器,这使得缓存缺失的代价日渐增大。既需要加快缓存速度,使得其速度与处理器相匹配;又要加大缓存容量,避免它的容量与主存拉开过大距离。一种解决方案是使用多级缓存,有兴趣的读者请自行查阅相关资料。

8.2 缓存设计

8.1 节介绍了缓存原理，本节以开源处理器核 Ariane 为例，介绍缓存的设计方法。Ariane 有两种缓存系统，Wt_Cache_Subsystem（写直达策略）和 Std_Cache_Subsystem（写回策略），可以通过宏定义选择具体集成的缓存系统。本节主要分析 Wt_Cache_Subsystem 的设计细节。这套 Wt_Cache_Subsystem 通过一个 AXI 主机总线接口访问主存。

8.2.1 整体设计

在图 8.10 中，I-Cache 即指令缓存，D-Cache 即数据缓存，Adapter 即 Wt_Cache_Subsystem 与主存之间的总线适配逻辑。

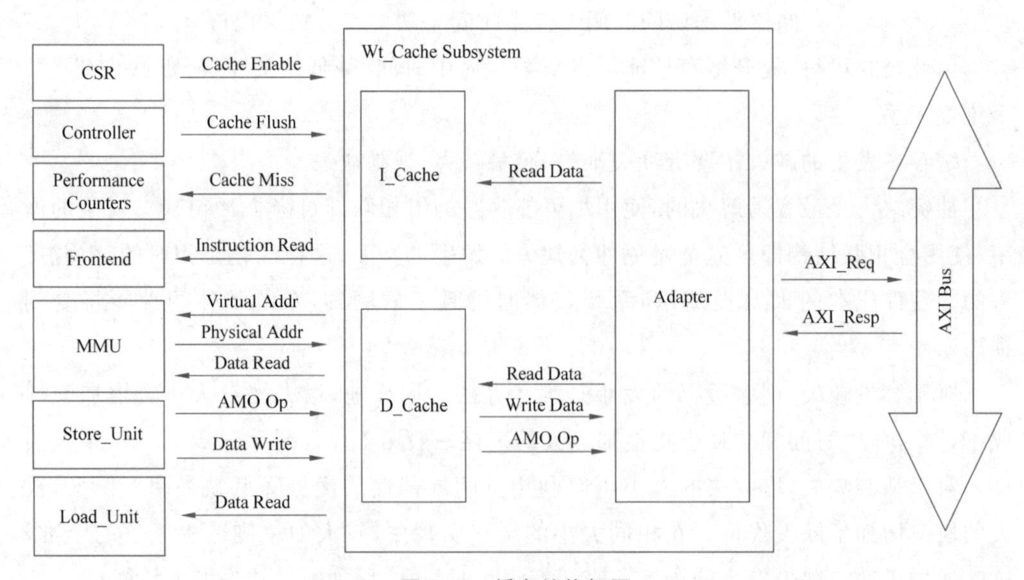

图 8.10 缓存结构框图

Wt_Cache_Subsystem 的使能控制信号来自控制和状态寄存器（CSR）；冲刷控制信号来自 Controller。当发生缓存缺失时，Wt_Cache 通过 AXI 总线接口访问主存进行数据替换,并输出缺失信号给 Performance Counters 用于性能统计。

I-Cache 接收来自 Frontend 模块的取指命令,将其中的虚拟地址送至存储管理部件(MMU)进行转译,获得对应的物理地址之后完成取指。

D-Cache 接收来自 MMU 的读数据请求;接收来自 Load_Unit(LU)的读数据请求;接收来自 Store_Unit(SU)的写数据请求和原子内存操作(AMO)请求。

Wt_Cache_Subsystem 的接口列表如表 8.1 所示。

表 8.1　Wt_Cache_Subsystem 的接口列表

信　号　名	方向	位宽/类型	说　　明
clk_i	输入	1	时钟
rst_ni	输入	1	复位
icache_flush_i	输入	1	来自 Controller 的冲刷输入信号
icache_en_i	输入	1	来自 CSR 的 I-Cache 使能信号
icache_miss_o	输出	1	去往 Performance Counters 的缺失信号
icache_areq_i	输入	icache_areq_i_t	来自 MMU 的地址响应
icache_areq_o	输出	icache_areq_o_t	去往 MMU 的地址请求
icache_dreq_i	输入	icache_dreq_i_t	来自 Frontend 模块的数据请求
icache_dreq_o	输出	icache_dreq_o_t	去往 Frontend 模块的数据响应
dcache_enable_i	输入	1	来自 CSR 的 D-Cache 使能信号
dcache_flush_i	输入	1	来自 Controller 的冲刷输入信号
dcache_flush_ack_o	输出	1	去往 Controller 的冲刷完成确认信号
dcache_miss_o	输出	1	去往 Performance Counters 的缺失信号
wbuffer_empty_o	输出	1	去往 Load_Unit 的 wbuffer 空信号
dcache_amo_req_i	输入	amo_req_t	来自 Store_Unit 的 AMO 信号
dcache_amo_resp_o	输出	amo_resp_t	去往 Store_Unit 的 AMO 信号
dcache_req_ports_i	输入	dcache_req_i_t	来自 LSU 的 3 组读写信号
dcache_req_ports_o	输出	dcache_req_o_t	去往 LSU 的 3 组读写信号
axi_req_o	输出	ariane_axi::req_t	AXI 总线接口,访问存储
axi_resp_i	输入	ariane_axi::resp_t	AXI 总线接口,访问存储

8.2.2 指令缓存模块设计

1. I-Cache 组织结构

I-Cache 主要结构如图 8.11 所示，总共包含 256 组，每组有 4 块，为 4 路组相联结构。每块保存 1+44+128 位的数据，其中 1 位为该块的有效位，44 位为 TAG，128 位为缓存的指令。

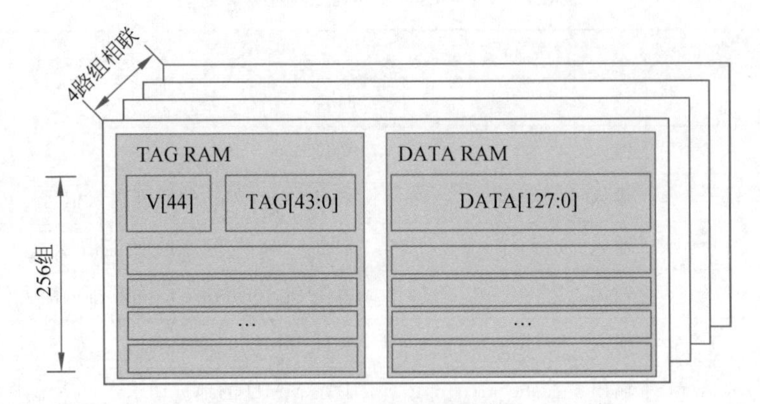

图 8.11 I-Cache 主要结构

I-Cache 的实现包含 4 对由 TAG RAM 与 DATA RAM 组成的存储单元。

2. I-Cache 工作流程

I-Cache 工作流程如图 8.12 所示。

(1) I-Cache 就绪，等待 Frontend 模块的取指请求到来。

(2) Frontend 模块发出取指请求，I-Cache 进入 READ 状态。将来自 Frontend 模块的虚拟地址送至 MMU 进行地址转译。同时使用虚拟地址访问缓存存储空间获得指令数据和对应的 TAG。

(3) 将 MMU 返回的物理地址中的 TAG 与读取的 I-Cache 的 TAG 对比，若存在一致的 TAG，则输出对应的取指令结果给 Frontend 模块。

(4) 若步骤(3)存在不一致的 TAG，则为缓存缺失情形。I-Cache 根据物理地址向主存请求数据，并等待主存数据的返回。

(5) 主存数据返回，更新缓存存储空间的数据，并输出取指结果给 Frontend 模块。

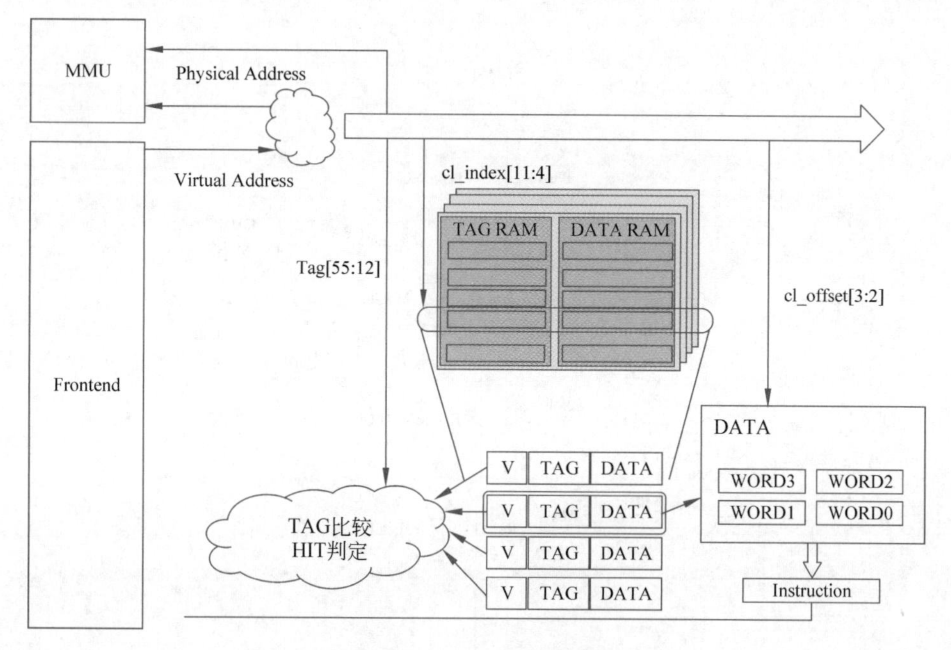

图 8.12　I-Cache 工作流程

3. I-Cache 控制状态机

I-Cache 控制状态机如图 8.13 所示。

1）冲刷 I-Cache

当来自 Controller 的冲刷命令到来，或者 I-Cache 从非使能态进入使能态时，I-Cache 控制的状态机将从 IDLE 状态进入 FLUSH 状态。进入 FLUSH 状态后，将会通过写 TAG RAM，把所有 TAG RAM 中的数据的有效位清零，将整个缓存的存储空间的数据标记为无效。

2）读取 I-Cache

在 IDLE 状态，且没有与主存交换数据时，I-Cache 将就绪，允许 Frontend 模块取指。当 Frontend 模块向 I-Cache 发出取指请求，I-Cache 进入 READ 状态。在 READ 状态，I-Cache 将把取指令请求中的虚拟地址发往 MMU，请求 MMU 转换成物理地址。当 MMU 的**转译后备缓冲区**（TLB）表项缺失，则 MMU 需要通过数据缓存更新 TLB 表项。此时 I-Cache 将进入 TLB_MISS 状态，等待物理地址的返回。当物理地址从 MMU 返回，但对应缓存缺失或 I-Cache 未使能，则向主存发起请求，在主存响应后

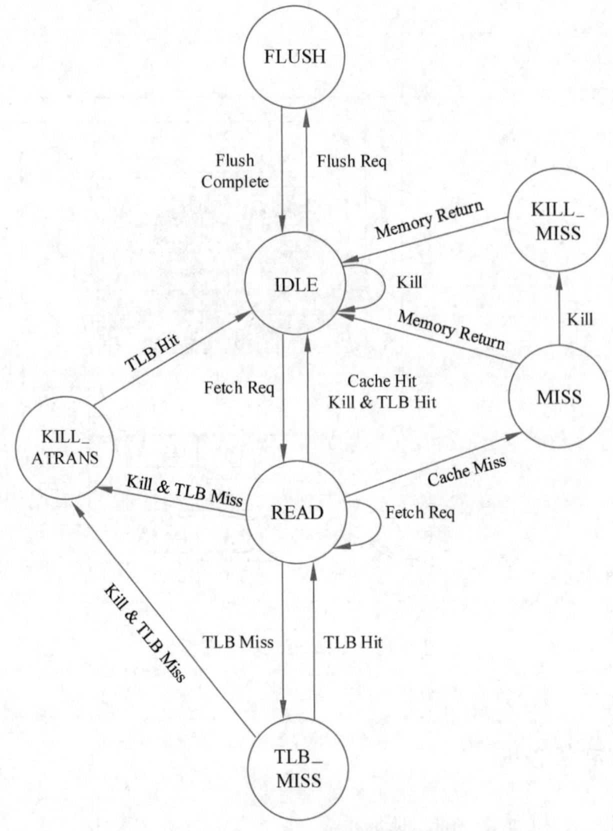

图 8.13 I-Cache 状态机

进入 MISS 状态。当物理地址从 MMU 返回,且缓存命中,则完成了此次读取;如果没有下一个读请求则回到 IDLE 状态,如有则在 READ 状态处理该请求。

3) TLB 表项缺失与缓存缺失

在 READ 状态会因为 TLB 表项缺失进入 TLB_MISS 状态。在 TLB_MISS 状态,将继续保持请求信号,直到所需的物理地址返回,再回到 READ 状态。在 MISS 状态,将一直等待主存数据的返回,然后再回到 IDLE 状态。从主存返回的数据会写入 DATA RAM,并返回给 Frontend 模块。

8.2.3 数据缓存模块设计

1. D-Cache 组织结构

I-Cache 的设计较为简单,因为处理器在正常工作时,只需要从 I-Cache 中读指令而不需要将指令写入 I-Cache。而 D-Cache 需要同时承担读写的工作，因此设计较为复杂。D-Cache 主要结构如图 8.14 所示。

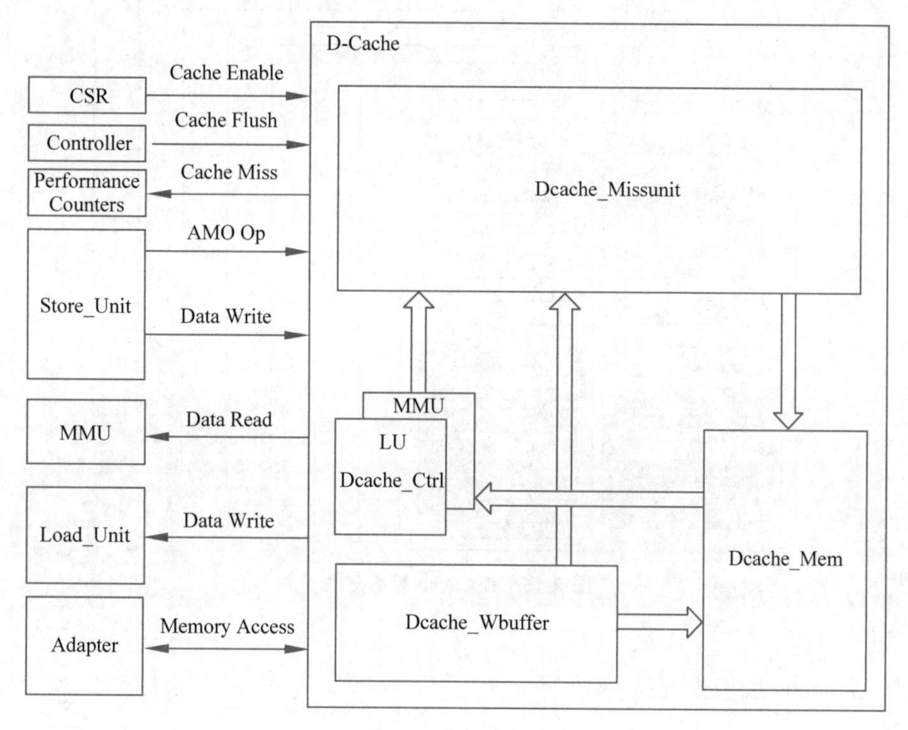

图 8.14　D-Cache 的主要结构

D-Cache 由 5 个子模块组成。

(1) Dcache_Missunit：处理 AMO 指令，处理来自 Dcache_Ctrl、Dcache_Wbuffer 的缺失请求，通过总线接口与主存交互。

(2) Dcache_Ctrl(MMU)：负责处理来自 MMU 的读数据请求。

(3) Dcache_Ctrl(LU)：负责处理来自 Load_Unit 的读数据请求。

(4) Dcache_Wbuffer：负责接收来自 Store_Unit 的写请求，并更新到存储，同时尝试更新到 Dcache_Mem。

(5) Dcache_Mem：D-Cache 的主要数据保存单元，它的组织形式如图 8.15 所示。

D-Cache 包含 256 组，每组有 8 块，为 8 路组相联结构。每块由 1＋44＋128 位组成，其中 1 位有效位，44 位 TAG 信息存储在 TAG RAM 中，128 位的数据被分拆到两个 DATA RAM 中。因此，一块的数据需要从 3 个 RAM 中提取。

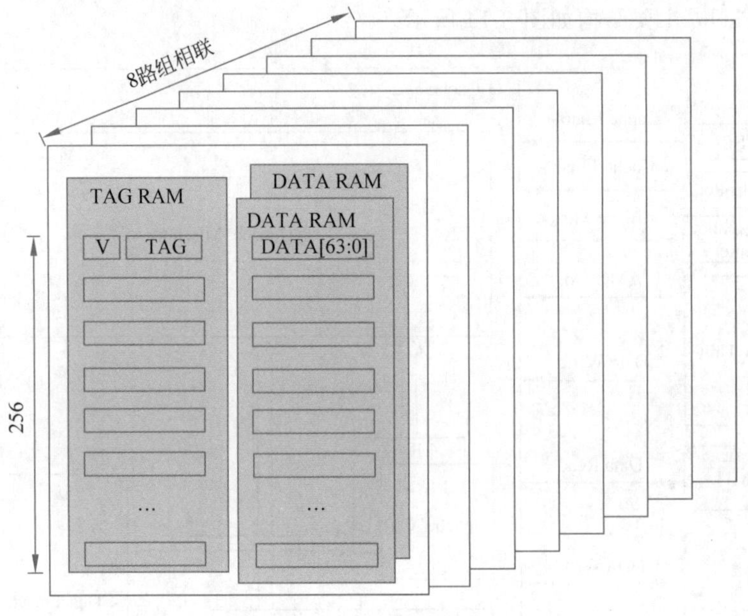

图 8.15　D-Cache 组织形式

2. D-Cache 读操作流程

如图 8.16 所示，D-Cache 读操作由 MMU 和 Load_Unit 发起，Dcache_Ctrl 模块负责，它主要由一个 Dcache_Ctrl 读操作状态机组成。Dcache_Ctrl 读操作状态机将来自加载和存储单元(LSU)的读请求信号转换成对应控制信号访问 Dcache_Mem，或者将缺失信号发往 Dcache_Missunit。

在 IDLE 状态，当 Load_Unit、MMU 发起读请求时，Dcache_Ctrl 将向 Dcache_Mem 发起读请求，Dcache_Mem 响应后进入 READ 状态。如果此时 Dcache_Mem 正在写或者不响应，则进入 REPLAY_REQ 状态。如果读请求命中，回到 IDLE 状态，结束本次读请求。如果读请求命中，且下一次传输请求到来，则留在或跳转到 READ 状态。如果发生缓存缺失，则跳转到 MISS_REQ 状态。

在 MISS_REQ 状态，Dcache_Ctrl 将向 Dcache_Missunit 发出缓存缺失请求。当收到重播信号，进入 REPLAY_REQ 状态；当收到缺失确认信号，则进入 MISS_WAIT 状态。

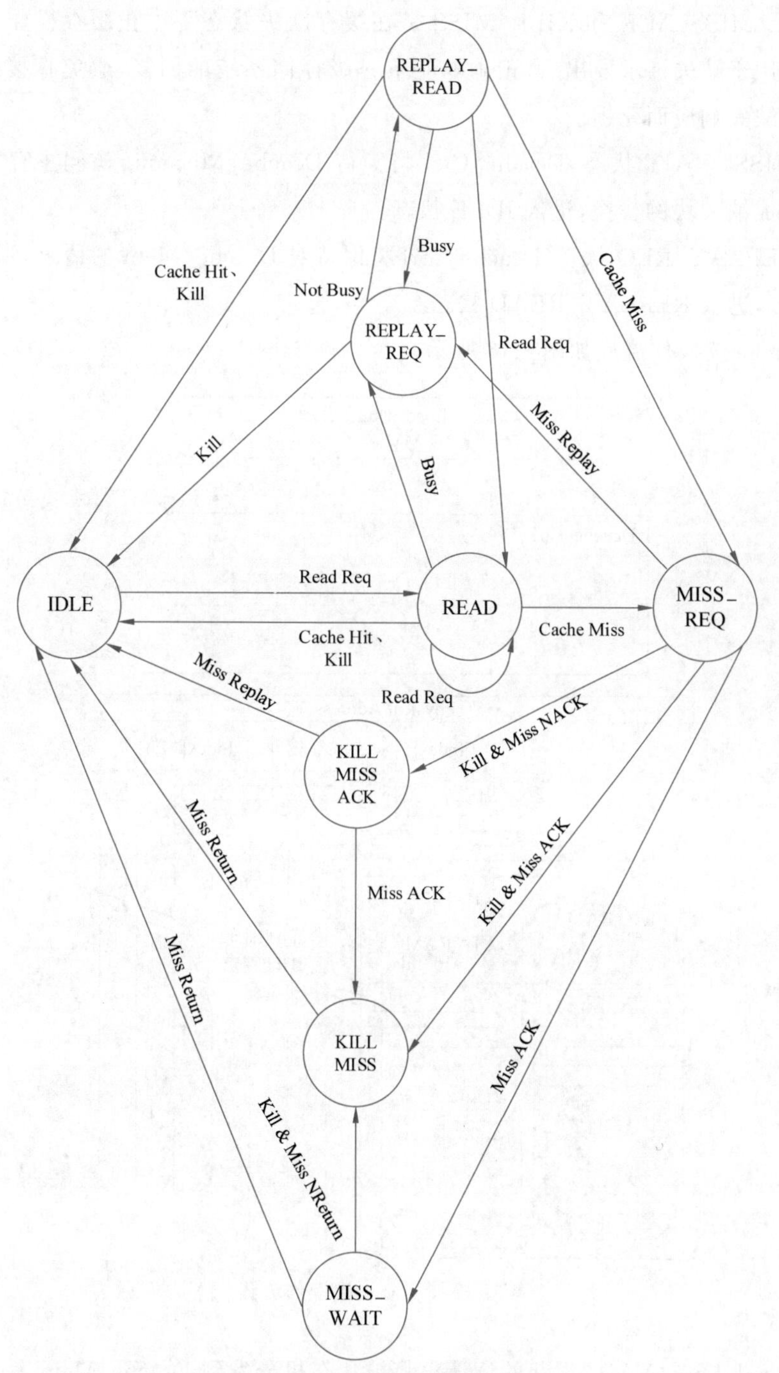

图 8.16　D-Cache 读操作状态机

KILL_MISS_ACK 和 KILL_MISS 是在缓存缺失状态下中止缓存操作的中间状态。它们用于缺失请求发出后，正确响应下一级存储系统的回复，避免直接中止导致下一级因缺失响应而死锁。

在 MISS_WAIT 状态，Dcache_Ctrl 将等待 Dcache_Missunit 访问主存操作的完成。当完成缺失块的替换，进入 IDLE 状态。

在 REPLAY_REQ 状态，Dcache_Ctrl 将保持对 Dcache_Mem 的请求，当 Dcache_Mem 响应，进入 REPLAY_READ 状态。

D-Cache 读操作流程如图 8.17 所示。

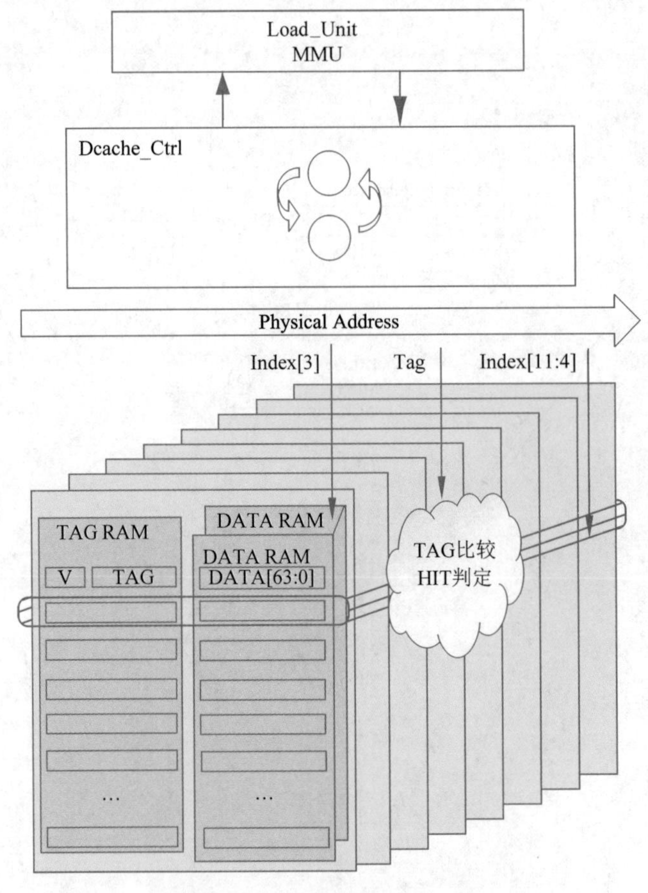

图 8.17　D-Cache 读操作流程

从 Load_Unit、MMU 发起的读请求将被状态机分发到 Dcache_Mem。

（1）若没有发生缓存缺失或者存储单元占用，则直接返回。

（2）若 Dcache_Mem 正在被占用，则进入重播等待，等待 Dcache_Mem 解除占用后再进行后续访问。

（3）发生缓存缺失，则交由 Dcache_Missunit 处理，通过访问主存替换缺失块。

3. D-Cache 写操作流程

D-Cache 写操作流程如图 8.18 所示。

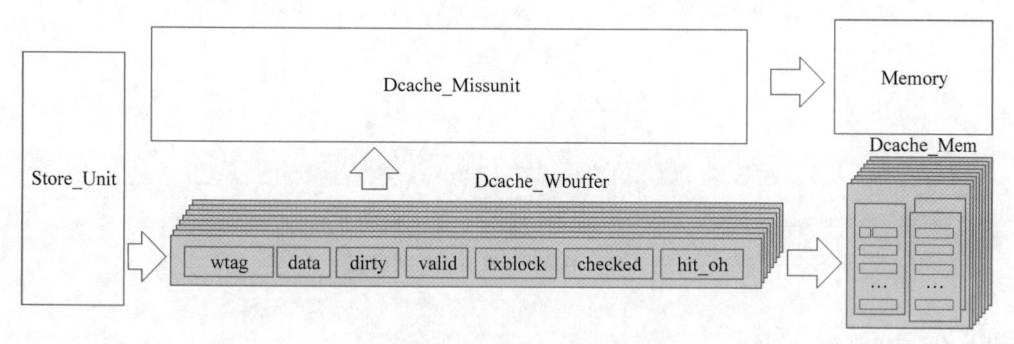

图 8.18　D-Cache 写操作流程

D-Cache 写入数据来自 Store_Unit。首先在 Dcache_Wbuffer 中找一个空位，写入 Dcache_Wbuffer。Dcache_Wbuffer 尝试读 Dcache_Mem 的对应 TAG，若命中则表示该数据也在 Dcache_Mem 中，将新数据写入 Dcache_Mem 的对应 DATA RAM 中。

由于 D-Cache 采用写直达策略，写入 Dcache_Wbuffer 时产生的脏标志位（dirty）触发写缺失，Dcache_Wbuffer 立即通过 Dcache_Missunit 把写入的数据更新到主存中。

4. D-Cache 缺失处理

Dcache_Missunit 可接收两路来自 Dcache_Ctrl 的缺失信号和一路来自 Dcache_Wbuffer 的缺失信号，并根据读写冲突等情况访问主存。

Dcache_Missunit 包含一个状态机，它的运行过程如图 8.19 所示。

在收到 Controller 的冲刷信号，或者 D-Cache 从非使能进入使能态时，将进行冲刷。

在收到 Store_Unit 的 AMO 请求时，若 Dcache_Wbuffer 非空，先要排空 Dcache_

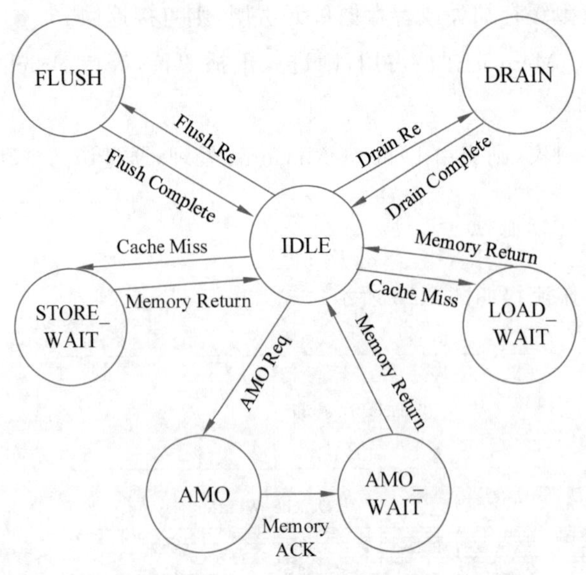

图 8.19 Dcache_Missunit 状态机

Wbuffer,再进行 AMO。

在 AMO 状态,Dcache_Missunit 将发出 AMO 请求,并在 AMO_WAIT 状态等待操作的完成,之后进入 IDLE 状态。

在收到缺失请求时,如果是写缺失,判断没有读写冲突后,向主存发出写请求,如果主存没有立即响应,则进入 STORE_WAIT 状态。在 STORE_WAIT 状态,不允许新的缺失请求到来,直到主存响应,返回 IDLE 状态。

在收到缺失请求时,如果是读缺失,若没有冲突,则请求读主存,如果主存没有立即响应,则进入 LOAD_WAIT 状态。在 LOAD_WAIT 状态,不允许新的缺失请求到来,直到主存响应,返回 IDLE 状态。

8.3 存储管理部件

8.1 和 8.2 节介绍了存储子系统中的一种高速缓存(Cache),它位于处理器内部,比较靠近处理器,单位面积的成本比较高,因此一般这种处理器内部的存储器容量较小，只用来存储一些处理器最常访问的数据。在一个完整的存储系统中，还有一种更大的存储介质，它提供了程序运行和动态数据存储的主要场所，通过标准总线与处理器互连。这就是常说的主存，也称内存。为了高效地访问和保护内存，现代处理器引入了一种硬件结构——**存储管理部件**(MMU)。MMU 对处理器能够运行现代操作系统至关重要，有了它才能使计算机更安全地运行现代操作系统。本节将分别从基于页面的虚拟内存、虚拟地址到物理地址的转换两方面来介绍 MMU 的作用，关于内存保护和进程切换等相关内容不在本书的论述范围，感兴趣的读者可自行查阅相关资料。

8.3.1 虚拟内存

1. 扁平化页面管理方式

现代处理器的取指单元发出的地址都是虚拟地址，也称线性地址。虚拟地址是无法直接寻址内存的，需要通过 MMU 将虚拟地址转换为物理地址。

为了便于索引，MMU 对内存的管理一般是分页管理的。常见的页大小有 4～64KB 不等，本书以最常用的 4KB 的页大小为例来说明。假设处理器可寻址的虚拟地址范围是 $0 \sim 2^{32}-1$，即转换之后(没有实现物理地址扩展)可寻址的物理地址大小为 4GB。如果每个内存页的大小为 4KB，需要 12 位地址寻址这个页的每字节，那么这个 32 位虚拟地址的高 20 位即可以用来寻址具体的页。这 12 位地址称为页内偏移地址，高 20 位地址称为页的基地址。如图 8.20 所示，是一种扁平化页面管理方式。

把 4GB 地址空间分成 4KB 的页，这样要索引这些页，就需要有 2^{20} 个索引地址，可以把这 2^{20} 个索引地址想象成一个数组，数组的每个元素就都可以通过虚拟地址的高 20 位来索引，把数组中每个元素称为**页表项**(Page Table Entry，PTE)。页表项的高 20 位记录了页的物理基地址，低 12 位描述了页的属性信息。页表项组成的数组称为页表。这样在得知页表物理基地址(通过特定寄存器获取，8.3.2 节详细介绍)时加上处理器指令给定的虚拟地址的高 20 位定位到页表中的具体某项，这项的高 20 位地址就记录着要寻址的这页的物理基地址，那么这个物理基地址加虚拟地址的低 12 位就得到了要访问的具体字节的物理地址。很显然，这是一种扁平化的页面管理方式，用 4GB 除以页的大小即得到页的数目。

2. 分层级的管理方式

因为 4GB 的内存总共有 2^{20} 个 4KB 的页面，可以把这些页分成 1024 份，即 2^{10} 份，

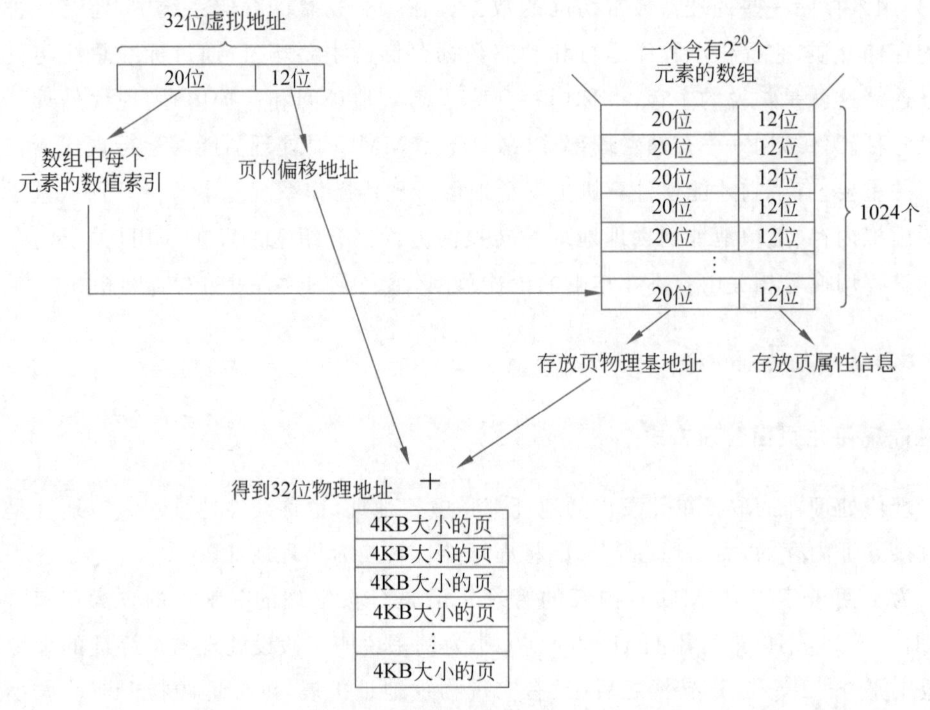

图 8.20　扁平化页面管理方式

每份由额外的一个页表来索引。为了区别前面提到的页表，把这个索引页表的页表称为页目录，如图 8.21 所示。

这样在获取到页目录的物理基地址时，通过特定寄存器获取，8.3.2 节详细介绍，通过以下步骤可以获得要寻址的具体字节的物理地址：①用 32 位虚拟地址的高 10 位就可以获得页目录中的某项；②这个目录项的高 20 位就记录了下一级页表的基地址；③从 32 位虚拟地址的中间 10 位就获得了这个页表中的具体某一个页表项；④这个页表项的高 20 位记录了物理 4KB 页的基地址，这样就找到了具体要寻址的物理页，加上 32 位虚拟地址的低 12 位即可。

一级页表可以实现的事情，为什么要分两级页表？如果利用一级页表来管理内存，那么只需要两次访存就可以得到数据，第一次是访问页表，第二次直接到物理地址获得数据。如果采用上面的两级页表，需要三次访存才能获得数据，第一次是访问页目录，第二次是访问页表，第三次是从物理地址获得数据。如果采用两级页表，假设内存全部映射，存储页表的内存空间需求变大。一级页表需要 $2^{20}\times 4\text{B}=4\text{MB}$ 的内存空

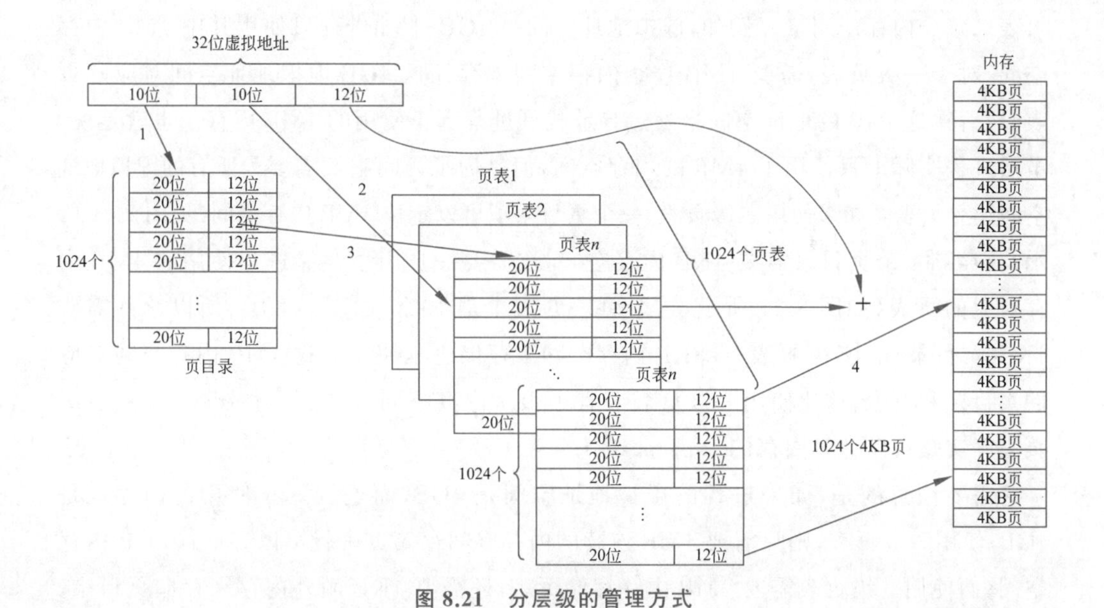

图 8.21　分层级的管理方式

间，两级页表除了需要 4MB 页表空间以外，还需要 1024×4B＝4KB 的页目录内存空间。即总共需要 4MB＋4KB 的空间来存储页表，这样来看多级页表似乎没什么优势。

其实不然，使用多级页表主要有以下两个优势。

(1) 使用多级页表可以使页表在内存中离散存储。多级页表实际上是增加了索引，有了索引就可以定位到具体的项。例如，虚拟地址空间为 4GB，每页依然为 4KB，如果使用一级页表，共有 2^{20} 个页表项，如果每个页表项占 4B，那么存储所有页表项需要 4MB，为了能够随机访问(基地址固定，用偏移地址来做到随机访问，需要页表在内存中连续存储)，那么就需要连续 4M 的内存空间来存储所有的页表项。随着虚拟地址空间的增大，存储页表所需要的连续空间也会增大，在操作系统内存紧张或者内存碎片较多时，这无疑会带来额外的开销。但是如果使用多级页表，可以使用一页来存储页目录项，页表项存储在内存中的其他任何位置，而不用保证页目录项和页表项连续存储。

(2) 使用多级页表可以节省页表内存。在物理内存全部被映射的情况下，采用二级页表的方式确实会增加物理内存的占用。实际上，在一般情况下一个进程不会占用全部内存空间，因此不需要映射全部物理内存。如果使用一级页表，需要连续的内存空间来存储所有的页表项。而多级页表通过只为进程实际使用的虚拟地址空间建立页表来减少内存使用量。例如,虚拟地址空间是4GB,假如进程只使用其中4MB内存空间,对于一级页表,需要4MB连续内存空间来存储这4GB虚拟地址空间对应的页表,然后在这4GB的地址空间中通过寻址找到进程真正使用的4MB内存。也就是说,虽然进程实际上只使用了4MB的内存空间,但是为了访问它们需要为所有的虚拟地址空间建立页表。如果使用二级页表,一个页目录项可以定位4MB内存空间(见图8.21所示)。存储一个页目录需要4KB内存空间,还需要一页用于存储进程使用的4MB内存对应的页表(如图8.21所示,这个页表的大小是1024×4B=4KB),所以总共需要4KB(页目录)+4KB(页表)=8KB内存空间来存储进程使用的这4MB内存空间对应的页目录和页表,这比使用一级页表节省了很多内存空间。在这种情况下,使用多级页表确实是可以节省内存的。

需要注意的是,如果进程的虚拟地址空间是4GB,而进程真正使用的内存也是4GB,使用一级页表,则只需要4MB连续的内存空间存储页表就可以寻址这4GB内存空间;而使用二级页表需要4MB内存存储页表,还需要4KB额外内存来存储页目录,此时多级页表反而增加了内存空间的占用。这就是前面提到的二级页表会增加占用内存空间的情况。但是在大多数情况下进程的4GB虚拟地址不会全被占用,所以多级页表在大多数情况下可以减少内存占用。

8.3.2 地址转换

8.3.1节介绍了内存的管理方式和页表、页目录的基本概念,并简要介绍了从虚拟地址到物理地址的转换。本节以RISC-V架构为基础,分别介绍RSIC-V架构中两个虚拟地址格式Sv32和Sv39的虚拟地址到物理地址的转换过程,并简要介绍Sv48相关内容。32位RISC-V架构简称RV32,64位RISC-V架构简称RV64。

1. RISC-V的虚拟地址结构

RISC-V的分页方案以SvX的形式命名,其中X是以位为单位的虚拟地址的长度。RV32的分页方案Sv32支持4GB(见图8.22)的虚址空间,这些空间被划分为2^{10}个4MB大小的**巨页**(Mega Page)。每个巨页被进一步划分为2^{10}个4KB的基页(分页的基本单位)。因此,Sv32的页表是基数为2^{10}的两级树形结构。页表中每项的大小是4B(见图8.23),因此页表本身的大小是4KB。页表的大小和每个基页的大小完全相同,这样的设计简化了操作系统的内存分配。

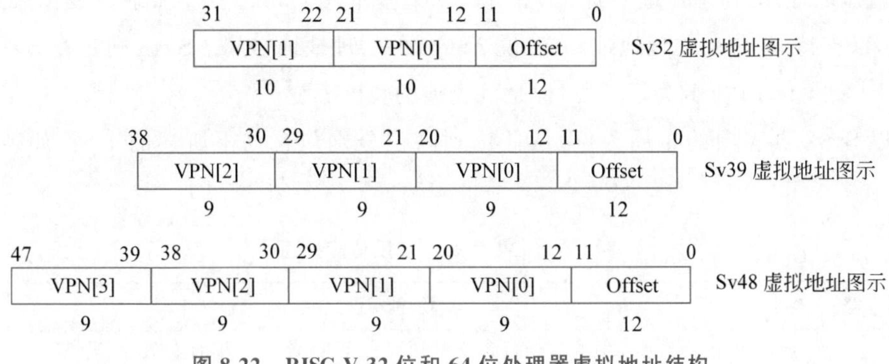

图 8.22　RISC-V 32 位和 64 位处理器虚拟地址结构

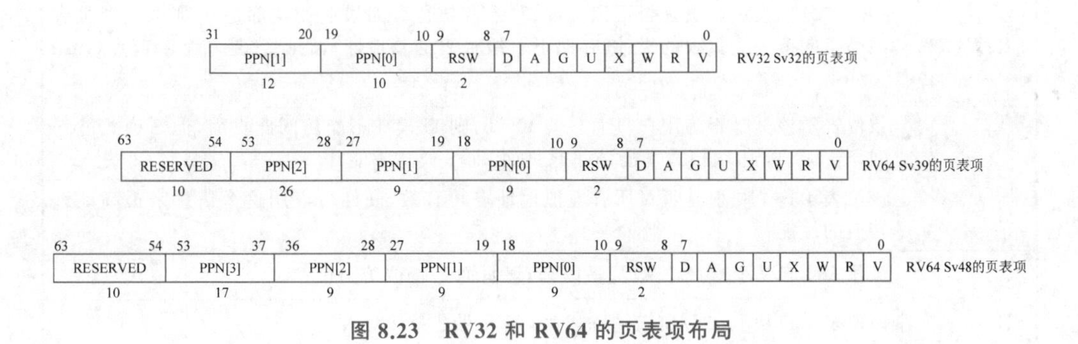

图 8.23　RV32 和 RV64 的页表项布局

RV64 支持多种分页方案，其中 Sv39 使用和 Sv32 相同的 4KB 大小的基页。页表项的大小变成 8 字节(见图 8.23)，所以 Sv39 可以访问更大的虚拟地址空间。为了保证页表大小和页面大小一致，树的基数相应地降到 2^9，页表级数变为三级。Sv39 的 512GB 虚拟地址空间(图 8.22)划分为 2^9 个 1GB 的吉页(Giga Page)。每个吉页被进一步划分为 2^9 个巨页。在 Sv39 中这些巨页大小变为了 2MB。每个巨页再进一步分为 2^9 个 4KB 的基页。

从图 8.22 可见，Sv32 支持 4GB 的虚拟地址寻址，Sv39 支持 512GB 的虚拟地址寻址，Sv48 支持 256TB 的虚拟地址寻址。

2. RISC-V 的页表项布局

图 8.23 显示了 Sv32 和 Sv39 及 Sv48 的页表项布局。可见 Sv32 的**物理页号**(Physical Page Number，PPN)字段分为两段，一共有 22 位，即一共支持 34 位(加上 12

位的偏移地址)的物理地址寻址;Sv39 和 Sv32 基本相同,只是 PPN 字段被扩展到了 44 位,以支持 56 位的物理地址,或者说 2^{26}GB 的物理地址空间。Sv48 则是在 Sv39 的基础上将 44 位 PPN 分为了 4 段,但是页表项的长度不变。

以 Sv32 页表项的布局为例,从低位到高位分别包含如下所述的定义,如表 8.2 所示。

表 8.2　Sv32 页表项字段功能描述

字　段	功 能 定 义
V	该位决定了该页表项的其余位定义的属性是否有效(V=1 时有效)。若 V=0,则遍历到此页表项的虚拟地址转换操作会导致页错误
R、W、X	这 3 位分别表示此页是否可以读取、写入和执行。如果这 3 位都是 0,那么这个页表项是指向下一级页表的指针(存储下一级页表的基地址),否则它是一个叶节点(Leaf Node)
U	该位表示该页是否为用户页面。若 U=0,则 U 模式不能访问此页面,但 S 模式能访问;若 U=1,则 U 模式下能访问此页面,而 S 模式不能
G	该位表示这个映射是否对所有虚拟地址空间有效,硬件可以用这个信息来提高地址转换的性能
A	该位表示自从上次 A 位被清除以来,该页面是否被访问过
D	该位表示自从上次 D 位被清除以来,该页面是否被写入过
RSW	预留给操作系统使用
PPN	物理页号,物理地址的一部分。若这个页表项是一个叶节点,那么 PPN 是转换后的物理地址的一部分,否则 PPN 给出下一节页表的基地址

3. 页表寄存器

页表寄存器在不同架构的处理器中的名字不同,如在 x86 架构中它被称为 CR3 寄存器,在 RISC-V 中它被称为**监管者地址转换和保护**(Supervisor Address Translation and Protection,SATP)寄存器。它们有一个共同的作用就是保存根页表(或者叫页目录)的物理基地址。在 RISC-V 中通过 SATP 寄存器控制分页系统。如图 8.24 所示,SATP 的 3 个字段中的 MODE 字段可以开启分页并选择页表级数,RV32 的 MODE 字段由 1 位组成,RV64 的 MODE 字段由 4 位组成;**地址空间标识符**(Address Space Identifier,ASID)字段是可选的,主要用于控制进程切换;PPN 字段保存了页目录的物理地址,它以 4KB 的页面为基本单位。

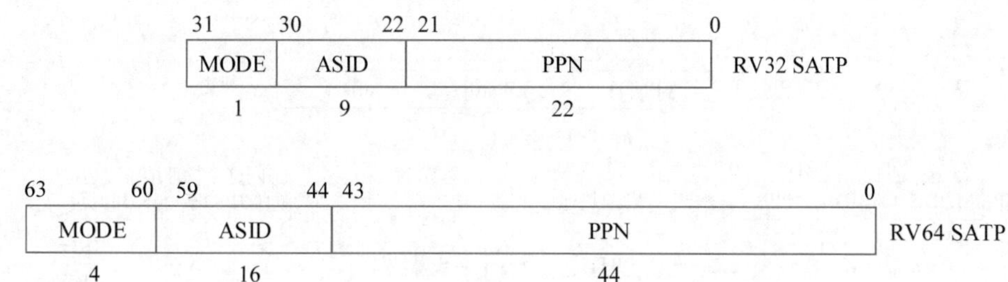

图 8.24　RV32 和 RV64 的 SATP 寄存器示意图

其中,MODE 字段的说明如表 8.3 所示。

表 8.3　RV32 和 RV64 SATP 寄存器 MODE 字段的说明

名　称		MODE 字段值	描　述
RV32	Bare	0	关闭地址转换和内存保护
	Sv32	1	基于页面的 32 位虚拟地址模式
名　称		MODE 字段值	描　述
RV64	Bare	0	关闭地址转换和内存保护
	Sv39	8	基于页面的 39 位虚拟地址模式
	Sv48	9	基于页面的 48 位虚拟地址模式

4. Sv32 虚拟地址到物理地址的转换过程

在 SATP 寄存器中启用了分页时,S 模式和 U 模式中的**虚拟地址**(Virtual Address,VA)会以从页表基地址遍历页表的方式转换为**物理地址**(Physical Address,PA)。图 8.25 描述了 Sv32 VA 到 PA 的转换过程。

Sv32 采用了两级页表结构。当 SATP 寄存器的 MODE 位为 1 时,此时支持分页模式,S 模式和 U 模式中的 VA 会以从页表基地址遍历页表的方式转换为 PA,为了详细描述,下面把这个过程分为 4 个步骤。

(1) SATP 寄存器的 PPN 给出了页目录(一级页表)的基地址,VA[31:22](VPN[1])给出了该物理地址在第一级页表中的数值索引(所以称为虚拟地址),因此处理器就会读取地址 PPN×4096+VA[31:22]×4 的页表项。因为每个页目录的大小是 4KB(4096B),每个页表项的大小是 4B,所以 PPN×4096 找到了一个页目录的基地址,

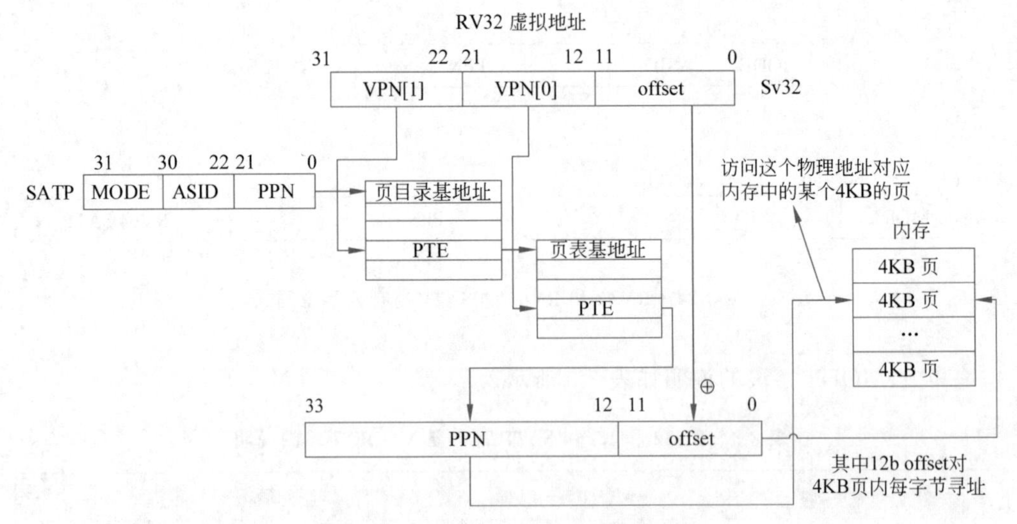

图 8.25　Sv32 VA 到 PA 的转换过程

VA[31:22]×4 找到了页目录中某一目录项的偏移地址。

(2) 读取该页表项的内容,如果发现 R、W、X 3 位都为 0(见表 8.3),则该 PTE 存储了下一级页表的基地址。

(3) 根据第(2)步中获得的下一级页表的基地址,处理器会查找第一级页表中某个 PTE 的 PPN×4096+VA[21:12]×4 的页表项,而此时发现,该页表项没有下一级页表(R、W、X 不全为 0),则这就是叶节点。

(4) 第(3)步 PTE 中的 PPN 即为要转换的物理地址的高 22 位,所以根据这个地址可以在内存中找到这个 4KB 的页的起始地址,加上虚拟地址中的低 12 位,offset 就可以访问具体的物理地址了。

细心的读者可能会发现,物理地址变成了 34 位。没错,因为 RSIC-V 32 位架构中 SATP 寄存器中存储的 PPN 字段是 22 位,这样转换下来加上页内 12 位的偏移地址就是 34 位物理地址,所以在 32 位架构下也可以访问 16GB 的物理内存。相应地,在 x86 的 32 位架构中,类似 SATP 寄存器功能的 CR3 寄存器的结构如图 8.26 所示。该页目录基地址只有 20 位,所以最终转换出来的物理地址为 32 位,即只能访问 4GB 的物理内存。当然,32 位架构的 x86 和 ARM 处理器都是可以访问大于 4GB 物理内存的,前者使用被称为**物理地址扩展**(Physical Address Extension,PAE)的技术,后者使用**大物理地址扩展**(Large Physical Address Extension,LPAE)技术,有兴趣的读者可以自行查阅相关资料。

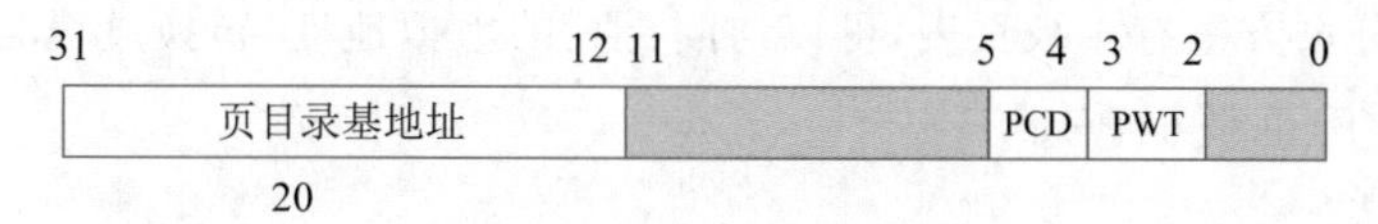

图 8.26　32 位 x86 架构 CR3 寄存器的结构

5. Sv39 和 Sv48 地址转换

前文详细介绍了 Sv32 分页方案下的虚拟地址到物理地址的转换过程，下面简要介绍 RV64 架构下 Sv39 和 Sv48 分页方案下的虚拟地址到物理地址的转换过程。Sv39 分页方案的地址转换过程如图 8.27 所示，转换过程与 Sv32 相似，不同点在于页表的级数由 2 级变成了 3 级，页表项的大小由 32 位变为了 64 位，每个页的大小不变，所以每页的页表项的个数由 1024 个减少为 512 个，即需要 9 位虚拟地址来索引。Sv39 分页方案下的虚拟地址高位部分由 3 段 9 位来索引 3 级页表。具体转换过程不再详述。RV64 的 PPN 字段为 44 位，所以最终得到的物理地址为 56 位，即可以寻址

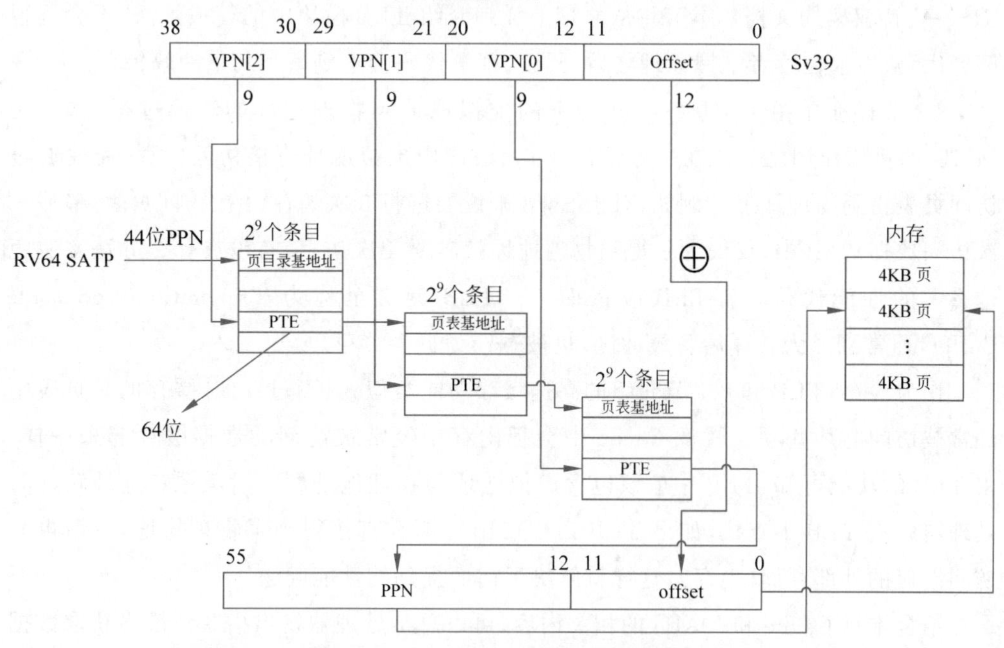

图 8.27　Sv39 从 VA 到 PA 的转换过程

64PB 的物理内存。

Sv48 的分页方案有 4 级页表，可以访问更大的虚拟地址，转换过程类似，最终寻址的物理地址空间也是 64PB。

8.4 存储管理部件设计

本节以开源架构的处理器核 Ariane 为例来介绍一种 MMU 的具体实现。Ariane 中 MMU 的设计包含 3 个模块，分别为 PMP、TLB、PTW。这 3 个模块分别实现的主要功能为物理内存保护，TLB 的查找、更新和替换，虚拟地址到物理地址的转换。8.3 节详细介绍了虚拟地址到物理地址的转换过程，这也是 MMU 的主要作用之一。有了这些知识储备，读者会更容易理解 PTW 模块，该模块的实现是基于 RISC-V 指令集架构中定义的 Sv39 虚拟地址结构，即支持 39 位虚拟地址的转换，具体实现方式在这里不再赘述。关于 PMP 模块不在本书的论述范围，感兴趣的读者可以查询最新版的 RISC-V 特权架构文档。本节将从原理上详细介绍 TLB 模块中的替换算法，不会逐行解释代码，力求在读者掌握原理之后，阅读、理解代码会达到事半功倍的效果。

8.3 节详细介绍了 RISC-V 架构下的虚拟地址到物理地址的转换过程，这也是 MMU 的重要作用之一。在一般情况下，无法使用虚拟地址直接访问内存，需要通过访问页表得到物理地址。例如，对于 Sv48 来说要进行 5 次访存(4 次访问页表，最后一次访问数据)。其中，仅仅为了得到物理地址就需要 4 次访存，有没有什么办法来避免这么大的性能代价呢？TLB 应运而生。TLB 英文全称为 Translation Lookaside Buffer，通常翻译为转译后备缓冲区，也被翻译为页表缓存。

作为缓存，TLB 和 8.1 节介绍的高速缓存功能类似，只不过 TLB 缓存的是页表中经常被访问的某些项。就像 Cache 中会把内存中经常被访问的数据缓存起来一样。由 TLB 的功能可知，TLB 中应该包含虚拟地址与物理地址的映射关系。地址转译时处理器先去 TLB 中查找，如果 TLB 命中(Hit)，那么直接得到了物理地址，不用再去访问慢速的外部存储(内存)，这样就解决了前面提到的性能问题。

结合本章 Cache 和 MMU 的相关内容，可以总结处理器发出指令到最终获取数据的大致过程。处理器发出虚拟地址，首先 MMU 会根据虚拟页号在 TLB 中查找，如果

TLB命中则直接获取到物理地址，接着访问Cache；如果TLB未命中(Miss)，则去访问内存的多级页表(如果有多级)获取物理地址，同时更新TLB，接着便访问Cache。如果Cache命中，则获取到了最终的数据；如果Cache未命中，则去内存中取数据，同时更新Cache。这只是一个逻辑上简单的流程，实际情况要复杂得多，还涉及Cache和TLB的组织结构和层级、索引方式，以及在软件层面可能发生的缺页情况等。关于这些内容，有兴趣的读者可以自行查阅相关资料。

前面提到了更新TLB，TLB既然是缓存，那么它的大小是有限的，能存的表项也是有限的，TLB未命中时要把获得的物理地址更新到TLB表项中去，这样必然会替换原来的一个表项，替换哪个会好些呢？长期的工程实践证明，替换最近最不经常使用的表项是一个比较有效的办法。从而衍生出一种算法——**最近最少使用**(Least Recently Used，LRU)算法。顾名思义，其功能是替换掉最近最少使用的表项。相较于LRU算法，PLRU(Pseudo Least Recently Used)的实现更加简单高效，实际系统中多使用PLRU算法。

下面以一个4路组相联的TLB说明PLRU算法的实现方式，使用更多路的方式可以此类推。在4路方式下，实现PLRU算法需要设置3个状态位B[0～2]字段，分别与4路对应；同理在8路情况下，需要7个状态位B[0～6]。而采用N路组相联需要$N-1$个这样的状态位，是一个线性增长，4路状态图如图8.28所示。

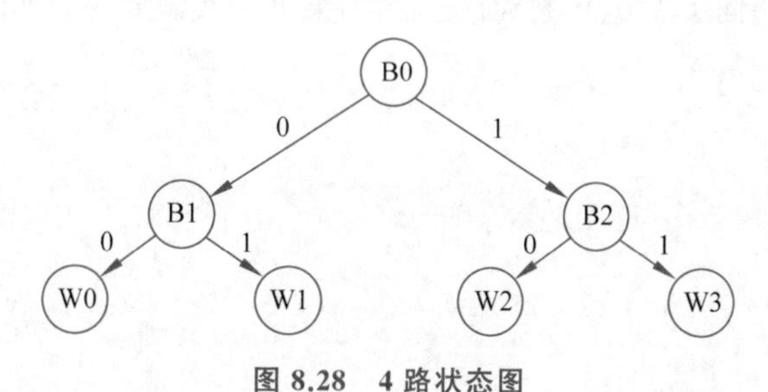

图8.28 4路状态图

在TLB初始化结束后，B0～B2位都为0，此时组中的Cache Block(见图8.28 W0～W3)的状态无效。当处理器访问TLB Cache时，优先替换状态为无效的Cache Block。只有在当前组中，所有Cache Block的状态位都有效时，控制逻辑才会使用PLRU算法对Cache Block进行替换。

当所有Cache Block的状态有效时，首先判断B0的状态，之后决定继续判断B1还是B2。如果B0为0，则继续判断B1的状态，而忽略B2的状态；如果B0为1，则继续判断 B2 的状态，而忽略 B1 的状态。即某个节点为 0 则向左搜索，为 1 则向右搜索。例如，如果 B0 和 B1 都为 0 时将替换 W0；B0 为 0，B1 为 1 时则替换 W1。同理，B0 为 1，B2 为 0 时则替换 W2，B2 为 1 时则替换 W3。这个规律比较好总结，就是当 W0 被替换时，需要 B0、B1 都为 0，所以当 W0 被替换后，下一次就要避免再被替换，因为它刚被访问过，所以对应的规则就是替换后对 B0、B1 取反，即 B0、B1 都需要为 1。PLRU 算法的状态转换规则如表 8.4 所示。

表 8.4　PLRU 算法的状态转换规则

当前访问的 way	状态转换图		
	B0	B1	B2
W0	1	1	不变
W1	1	0	不变
W2	0	不变	1
W3	0	不变	0

依照表 8.4 规则举例，假设连续 3 次访问都命中了一组中的不同 Cache Block（见图 8.28 W0～W3），例如顺序是 W0、W3、W1。那么它的转换状态如图 8.29 所示。显而易见，在按顺序访问了 W0、W3、W1 之后，如果下一次需要一个 TLB 表项更新，显然

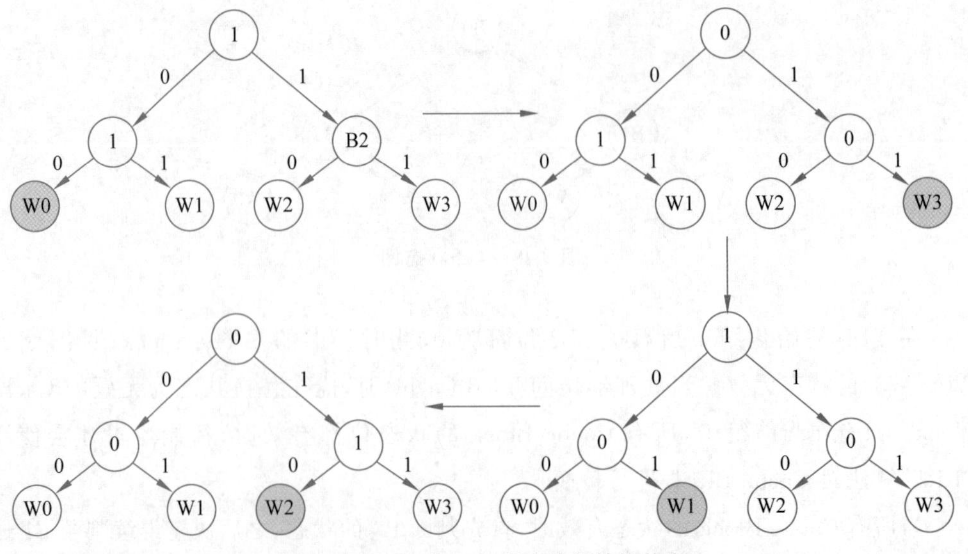

图 8.29　W0、W3、W1 顺序访问转换状态

会替换掉W2,与预期相符,因为W2是最近最少被访问的一个Cache Block。

接下来假设按照W0、W1、W2、W3的顺序访问一个循环后,如果此时再发生两次TLB Miss,按照PLRU算法W0会被首先替换,第2次TLB Miss会替换W2,与LRU算法预期不符,因为W1是比W2更早被访问过的,所以这也是该算法叫作PLRU算法的原因。

处理器核Ariane中TLB模块的实现是全相联的组织结构,与上面的举例原理类似,代码中TLB_ENTRIES=4,类似于上例中的W0～W3。在该模块中,除了TLB替换算法,还有TLB冲刷和命中判断功能,读者可结合代码学习。

8.5 本章小结

本章主要介绍了处理器中的存储管理部分。对Cache和MMU的原理和特性进行了介绍,并以处理器核Ariane为参考,对它们的设计细节进行了讲解。作为处理器中的一个重要组成部分,存储子系统的性能可以显著影响整个系统的性能。在实际设计过程中,要根据设计需求妥善权衡。

第9章

中断和异常

中断(Interrupt)和异常(Exception)是处理器控制流设计的重要组成部分,与分支指令相似,中断和异常会打断顺序执行的指令流。它们最初的设计目的只是用来处理处理器内部的特殊情况,例如非法指令,后来扩展到处理外部设备与处理器的信息交流。有些指令集架构中不区分中断和异常,但RISC-V区分二者含义,定义中断为来自处理器外围的异步请求,而定义异常为处理器在执行指令流过程中遇到的异常情况,可理解为“内外之差”。

RISC-V对于此部分的描述在特权架构手册中(Volume Ⅱ: Privileged Architecture)。表9.1是RISC-V定义的3种特权模式。其中,机器模式是所有RISC-V处理器必须实现的模式,具有最高的特权级别,在此模式下运行的代码天然授信。机器模式最重要的特性之一就是处理中断和异常,处理器在处理中断和异常时默认会将控制权移交到最高的特权模式。特权等级在不同的软件栈部件之间提供保护,低特权模式下,不能执行高特权模式下的指令,否则会导致异常。

表9.1 RISC-V特权等级

特权等级	编码	名　称	缩写
0	00	User/Application	U
1	01	Supervisor	S
2	10	Reserved	—
3	11	Machine	M

本章将介绍RISC-V定义的中断和异常处理机制,重点描述机器模式下的情况,并使用开源处理器核Ariane介绍实际设计思路。中断处理过程有时需要结合软件操作,需要读者简略了解特权模式和操作系统的相关概念。

9.1 中断和异常概述

中断和异常是一些打断程序正常处理过程的事件,事件打断当前顺序执行的指令流,处理器保存断点现场,然后跳转到对应事件的指令地址执行指令,待异常处理完成后返回主程序,从断点位置继续执行指令流。RISC-V 中断和异常的特征如下。

中断具有如下特征。

(1) 通常来源于外围硬件设备。

(2) 一种正常的工作机制,而不是错误情况。

(3) 在发生中断时需要保存当前现场,包括指令 PC 和一些变量值等,然后进入中断服务程序,处理完成后恢复现场,继续执行指令流。

(4) 外围可能同时有多个中断请求发出,根据其优先级仲裁处理。

(5) 在当前中断正在执行服务程序时,mstatus.MIE 设置为 0,表示全局中断使能关闭,屏蔽其他中断。

异常具有如下特征。

(1) 由处理器内部在执行过程中引起的。

(2) 可能是指令错误、程序故障或系统环境调用导致。

(3) 与中断(3)~(5)类似。

另外,RISC-V 还定义了**陷阱**(Trap)的含义,是由异常或中断引起的处理器的控制权转移。当控制权转移到更高特权级时称为**垂直陷阱**(Vertical Trap),而保持在当前特权级时称为**水平陷阱**(Horizontal Trap)。

表 9.2 为 M 模式定义的中断和异常类型,其中,类型为 1 的部分为中断,类型为 0 的部分为异常。同时每部分还保留了可用于扩展的编码位。

表 9.2 M 模式定义的中断和异常类型(mcause 寄存器)

类型	异常编码	描 述
1	0	User software interrupt
1	1	Supervisor software interrupt

续表

类型	异常编码	描述
1	2	Reserved
1	3	Machine software interrupt
1	4	User timer interrupt
1	5	Supervisor timer interrupt
1	6	Reserved
1	7	Machine timer interrupt
1	8	User external interrupt
1	9	Supervisor external interrupt
1	10	Reserved
1	11	Machine external interrupt
1	12～15	Reserved
1	≥16	Reserved
0	0	Instruction address misaligned
0	1	Instruction access fault
0	2	Illegal instruction
0	3	Breakpoint
0	4	Load address misaligned
0	5	Load access fault
0	6	Store/AMO address misaligned
0	7	Store/AMO access fault
0	8	Environment call from U-mode
0	9	Environment call from S-mode
0	10	Reserved
0	11	Environment call from M-mode
0	12	Instruction page fault
0	13	Load page fault
0	14	Reserved

续表

类型	异常编码	描　　述
0	15	Store/AMO page fault
0	16～23	Reserved
0	24～31	Reserved
0	32～47	Reserved
0	48～63	Reserved
0	≥64	Reserved

9.2　异常处理机制

从本质上看，无论是外部中断还是内部异常，它们在内部的处理方式是基本一致的。本节描述 RISC-V 架构下异常处理过程，以及机器模式下进行中断和异常处理的寄存器。

9.2.1　异常处理过程

下面介绍在默认情况下机器模式的异常处理机制，涉及的寄存器在 9.2.3 节详细描述。当一个硬件线程(Hart)发生异常时，硬件行为如下。

(1) 异常指令的 PC 保存在 mepc 中。

(2) PC 跳转到 mtvec 中指示的地址，进入异常服务程序，开始执行。

(3) mcause 内写入异常原因编码。

(4) mtval 中按定义写入异常地址、指令等信息。

(5) mstatus 中，MPIE＝MIE，MIE＝0，MPP 保存异常发生前的特权模式，并转入 M 模式。若在 M 模式下发生异常，MPP＝11(表示 M 模式)。

当退出异常时，需要使用 mret 指令，行为如下。

(1) PC 跳转到 mepc 中的地址。

(2) mstatus 中，MIE＝MPIE，MPIE＝1，特权模式转为 MPP 中保存的模式。

在默认情况下，所有特权模式下的异常都由 M 模式进行处理。RISC-V 提供了一种异常委托机制，可以将异常委托给低特权模式处理，以提高处理速度。当设置 mideleg 或 medeleg 的相应位时，会将该位对应的中断或异常处理权转移到次级权限模式下进行处理，下面举例说明。

如果处理器包含 M 和 S 模式，设置了委托模式将处理权限由 M 转交给 S 模式，S 模式下发生了 Trap，则发生与上述类似的过程。

(1) 异常指令的 PC 保存在 sepc 中。

(2) PC 跳转到 stvec 中指示的地址，进入异常服务程序，开始执行。

(3) scause 内写入异常原因编码。

(4) stval 中按定义写入异常地址、指令等信息。

(5) sstatus 中，SPIE＝SIE，SIE＝0，SPP＝1(表示 Trap 前模式为 S，实际发生了水平陷阱保持当前特权模式不变)。

当退出异常时，需要使用 sret 指令，行为如下。

(1) PC 跳转到 sepc 中的地址。

(2) sstatus 中，SIE＝SPIE，SPIE＝1，特权模式转为 SPP 中保存的模式 S。

9.2.2 寄存器说明

1. 异常处理

以下 7 个 CSR 是机器模式下异常处理的必要部分。

(1) mstatus(Machine Status)保存全局中断使能，以及许多其他的状态。

(2) mtvec(Machine Trap Vector)保存发生异常时处理器需要跳转到的地址。

(3) medeleg 和 mideleg(Machine Trap Delegation Registers)用于权限委托。

(4) mscratch(Machine Scratch)暂时存放寄存器的数值。

(5) mepc(Machine Exception PC)指向发生异常的指令地址，用于中断返回。

(6) mcause(Machine Exception Cause)指示发生异常的原因。

(7) mtval(Machine Trap Value)保存 trap 的附加信息。

1) 状态寄存器 mstatus

图 9.1 中，MIE、SIE、UIE 为各特权模式下全局中断使能位，这些位主要用于保证当前特权模式下中断处理程序的原子性。当一个线程运行在给定的特权模式时，更高

特权模式的中断总是使能的，而更低特权模式的中断总是禁用的。较高特权等级可以在移交控制权给较低特权级之前，使用分立使能位，屏蔽高特权模式的中断。

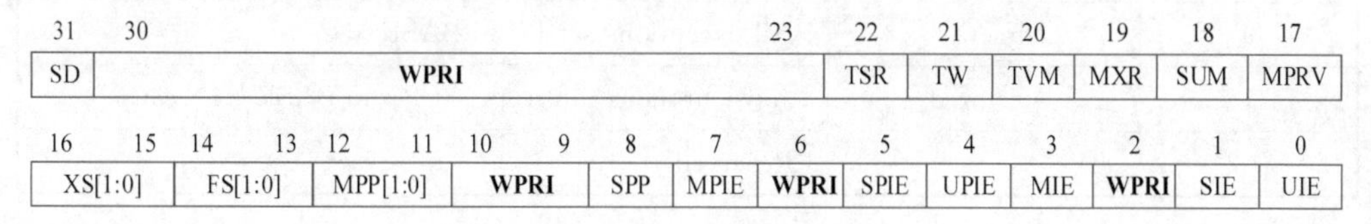

图 9.1　mstatus 寄存器

为了支持 Trap 过程，每个特权模式的中断使能位（xIE，后续用 x 泛指 M、S、U）和特权模式位（xPP，编码见表 9.1）都使用了二级堆栈。xPIE 保存 Trap 发生前的中断使能情况，xPP 保存 Trap 发生前的特权模式，当 Trap 由 y 转为 x 特权模式时，进行如下操作。

（1）将 xIE 的值赋给 xPIE。

（2）xIE 设置为 0。

（3）xPP 设置成 y 模式。若处理器仅支持 M 模式，则 MPP 一直为 11，不进行此步骤。

mret、sret、uret 指令，分别用来从 M、S、U 模式的 Trap 中退出并返回主程序。当执行 xret 指令时，将特权模式设置为 xPP 中的 y，进行上述过程的逆操作。

（1）将 xPIE 的值赋给 xIE。

（2）xPIE 设置为 1。

（3）xPP 设置为 0，或者若处理器仅支持 M 模式，则 MPP 一直为 11。

若不支持某种特权模式，则需要将对应 xPP、xIE、xPIE 位设置为 0。

2）Trap 向量基地址寄存器 mtvec

mtvec 寄存器定义发生异常时 PC 应跳转的地址。图 9.2 为寄存器格式，其中，BASE 值必须为 4 字节对齐地址，MODE 的编码位如表 9.3 所示。在 M 模式下，MODE 为 Direct 时，所有 Trap 的跳转地址都为 BASE 中的地址值；MODE 为 Vectored 时，所有异常跳转地址为 BASE，所有中断跳转到 BASE＋4×cause，cause 为表 9.2 中的异常编码值。

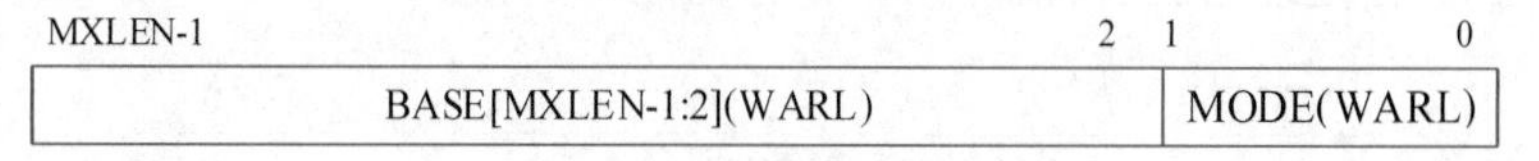

图 9.2　mtvec 寄存器

表 9.3　mtvec 中 MODE 的编码位

编码	名　称	描　　述
0	Direct	All exceptions set PC to BASE
1	Vectored	Asynchronous interrupt set PC to BASE＋4×cause
≥2	—	Reserved

3）托管寄存器 medeleg 和 mideleg

在默认情况下，任何特权模式下发生了 Trap 都会移交到 M 模式进行处理。为了提高性能，RISC-V 提供了异常托管寄存器 medeleg 和中断托管寄存器 mideleg，可以将特定 Trap 处理移交给较低特权模式下处理。图 9.3 为这两个寄存器的格式。

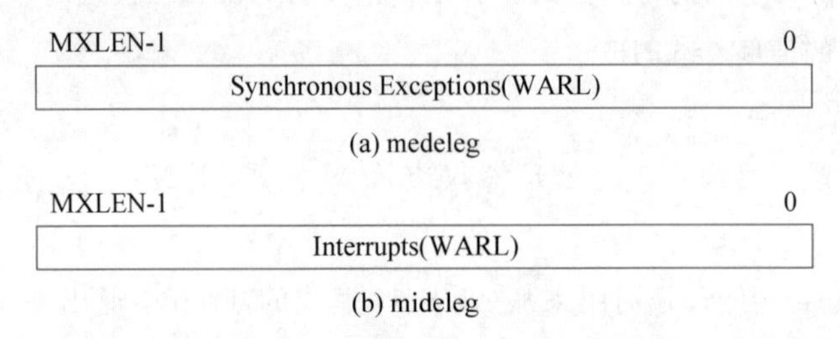

图 9.3　托管寄存器 medeleg 和 mideleg

表 9.2 中的异常编码值对应托管寄存器中的位，例如 mxdeleg[i]，i 对应 cause 中编码为 i 的异常或中断。

需要注意的是，在当前模式下发生的 Trap 不会移交给低特权模式下处理。例如，当前系统支持 M、S 模式，在默认情况下发生异常时，会由 M 模式处理。若设置了 medeleg[2]，表示非法指令异常处理移交给 S 模式。则 S 模式执行了一个非法指令时，产生 Trap 由 S 模式处理。但若为 M 模式执行了非法指令，则仍在 M 模式下处理。

4）暂存寄存器 mscratch

图 9.4 为 mscratch 寄存器，通常用于暂存一个指向临时空间的指针。为避免覆盖用户寄存器内容，在进入 M 模式处理 Trap 时，使用 mscratch 指向的临时空间，保存用户寄存器的值，在处理完成后，恢复用户寄存器之前的值。

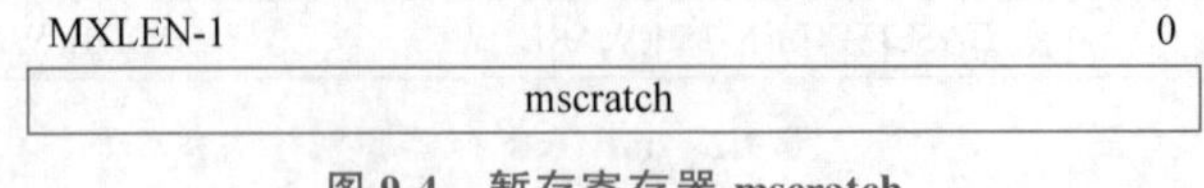

图 9.4　暂存寄存器 mscratch

5）异常 PC 寄存器 mepc

图 9.5 为 mepc 寄存器。当发生 Trap 进入 M 模式时，mepc 内会写入导致 Trap 发生的指令虚拟地址。注意由于指令最少 16 位，地址中 mepc[0]一直为 0。同时 mepc 支持软件读写，其值可以通过软件修改。对于异常，mepc 指向导致异常的指令地址；对于中断，它指向中断处理后应该恢复执行的位置。

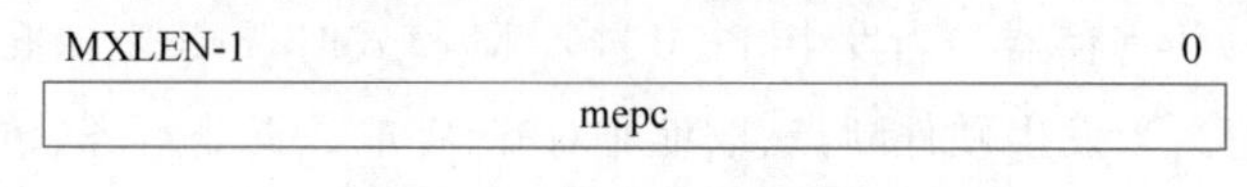

图 9.5　异常 PC 寄存器 mepc

6）异常原因寄存器 mcause

当发生 Trap 进入 M 模式时，mcause 写入 Trap 原因。图 9.6 为 mcause 寄存器。Interrupt 位为 1 表示中断，为 0 表示异常；Exception Code 位编码如表 9.2 所示。当同时发生多个异常时，优先级如表 9.4 所示。

MXLEN-1	0
Interrupt	Exception Code(WLRL)

图 9.6　异常原因寄存器 mcause

表 9.4　异常优先级

优先级	编码位	描　　述
Highest	3	Instruction address breakpoint
	12	Instruction page fault
	1	Instruction access fault
	2	Illegal instruction
	0	Instruction address misaligned
	8,9,11	Environment call
	3	Environment break
	3	Load/Store/AMO address breakpoint
	6	Store/AMO address misaligned
	4	load address misaligned
	15	Store/AMO page fault
	13	Load page fault

续表

优先级	编码位	描　述
Lowest	7	Store/AMO access fault
	5	Load access fault

7）异常值寄存器 mtval

图 9.7 为 mtval 寄存器。当发生 Trap 进入 M 模式时，mtval 会根据 Trap 原因为 mtval 设置不同值。当发生硬件断点、取址非对齐、存取数据非对齐、访问权限错误、页表错误时，mtval 中写入发生错误的虚拟地址。当发生非法指令异常时，写入异常指令。其他 Trap 时将 mtval 置 0，可根据硬件平台设计选择是否支持此功能。

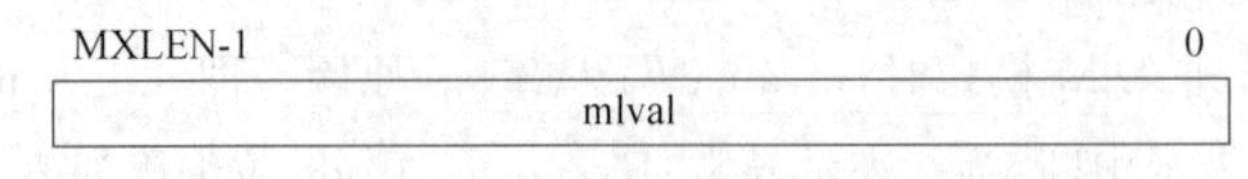

图 9.7　异常值寄存器 mtva

2. 中断处理

以下寄存器是机器模式下中断处理所需的必要部分。

（1）mtime 和 mtimecmp(Machine Timer Register)用于生成计时器中断。

（2）mie(Machine Interrupt Enable)指出目前能处理和必须忽略的中断，即使能位。

（3）mip(Machine Interrupt Pending)列出目前正准备处理的中断，即挂起位。

（4）msip(Mechine Software Interrupt Pending)用于产生软件中断。

1）计时器寄存器 mtime 和 mtimecmp

如图 9.8 所示，mtime 表示计时器数值，mtimecmp 表示计时器比较值，两个寄存器都是内存地址映射寄存器而非 CSR。当 mtime 中的值大于或等于 mtimecmp 时会触发计时器中断，软件可通过改写 mtimecmp 来清除计时器中断。

2）中断寄存器 mip 和 mie

图 9.9(a)为 mip 寄存器，指示即将处理的中断。图 9.9(b)下面为 mie 寄存器，为中断使能信号，表示是否屏蔽对应中断。可通过软件写入，来控制是否屏蔽。xTIP、xTIE 表示计时器中断，xSIP、xSIE 表示软件中断，xEIP、xEIE 表示外部中断。其中，S、U 特权模式的对应位为 CSR 可读写位，M 模式对应位都是只读的，MTIP 只能通过比较 mtime、mtimecmp 来写入，MSIP 只可通过判断 msip 的值写入，MEIP 通过 PLIC 写入。

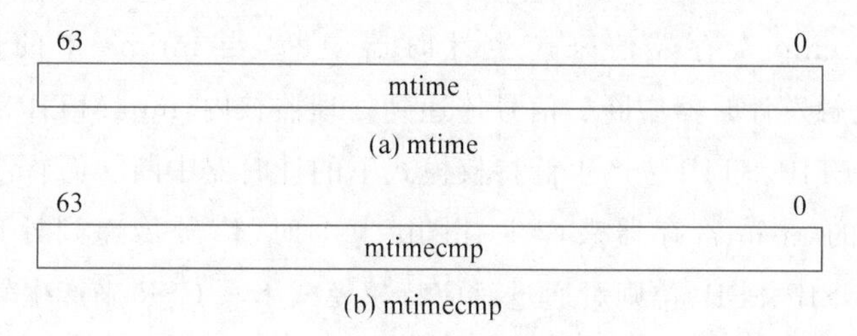

图 9.8　计时器寄存器 mtime 和 mtimecmp

当有多个中断同时发生，中断优先级顺序如下，MEI、MSI、MTI、SEI、SSI、STI、UEI、USI、UTI，同步异常的优先级低于上述中断。

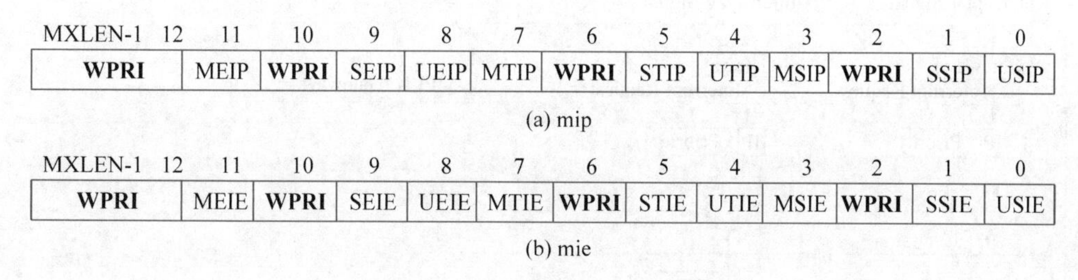

图 9.9　中断寄存器 mip 和 mie

若当前模式在 M 下，只有在 mip[i]、mie[i]、mstatus.MIE 都置 1 时，中断 i 才会被处理。在默认情况下，若当前特权模式低于 M，M 模式的全局中断使能是开启的。如果设置了 mideleg[i]，则特权等级 S、U 的全局中断使能是开启的。

3）软件中断寄存器 msip

可通过软件向 msip 寄存器写 1 来触发软件中断，对应 mip.MSIP 位会相应置 1，表示产生了软件中断。

9.3　中断控制平台

本节主要内容是介绍 RISC-V **核内中断控制器**（Core Local Interruptor，CLINT）及**平台级中断控制器**（Platform Level Interrupt Controller，PLIC）。

CLINT 的主要功能是产生软件中断和计时器中断。在 CLINT 中通过比较

mtime 和 mtimecmp 寄存器值来产生计时器中断，当 mtime 中的值大于或等于 mtimecmp 时或触发计时器中断。信号传递到处理器核内，mip.MTIP 位置高，M 模式下软件可以写 UTIP、STIP 位产生低特权模式下的计时器中断。而软件中断由软件写 CLINT 中定义的 msip 寄存器来产生，msip 为 1 时，信号传递到处理器核内，mip.MSIP 位置高，USIP、SSIP 位则可通过对应特权模式下写 CSR 来产生软件中断。

PLIC 的主要功能是连接中断源和中断目标，实现中断信息互相传达，并对全局中断进行优先级分配。内部涉及的寄存器都为内存地址映射寄存器，用户可自定义地址。图 9.10 为 RISC-V 特权手册中定义的 PLIC 逻辑结构，下面将对其进行描述。

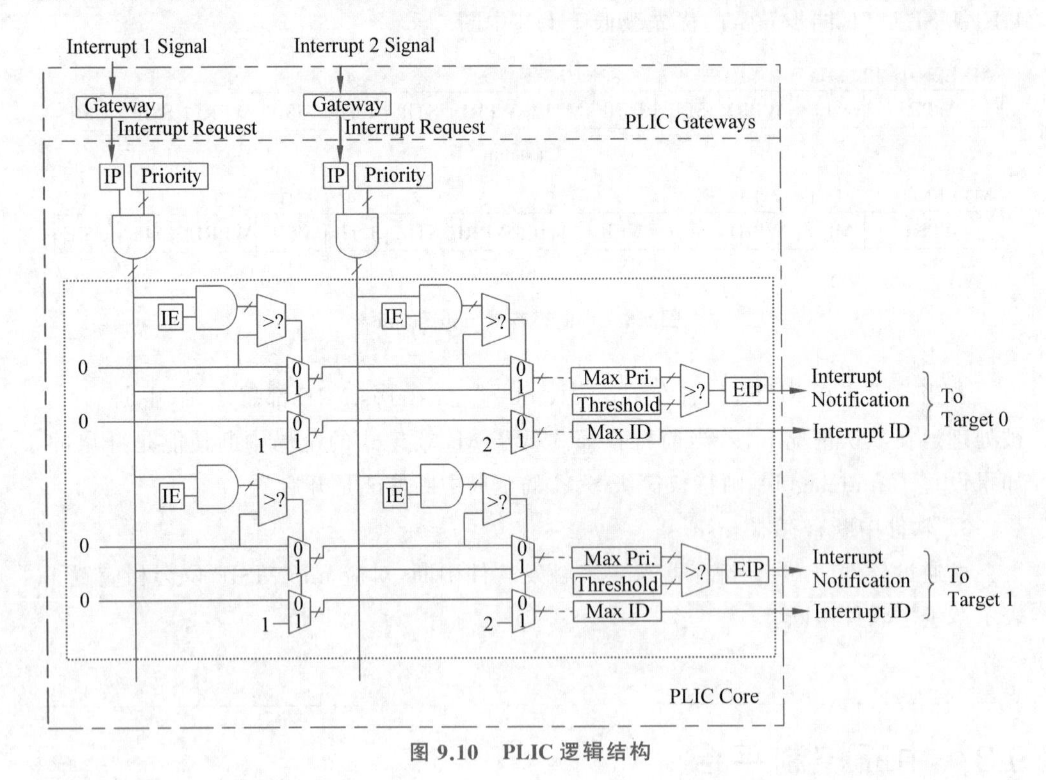

图 9.10 PLIC 逻辑结构

9.3.1 中断源

中断源分为全局中断和本地中断。全局中断一般是 I/O 外设发出的，需要经过 PLIC 分配，如果有多个中断目标，PLIC 可以按需求将中断源分配到任一个中断目标。全局中断可以是**电平触发**(Level Triggered)、**边沿触发**(Edge Triggered)或者**消息信**

号触发(Message Signalled),都会经过 PLIC 转换成标准模式输出。本地中断(包括软件中断和计时器中断)不需要经过 PLIC,可将本地中断集成在 CLINT 模块中。

1. PLIC 中断源闸口(Gateway)

Gateway 的功能是将全局中断转换为标准的中断信号,并且对外部中断请求进行控制。一个中断源最多只能有一个中断挂起(IP),直到确认上一个同源中断已处理完毕,闸口才会允许挂起的中断进入 PLIC。若中断为电平触发,假如为高电平触发,闸口将第一个高电平信号转为中断请求,若电平信号一直保持为高不变,在这个中断处理完成后,会将高电平再次转为中断请求。如果电平信号在请求进入 PLIC 后,中断目标处理之前拉低,这个中断请求仍然会存在 PLIC 的中断挂起位(IP)中,仍然会被响应。若中断为边沿触发,丢弃在当前中断处理完成之前发来的边沿信号,或者增加一个挂起信号的计数器,直到上一个中断处理完成后才将挂起的中断送入 PLIC,并相应地减小计数器计数值。若为**数据信号中断**(Message Signalled Interrupt,MSI),数据信号将被解码,然后根据解码选择进入闸口。随后使用类似边沿触发的方式进行处理。

2. PLIC 中断源优先级(Priorities)

中断源根据平台定义的优先级等级编号,编号 0 表示从不进行中断,标号越大表示优先级越高。优先级寄存器为内存映射寄存器,软件可读写。表示优先级的位数应该支持所有组合的优先级,例如用 2b 表示优先级,则需要支持 4 个优先级级别(0、1、2、3)。

3. PLIC 中断源编号(ID)

每个中断源信号都有一个 ID,从 1 开始,0 表示无中断。当多个中断源配置为同一级优先级时,编号小的中断源优先级更高。

4. PLIC 中断源使能(Enable)

每个中断源都有对应的使能信号(IE)。使能寄存器是内存映射寄存器,用来支持 IE 的快速转换,具体实现可由平台自定义。

9.3.2 中断目标

中断目标通常为一个特定特权模式下的 hart。如果处理器不支持中断转移至低特权等级的功能，则低特权等级的 hart 就不会成为中断目标。PLIC 通过 xip 寄存器中的 xeip 位通知中断目标有中断挂起。当核内有多个 harts 时，处理器需要定义如何处理并发的中断。PLIC 独立处理每个中断目标，不支持中断抢占和嵌套。每个中断目标都有一个优先级阈值寄存器，只有优先级高于阈值的中断才能被发送给目标。若阈值为 0 表示，所有中断都可通过；若阈值为最大值，表示屏蔽所有中断。

9.3.3 中断处理流程

图 9.11 中描述了 PLIC 与中断目标的响应过程，可总结如下。

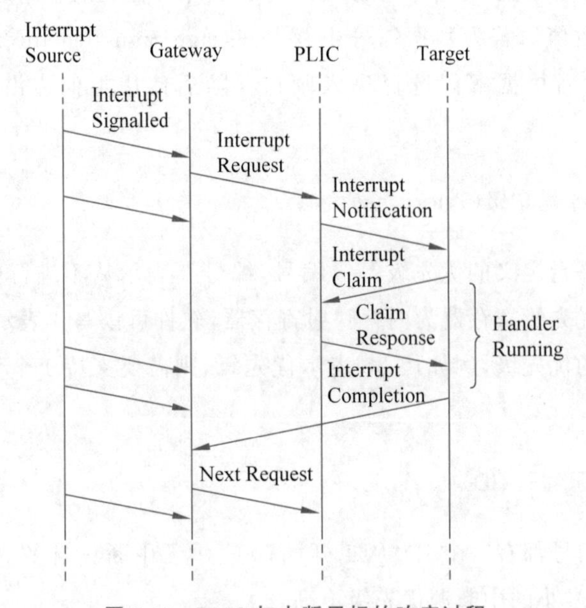

图 9.11 PLIC 与中断目标的响应过程

（1）闸口每次只允许一个中断信号通过，传递给 PLIC。在中断处理完成之前，不会响应其他外部中断信号。

（2）PLIC 接到闸口通过的中断信号后，置高 IP 位，并向目标发送中断通知。

（3）目标在接到中断通知一段时间后，响应中断，向 PLIC 发出读请求，获取中断 ID。

(4) PLIC 会向目标返回中断 ID,并清除对应 IP 位。

(5) 目标接收到 ID 后,进入对应编号的中断服务程序,处理中断。处理完成后会向闸口发送完成标志,闸口随后允许新的中断进入。

9.4 中断和异常设计实例

本节以开源处理器核 Ariane 为例,分析其中断和异常的设计思路,给读者提供参考。

9.4.1 异常产生和处理

Ariane 核设计为 6 级流水线结构,根据各个异常描述可以大致确定异常产生的位置。在 RISC-V 手册中可以查找到对应异常的具体说明。本书将结合此处理器设计结构,查看核内的异常是如何产生的。Ariane 所有支持的异常类型定义在 riscv_pkg.sv 中。

1. 异常类型

根据异常产生的位置,将异常分为以下 4 类。

1) 地址非对齐

地址非对齐(Address Misaligned)包括指令地址、存储地址、读取地址非对齐。

(1) 指令地址非对齐:RISC-V 手册定义,只有在分支指令或无条件跳转指令中会产生指令地址非对齐。若指令中的目标地址不是 4 字节对齐的(支持 16 位压缩指令时为 2 字节对齐),则会产生异常。Ariane 支持压缩指令,在 EX_Stage 的 Branch_Unit 中判断地址是否为 16 位对齐,不对齐则抛出异常。

(2) 存储地址、读取地址非对齐:在 EX_Stage 的 LSU 中判断存取地址是否对齐到双字、字、半字,不对齐则产生非对齐异常。

2) 权限错误

权限错误(Access Fault)包括取址权限错误、存储权限错误、读取权限错误,与地址访问范围相关。在取址和存取数据时携带虚拟地址需要经过 MMU 进行虚拟地址到物理地址的转换，在访问 ITLB/DTLB 时会判断地址是否在定义范围内，不在范围内会产生异常。MMU 地址转换过程也包含在 EX_Stage 中。

3）页表错误

页表错误(Page Fault)包括指令页表错误、存储页表错误、读取页表错误，特权手册中有详细的定义。总体上看，如果页表地址非对齐、搜索页表缺失或特权访问权限错误等，都会导致页表错误异常。此过程涉及地址转换和页表搜索，在 EX_Stage 的 MMU 发生。

4）异常指令

指令在 ID_Stage 阶段进行译码，如果是非法指令则会产生非法指令(Illegal Instruction)异常。如果读写 CSR 时存在读写权限或特权模式错误，也可能产生非法指令异常。在译码时遇到 ebreak/c.ebreak 指令时，产生断点(Breakpoint)异常。在译码时遇到 ecall 指令时，产生环境调用(Environment Call)异常。

2. 数据通路

图 9.12 是处理器核 Ariane 处理中断、异常的数据通路。此核定义了 exception_t 和 irq_ctrl_t 两种数据类型，代码如下所示。其中，exception_t 包含了异常信息的有效信号、原因及附加信息，图中带有 ex 名称的信号都为此类型；irq_ctrl_t 包含了中断处理相关的寄存器信息。

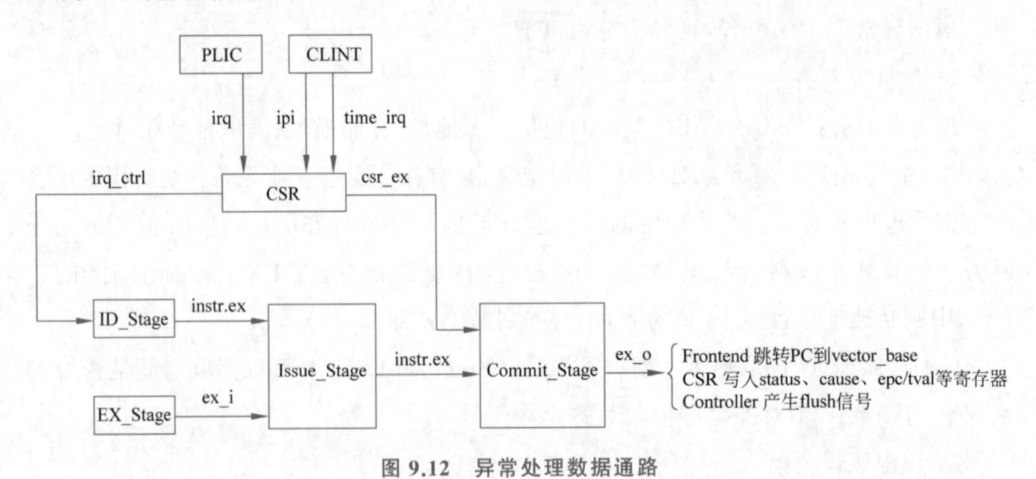

图 9.12 异常处理数据通路

```
ariane_pkg.sv
typedef struct packed {
    logic   [63:0]    cause;
    logic   [63:0]    tval;
    logic   valid;
} exception_t;

typedef struct packed {
    logic   [63:0]    mie;
    logic   [63:0]    mip;
    logic   [63:0]    mideleg;
    logic   sie;
    logic   global_enable;
} irq_ctrl_t;
```

前面分析了异常产生的位置，在 EX_Stage 阶段、ID_Stage 阶段以及 CSR 中都可能发生异常。从图 9.12 中可以看出，所有异常数据(ex)最终都流向 Commit_Stage，通过 ex_o 广播给其他相关模块：在 Frontend 中看到 ex 有效信号后，将 PC 跳转到指定的地址位上(xtvec)，进入异常处理程序；在 CSR 中根据特权模式写入相关寄存器保存现场，以便后续恢复；在 Controller 中产生冲刷流水线信号(flush)。

另外，从图 9.12 中可见，中断信号由 PLIC 和 CLINT 产生，并通过 CSR 写入相关寄存器，CSR 中将相关寄存器信息合成 irq_ctrl 信号输出给 ID_Stage，在 ID_Stage 中译码，判断中断是否有效和中断类型，最后由 instr.ex 输出给 Commit_Stage。在 Commit_Stage 后处理流程与上述异常处理类似。

在异常和中断处理程序完成时，执行 xret 指令。CSR 中写入相关寄存器，恢复现场。Frontend 中 PC 跳转到 xepc 指向的地址，Controller 产生 flush 信号冲刷流水线。

9.4.2 PLIC 模块

1. 接口和参数列表

PLIC 的顶层代码文件为 plic_top.sv，表 9.5、表 9.6 为 PLIC 顶层接口 PLIC 和参数列表。

表 9.5 PLIC 顶层接口列表

信号	方向	位宽/类型	描 述
clk_i	输入	1	时钟
rst_ni	输入	1	复位
req_i	输入	reg_intf_req_a32_d32	数据握手,包含(prior、ie、threshold、id)
resp_o	输出	reg_intf_resp_d32	数据握手,包含(prior、ie、threshold、id)
le_i	输入	N_SOURCE	中断触发类型 0:level 1:edge
irq_sources_i	输入	N_SOURCE	中断源
eip_targets_o	输出	N_TARGET	中断目标

表 9.6 PLIC 参数列表

参 数 名	参数值	说 明
N_SOURCE	30	中断源
N_TARGET	2	中断目标
MAX_PRIO	7	最高优先级

2. 模块功能

中断源经过闸口和多选一逻辑后,向目标(Target)发出通知(Notification),目标发出读寄存器请求(claim_re)响应中断源的通知,读取对应中断的 ID,读请求和读出 ID 在同一个时钟周期。中断处理完成后,目标写回中断的 ID,等待下一次中断操作。Ariane 将 PLIC 内分为 3 个子模块实现。

1) Gateway 子模块

将不同触发类型(电平触发或者边沿触发)中断源转换成统一内部中断信号。保证每个中断源每次只能发送一个中断请求,中断请求通过闸口后,置高中断挂起信号(ip)。目标发出 claim_re 信号清除 ip,当前中断处理完之前,新中断请求会被屏蔽,不能置高 ip。

2) Target 子模块

根据中断的使能(ie)、挂起(ip)、优先级(prio)、阈值(threshold)信号,实现中断源多选一输出功能。id 为 0 是预留编号,不存在此中断,有效 id 从 1 开始。优先级相同时,id小的优先级高。最后输出中断信号(irq)给处理器核。实现多选一有两种算法可选择:一种是SEQUNENTIAL算法使用级联比较,逻辑深度大,可能不满足综合时序要求。SEQUNENTIAL顺序比较N_SOURCE个中断源的优先级,选择优先级最大的输出irq和irq_id。另一种MATRIX算法使用 $N \times N$ 矩阵、使用 $N \times (N-1)/2$ 个比较器同时比较,比较器逻辑深度为1,另外加上 $\log N$ 个与门,以及LOD(Leading One Detector,前导1检测)逻辑,总逻辑深度较少。MATRIX的代码如下。

```
rv_plic_target.sv
assign is = ip & ie;
always_comb begin
    merged_row[N_SOURCE-1] = is[N_SOURCE-1]
    & (prio[N_SOURCE-1] > threshold);
for(int i = 0; i <  N_SOURCE-1; i++)begin
    merged_row[i] = 1'b1;
    for(int j = i+1; j <  N_SOURCE; j++)begin
        mat[i][j] = (prio[i] < = threshold) ? 1'b0 :
        (is[i] & is[j]) ? prio[i] >= prio[j] :
        (is[i]) ? 1'b 1 : 1'b 0;
        merged_row[i] = merged_row[i] & mat[i][j];
    end   //for j
end  //for i
end  //always_comb
assign lod = merged_row & (~merged_row + 1'b1);
```

例如,假如共10个中断源,3、5、9同时发生,优先等级为2、3、1(即中断5优先级最高),且这些中断源是使能的并且超过设定阈值。经过多组比较器的比较计算,10×10的mat[i][j]矩阵数值如表9.7所示。举例中断源3说明计算,表9.7中i=3行的数值为中断源3与中断源4~9的比较,若3优先级更高则置1,否则置0。表9.7中其他位的含义与之类似。merged_row最高位代表中断源9,只要中断源使能并且超过阈值就置1,其余位由表9.7中每行的逻辑与得到,merged_row=1000100000。最后通过lod逻辑计算后lod=0000100000,即最高优先级中断源5置高,而后输出irq和irq_id=5。

3) Plic_Regs子模块

根据req_i和resp_o握手信号进行寄存器读写。req_i.write为1时按地址写入对应寄存器,req_i.write为0时按地址读出对应寄存器。表9.8为PLIC的寄存器说明。

表 9.7 matrix 比对表

i	*j*											
	0	**1**	**2**	**3**	**4**	**5**	**6**	**7**	**8**	**9**	**merged_row**	**lod**
0		0	0	0	0	0	0	0	0	0	0	0
1			0	0	0	0	0	0	0	0	0	0
2				0	0	0	0	0	0	0	0	0
3					1	0	1	1	1	1	0	0
4						0	0	0	0	0	0	0
5							1	1	1	1	1	1
6								0	0	0	0	0
7									0	0	0	0
8										0	0	0
9											1	0

表 9.8 PLIC 寄存器

寄存器	地址	属性	描述
prio[i]	0xc00_0000+i*4	WR	i 取值范围 0～30 0xc00_0000-0xc00_0078 支持优先级 0～7,每 32 位中,bit[2:0]有效
ie[0]	0xc00_2000	WR	target0 的中断使能,bit[30:0]有效
ie[1]	0xc00_2080	WR	target1 的中断使能,bit[30:0]有效
threshold[0]	0xc20_0000	WR	target0 的阈值寄存器,bit[2:0]有效
threshold[1]	0xc20_1000	WR	target1 的阈值寄存器,bit[2:0]有效
ip	0xc00_1000	R	0～30 中断源的 pending 信号
cc[0]	0xc20_0004	WR	target0 的写 complete_id,读 claim_id,bit[4:0]有效,id 号 0-30,id[0]一直为 0,表示无中断
cc[1]	0xc20_1004	WR	target1 的写 complete_id,读 claim_id,bit[4:0]有效,id 号 0-30,id[0]一直为 0,表示无中断

9.4.3　CLINT 模块

1. 接口和参数列表

CLINT 代码文件为 clint.sv，表 9.9 和表 9.10 分别为 CLINT 顶层接口和参数列表。

表 9.9　CLINT 顶层接口列表

信　　号	方向	位宽/类型	描　　述
clk_i	输入	1	时钟
rst_ni	输入	1	复位
testmode_i	输入	1	测试模式
axi_req_i	输入	ariane_axi::req_t	AXI 请求接口
axi_resp_o	输出	ariane_axi::resp_t	AXI 应答接口
rtc_i	输入	1	实时时钟输入
timer_irq_o	输出	1	计时器中断
ipi_o	输出	1	软件中断

表 9.10　CLINT 参数列表

参　数　名	参　数　值	说　　明
AXI_ADDR_WIDTH	64	地址位宽
AXI_DATA_WIDTH	64	数据位宽
AXI_ID_WIDTH	IdWidth ＋ $clog2(NrSlaves)	ID 位宽
NR_CORES	1	核数量

2. 模块功能

根据 AXI 接口进行寄存器读写，并产生软件中断和计时器中断。产生计时器中断的条件是 mtime＞＝mtimecmp，产生软件中断的条件是 msip＝1。CLINT 内部分成两个子模块。

1）Axi_Lite_Interface

轻量级地址映射单次传输接口，根据其接口地址和使能读写寄存器。

2）Sync_Edge

同步模块，根据例化参数 STAGES，选择同步器级数。本模块将 rtc 信号同步后，输出 rtc 信号上升沿，作为计时器计数条件。

3. 寄存器说明

表 9.11 为 CLINT 的寄存器说明。

表 9.11　CLINT 寄存器

寄存器	偏移地址	属性	描　述
msip	16'h0	WR	1 位，软件产生或者清除中断
mtime	16'hbff8	WR	64 位，计时器数值
mtimecmp	16'h4000	WR	64 位，计时比较器

9.5　本章小结

本章以机器模式为主介绍了 RISC-V 定义的中断和异常处理方式，以及 Ariane 中的具体实现方法。中断和异常的产生分布在处理器各部分，手册中的具体定义也分布在各章中，较为烦琐。本章结合开源处理器核 Ariane 的设计，整理了异常处理数据通路，分析了各种异常产生的位置，以求更概括和简略地描述中断和异常处理的设计思路。

第三部分

处理器验证

第 10 章

UVM 简介

芯片的开发流程包含设计和验证。设计是由芯片开发人员将架构定义的功能采用硬件描述语言实现，而验证是由验证工程师搭建验证环境对设计进行逻辑仿真以确保逻辑设计的功能符合架构的定义。设计的错误往往会引起功能的缺陷，甚至可能导致芯片完全不能正常工作，而修复错误二次流片不仅需要投入巨额的费用、也推迟了芯片商用的时间，这在芯片行业是不可接受的。因此，验证在芯片开发流程中的重要性不言而喻。

通用验证方法学(Universal Verification Methodology，UVM)是基于 SystemVerilog 类库为基础开发的通用验证框架。验证工程师可以利用其可重用组件构建具有标准化层次结构和接口的功能验证环境。UVM 是第一个由电子设计自动化领域三巨头(Cadence、Synopsys、Mentor Graphics)联合支持的验证方法学。

本章首先讲述 UVM 的基本知识，通过介绍 UVM 的发展史让读者了解 UVM 的来源；其次对构成 UVM 的基本类库做了说明，验证工程师在搭建验证平台时正是以这些类库为基础，派生出用户自定义的类；最后，对构成一个验证平台的常用组件及其功能做了介绍。

10.1 UVM 概述

如果把一个 UVM 平台比作一栋房子，这些类库作为 UVM 的基本单元就相当于用于建筑房子的砖和瓦，不同的组件(如下面将要介绍的 Driver、Monitor、Sequencer、Scoreboard 等)代表不同的房间(如厨房、客厅、卧室、阳台等)。验证工程师就像建筑工程师一样，规划验证平台的结构，使用 UVM 中的类库搭建平台的各个功能组件，最后把这些组件组装在一起构成一个完整的 UVM 验证平台。

10.1.1 验证方法学概述

早期最原始的 Verilog 测试平台通常完成以下 3 件事：首先，在测试平台模块中例化被测设计(Design Under Test,DUT)并创建若干变量连接到 DUT 的输入端口；其次，在测试平台中对这些变量进行赋值，然后采集 DUT 的输出信号；最后，在测试平台模块内建立一些功能模块，将采集到的信号与 DUT 的预期输出信号进行对比。

一个典型验证环境结构图一般包含 4 个部分：测试激励源、参考模型、待测设计、记分板，如图 10.1 所示。

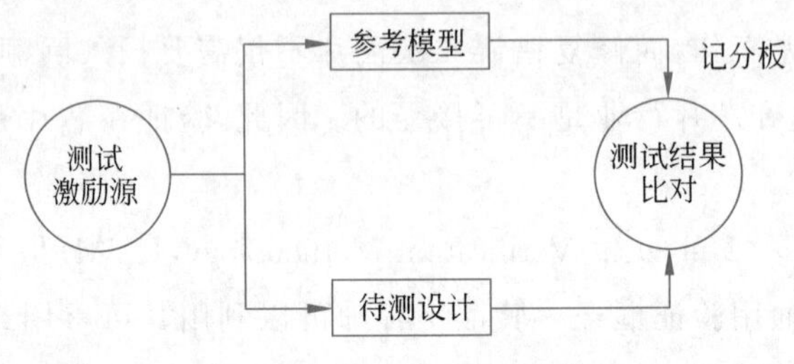

图 10.1 典型验证环境结构图

这样的验证模式可以完成简单的 DUT 的验证，如果 DUT 具有较高的复杂度，按照上述模式的测试平台将会变得十分臃肿，非常不利于平台的维护和可重用性扩展。如果验证工程师想在原有的测试激励基础上添加新的测试激励则很有可能会修改大量代码导致牵一发而动全身，从而影响平台其他部分功能模块。因此，一种比较理想的方法是将测试平台的输入激励、输出监控、记分板等组件相互隔离，但是当下采用的 Verilog 结构化编程方式使代码的复用成为一个难题。

虽然 SystemVerilog 面向对象程序设计(Object Oriented Programming,OOP)的特性提供了解决上述问题的方法，但是仍然存在一些问题，使用 SystemVerilog 语言搭建验证平台没有明确规范，导致验证平台在结构上差异很大，使得验证平台间缺乏协作性和扩展性。UVM 提供了一套基于 SystemVerilog 的类库，验证工程师按照一定规则以类作为起点，建立具有标准结构的验证平台，为上述差异化问题提供了良好的解决方案。

在芯片验证中，验证方法学是一套完整的、高效的解决问题的体系。如图 10.2 所示，验证方法体系包含芯片验证过程中为实现某一功能或是解决某一问题的思想和方法、验证进度可视化（覆盖率）、验证流程管理等。

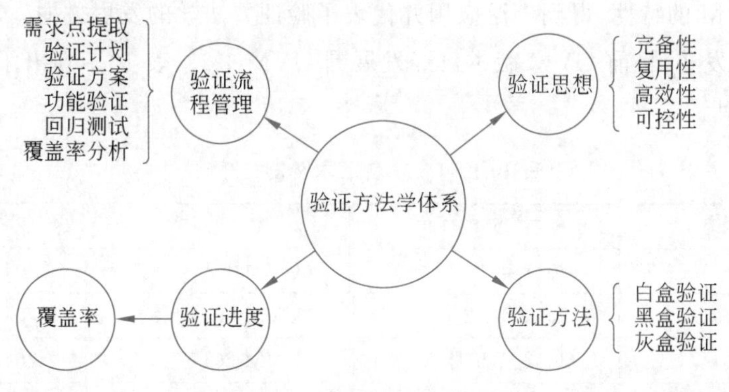

图 10.2 验证方法学体系

早期的芯片门级规模较小，功能相对简单，芯片的设计没有验证人员参与，功能实现全部依赖于设计人员的保证，因此没有发展出一套高效的验证方法学。但是随着芯片规模和复杂度的增加，特别是上亿门级超大规模集成电路芯片的实现，验证的时间已经占整个芯片研发周期的 70%以上，因此选择一种集成度更高，功能更强大、更高效、易扩展的验证方法学至关重要。

10.1.2 验证方法学的发展史

本节主要介绍验证方法学的历史，以及演变至今被广泛使用的 UVM。验证方法学的发展过程中主要有以下 6 种方法学。

（1）eRM（e-Language Reusable Methodology）是基于 e 语言的可重用验证方法学，由 Verisity 公司于 2002 年发布，e 语言是面向对象程序设计语言。

（2）RVM（Reusable Verification Methodology）是基于 Vera 语言的可重用验证方法学，在 2003 年由 Synipsys 公司发布。

（3）AVM（Advanced Verification Methodology）是高级验证方法学，由 Mentor 公司在 2006 年发布，主要由 SystemVerilog 和 SystemC 两种语言实现。

（4）VMM（Verification Methodology Manual）由 Synopsys 公司在 2006 年推出，VMM 一大亮点是集成了寄存器解决方案 RAL（Register Abstraction Layer）。

（5）OVM（Open Verification Methodology），Cadence 和 Mentor 于 2008 年推出，

其中加入的 factory 机制使得其功能大大增加。

(6) UVM,由 Accellera 公司在 2011 年 2 月推出正式版 UVM 1.0,同时兼具 VMM 和 OVM 的特性,得到广泛应用并代表了验证方法学的发展方向。UVM 1.1 版本于 2012 年发布,目前 UVM 版本已经发展到 UVM 1.2。表 10.1 列出了 UVM 各版本及发布时间。

表 10.1　UVM 各版本及发布时间

UVM 版本	发布时间	UVM 版本	发布时间
UVM 1.0	2011 年 2 月	UVM 1.2	2014 年 6 月
UVM 1.1a	2011 年 12 月	UVM 2017-0.9	2018 年 6 月
UVM 1.1b	2012 年 5 月	UVM 2017-1.0	2018 年 11 月
UVM 1.1c	2012 年 10 月	UVM2017-1.1	2020 年 6 月
UVM 1.1d	2013 年 3 月		

验证方法学的发展历程如图 10.3 所示。

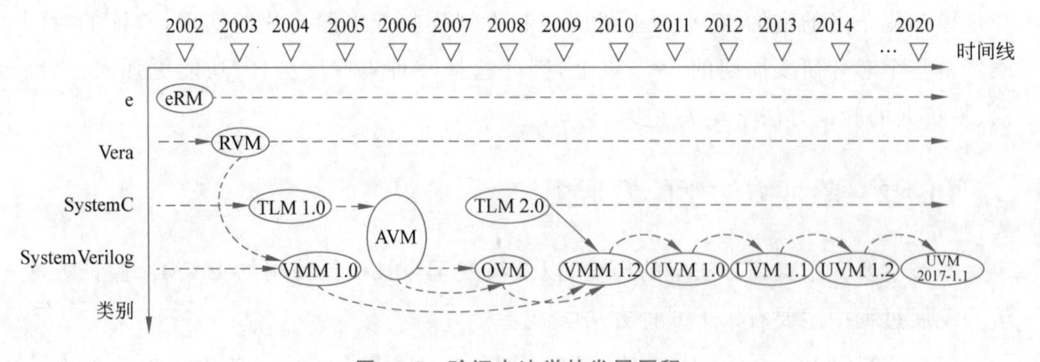

图 10.3　验证方法学的发展历程

10.2　UVM 基本概念

UVM 是以 SystemVerilog 类库为基础的验证平台开发架构,验证工程师使用 UVM 的类库扩展相应的类,并按照 UVM 提供的思想搭建层次化的满足用户需求的功能验证环境。

10.2.1　UVM 类的说明

验证环境中 UVM 的 agent、driver、monitor、sequence、sequencer、reference model、scoreboard 等模块都是由 SystemVerilog 基础类库派生而来的，UVM 平台由多个模块组合得到。图 10.4 为 UVM 基础类及其方法架构图。

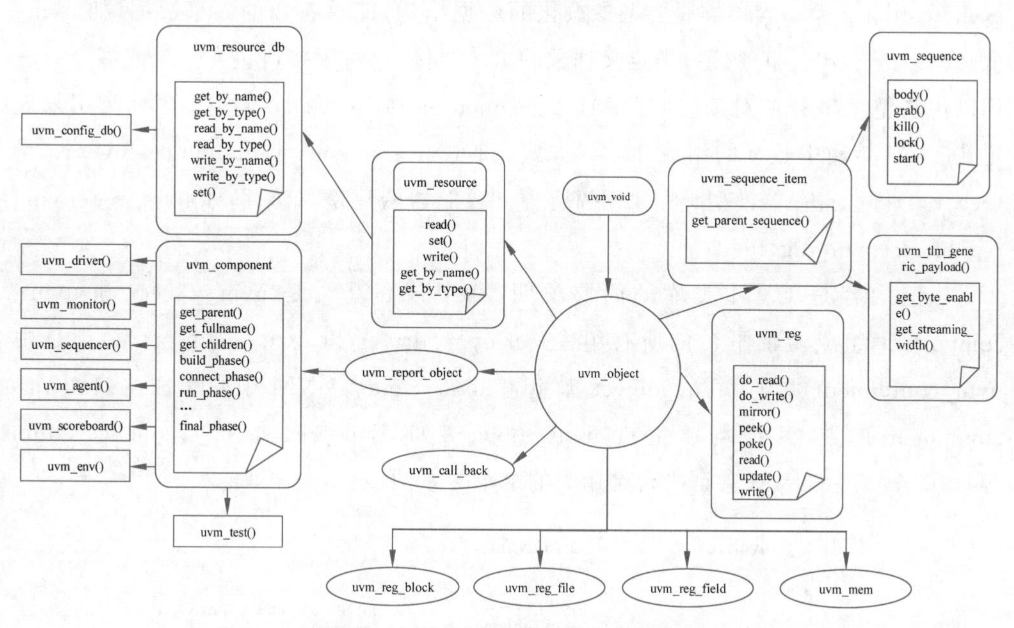

图 10.4　UVM 基础类及其方法架构图

UVM 主要包括核心基类(Core Base Classes)、报告类(Reporting Classes)、记录类(Recording Classes)、工厂类(Factory Classes)、配置和资源类(Configuration and Resource Classes)、同步类(Synchronization Classes)、容器类(Container Classes)、事务接口类(TLM Interface Classes)、序列类(Sequence Classes)、寄存器模型类(Register Model Classes)等类库。

核心基类提供搭建验证环境所需的基本组件(用于执行实际工作)、事务(在组件之间传递信息)和端口(提供用于传递事务的接口)，这些基类用来提供这些构建块，如 uvm_object 和 uvm_component。报告类提供发布报告信息的工具，如将打印信息记录到文件，用户可以通过冗余度、ID 等配置 UVM 相关选项来过滤冗余信息(如 uvm_ report_message、uvm_report_object 等)。记录类通过 API 将事务记录到数据库中,用户可以直接将事务发送到后端数据库,而不需要了解该数据库的选择是如何实现的。工厂类用于创建 UVM 的对象和组件,即用户可以通过配置生成特定功能的对象,如 uvm_factory 等。配置和资源类提供配置数据库,用于存储、检索配置和运行时的属性信息,如 uvm_resource 等。同步类为 UVM 的进程提供了事件类和事件回调类,其中事件类通过回调和数据传递增强 SystemVerilog 事件数据类型,如 uvm_event、uvm_event_callback 等。容器类是类型参数化的数据结构,能够有效的共享数据,如 uvm_queue、uvm_pool。事务接口类定义抽象的事务级接口,每个接口包含一个或多个方法用以传输整个事务或对象,如 TLM1/2、Sequencer Port、Analysis 等。序列类用来规定在 TLM 传输中数据的组成和生成方式,如 uvm_sequence_item、uvm_sequence #(req、rsp)等。寄存器模型类用来对寄存器和存储器的建模和访存,如 uvm_reg、uvm_reg_block、uvm_reg_field 等。

以上内容是 UVM 类库的简要说明,其中核心基类是 uvm_object 和 uvm_component,组成验证平台的所有组件(如 uvm_driver 和 uvm_monitor 等)都是由 uvm_component 派生,uvm_object 派生自 uvm_void。UVM 中除了派生自 uvm_component 的类,其他均派生自 uvm_object(如 uvm_reg、uvm_sequence_item 等)。图 10.5 为 UVM 验证平台常用类的继承关系图。

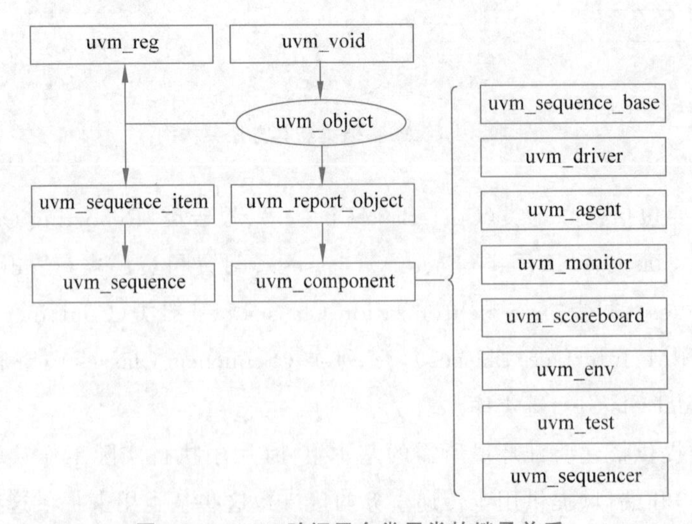

图 10.5 UVM 验证平台常用类的继承关系

10.2.2　UVM 树形结构

UVM 是以面向对象程序设计语言 SystemVerilog 为基础开发的类库。UVM 验证平台的组件由类实现，如平台中的组件 driver 派生自 uvm_driver，用来把激励发送到 DUT；组件 monitor 派生自 uvm_monitor，用来获取 DUT 的信号；组件 scoreboard 派生自 uvm_scoreboard，用来比较参考模型和 DUT 输出的数据等。UVM 中各个组件实现的功能都不相同，验证工程师调用 UVM 的基础类库开发不同功能的组件，搭建高效、灵活的验证平台对 DUT 的功能进行完备的验证。UVM 中各个组件可以用树形结构来组织，本节介绍 UVM 的树形结构，如图 10.6 所示。

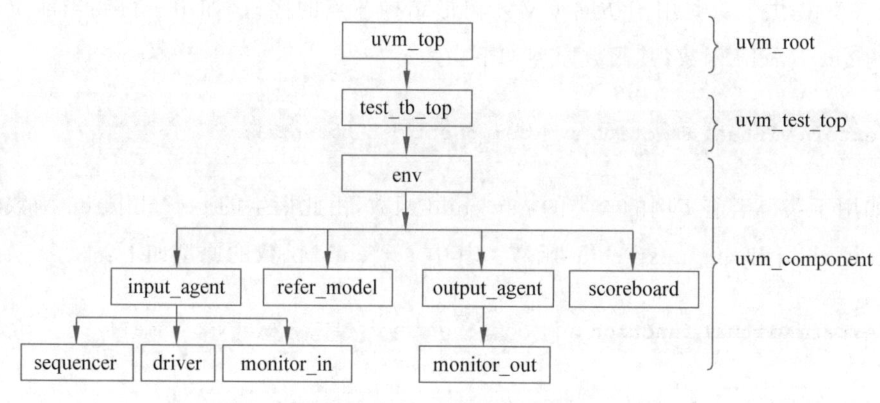

图 10.6　UVM 树形结构

10.2.1 节介绍了 uvm_component 的概念，参与组成树形结构的组件都是由 uvm_component 派生而来的，在各个组件的 new 函数中指定 parent 参数形成继承关系实现树形结构。所以 UVM 是以树形结构来管理验证平台的各个组件，图 10.6 中的 driver、monitor 等都是树形结构中的节点。树的根是 uvm_top，它是 uvm_root 类的实例，本质还是 uvm_component。

图 10.6 中的 uvm_top 作为树形结构的顶层完成如下功能。

(1) 作为 UVM 平台顶层，其他组件的实例化都是基于 uvm_top 完成的。

(2) 在创建组件时指定 parent 来组成 parent-child 层次关系。

(3) 控制所有组件执行 phase 的顺序。

(4) 索引功能，通过层次名索引组件。

(5) 报告功能,使用 uvm_top 配置报告的冗余度。

(6) 获取待测试用例名。

(7) 初始化 objection 机制。

(8) 根据获得的测试用例名创建 uvm_test_top 实例。

(9) 等待所有的 phase 执行完毕并关闭 phase。

(10) 报告并结束仿真。

uvm_test_top 作为树形结构的节点,它的命名规范有特殊的含义,即无论平台调用 run_test()方法启动的是哪个测试用例,UVM 都会实例化一个命名为 uvm_test_top 的对象,并产生一个脱离 test_top_tb 的新的层次结构。

UVM 提供了一些用于访问 UVM 树形结构节点的接口,如用于得到当前实例的父类的 get_parent 函数,其函数原型如下:

```
extern virtual function uvm_component get_parent();
```

如用于获得当前实例的子类的 get_child 函数,由此衍生的 get_children 函数以及 get_first_child 和 get_next_child 函数。其中 get_child 函数的原型如下:

```
extern virtual function uvm_component get_child (string name);
```

10.2.3 UVM 运行机制

本节主要讲解 UVM 的运行机制、UVM 仿真平台启动及结束的方法。

UVM 实现了自动的 phase 机制,该机制用于分阶段执行平台的各种组件,管理验证平台的运行。根据执行时是否需要消耗仿真时间,phase 分为不消耗仿真时间的函数类 phase 和消耗仿真时间的任务类 phase。这里的仿真时间不是现实环境下钟表指示的时间,而是在仿真环境下仿真器的执行时间,通常情况下以 ns 为单位。表 10.2 为 UVM 不同功能的 phase。

表 10.2 列出了 UVM 运行中的 phase,可以看出其中包含函数类 phase 和任务类 phase。UVM phase 的执行有两种方式:自顶向下和自底向上。不同 phase 的执行按照顺序依次执行,同时,不同组件又可能包含几种 phase,同一 phase 的不同组件的执行也会按照先后顺序,自顶向下或是自底向上。

表10.2 UVM不同功能的phase列表

Phase_1	Phase_2	类　型
uvm_phase	—	基础类
uvm_domain	—	基础类
uvm_bottomup_phase	—	函数类
uvm_topdown_phase	—	函数类
uvm_task_phase	—	基础任务类
uvm common phase	uvm_build_phase	函数
	uvm_connect_phase	函数
	uvm_end_of_elaboration_phase	函数
	uvm_start_of_simulation_phase	函数
	uvm_run_phase	任务
	uvm_extract_phase	函数
	uvm_check_phase	函数
	uvm_report_phase	函数
	uvm_final_phase	函数
uvm run-time phase	uvm_pre_reset_phase	任务
	uvm_reset_phase	任务
	uvm_post_reset_phase	任务
	uvm_pre_configure_phase	任务
	uvm_configure_phase	任务
	uvm_post_configure_phase	任务
	uvm_pre_main_phase	任务
	uvm_main_phase	任务
	uvm_post_main_phase	任务
	uvm_pre_shutdown_phase	任务
	uvm_shutdown_phase	任务
	uvm_post_shutdown_phase	任务
user-defined phase		自定义

UVM 提供一种仿真思路，即把复杂的仿真过程分阶段进行，每个阶段完成不同的任务，这些任务都在不同的 phase 中完成。以下内容对表 10.2 中常用 phase 的功能做简要介绍。uvm common phase 包含一系列的函数和任务 phase，各个 phase 依次被执行，除了 uvm_run_phase 是任务类 phase，其他的 phase 都是函数类 phase。

（1）uvm_build_phase。

uvm_build_phase 用来创建并配置测试平台的架构，完成实例化，采用自顶向下的执行顺序，即先执行 testcase_top 的 build_phase，然后执行 env 的 build_phase，再执行 agent 的 build_phase，最后执行 driver 和 monitor 的 build_phase。该阶段主要用于组件的实例化，寄存器模型的实例化和获取组件的配置等。build_phase 的执行需要满足顶层的组件已经全部实例化以及仿真时刻处于零时刻。

派生关系描述如下：

```
class uvm_build_phase extends uvm_topdown_phase;
```

代码应用：

```
function void build_phase(uvm_phase phase);
    super.build_phase(phase);
    //do something,user defined
endfunction
```

（2）uvm_connect_phase。

uvm_connect_phase 用来建立组件间的连接关系，采用自底向上的执行顺序，即先执行 driver、monitor 的 connect_phase，再执行 agent 的 connect_phase。connect_phase 典型的应用是连接传输事务级接口中的 port、export 和 imp。connect_phase 的执行需要满足所有的组件完成实例化和当前仿真时刻仍然处于零时刻。

派生关系描述如下：

```
class uvm_connect_phase extends uvm_bottomup_phase;
```

代码应用：

```
function void connect_phase(uvm_phase phase);
    //do something,user defined
endfunction
```

（3）uvm_end_of_elaboration_phase。

uvm_end_of_elaboration_phase 执行顺序为自底向上，作为仿真阶段进一步细化的 phase，处于连接阶段和开始仿真阶段之间。典型应用是显示平台拓扑结构、打开文件、为组件增加额外的配置等。该 phase 的执行需要满足如下条件。

① 验证平台 connect_phase 执行完毕并已经完成平台结构组建。

② 当前的仿真时刻仍然处于零时刻。

派生关系描述如下：

```
class uvm_end_of_elaboration_phase extends uvm_bottomup_phase;
```

代码应用：

```
function void end_of_elaboration_phase (uvm_phase phase);
    //do something,user defined
endfunction
```

（4）uvm_start_of_simulation_phase。

uvm_start_of_simulation_phase 执行顺序为自底向上，该阶段开始准备测试平台的仿真。典型应用于显示平台结构、设置断点、设置初始仿真时的配置值等。该 phase 的执行需要满足如下条件。

① 仿真引擎、调试器、硬件辅助平台和运行时所用的工具都已经启动并同步。

② 验证平台已经全部配置完毕，准备启动。

③ 当前的仿真时刻仍然处于零时刻。

派生关系描述如下：

```
class uvm_start_of_simulation_phase extends uvm_bottomup_phase;
```

代码应用：

```
function void start_of_simulation_phase (uvm_phase phase);
    //do something,user defined
endfunction
```

（5）uvm_run_phase。

uvm_run_phase 是任务类型的 phase，主要进行 DUT 的仿真。该 phase 运行时与

12 个任务 phase(如 uvm_pre_reset_phase 和 uvm_post_shut down_phase)并行执行。run_phase 的执行需要满足：指示电源已上电、进入该 phase 之前不允许有时钟和当前的仿真时刻仍然处于零时刻。

派生关系描述如下：

```
class uvm_run_phase extends uvm_task_phase;
```

代码应用：

```
task void run_phase (uvm_phase phase);
    //do something,user defined
endtask
```

退出准则：当 DUT 仿真结束或者 uvm_post_shutdown_phase 阶段即将结束。

(6) uvm_extract_phase。

uvm_extract_phase 主要用于从平台提取数据，采用自底向上的执行顺序。典型应用包括提取平台组件的数据和状态信息，探测 DUT 的最终状态信息，计算并统计、显示最终的状态信息，以及关闭文件等操作。当所有的数据提取完后结束 phase。这一阶段的执行需要满足 DUT 已经仿真完毕和仿真时间停止增加。

派生关系描述如下：

```
class uvm_extract_phase extends uvm_bottomup_phase;
```

代码应用：

```
function void extract_phase (uvm_phase phase);
    //do something,user defined
endfunction
```

(7) uvm_check_phase。

uvm_check_phase 执行顺序为自底向上，主要用于检查仿真阶段的异常结果，如判断平台的统计寄存器和 DUT 的统计寄存器数值是否相同，判断 DUT 的异常寄存器是否有效等。当所有的数据提取完毕进入该 phase。

派生关系描述如下：

```
class uvm_check_phase extends uvm_bottomup_phase;
```

代码应用：

```
function void check_phase (uvm_phase phase);
    //do something,user defined
endfunction
```

（8）uvm_report_phase。

uvm_report_phase 执行顺序为自底向上，用于报告仿真的结果并将结果写入文件暂存。

派生描述关系如下：

```
class uvm_report_phase extends uvm_bottomup_phase;
```

代码应用：

```
function void report_phase (uvm_phase phase);
    //do something,user defined
endfunction
```

（9）uvm_final_phase。

uvm_final_phase 用于在结束仿真工作之前的收尾操作，如关闭文件、关闭仿真引擎等。

代码应用：

```
function void final_phase (uvm_phase phase);
    super.final_phase (phase);
    //do something,user defined
endfunction
```

动态运行(run-time)的 phase 包含 12 个任务 phase，实现对 DUT 的验证，通常需要依次完成 DUT 复位、初始化、寄存器的配置、主函数功能的执行、执行完成后关闭 phase。其中为了实现更加精细化、层次化的控制，这 4 类 phase 又扩展了 prephase 和 postphase，所有的 phase 分别为 uvm_pre_reset_phase、uvm_reset_phase、uvm_post_reset_phase、uvm_pre_configure_phase、uvm_configure_phase、uvm_post_configure_ phase、uvm_pre_main_phase、uvm_main_phase、uvm_post_main_phase、uvm_pre_shutdown_phase、uvm_shutdown_phase、uvm_post_shutdown_phase。

从 phase 的命名看出，这些 phase 主要模拟了 DUT 的工作流程，包括复位和初始化、DUT 寄存器的配置、DUT 正常运行、运行结束后关机等。验证工程师在搭建验证平台组件的过程中也会花大量时间完成实现这些 phase 的功能代码。

前文介绍了 UVM 运行过程中常见的 phase 以及各阶段的 phase 实现的功能，phase 的执行贯穿了 UVM 仿真验证整个环节，熟悉 phase 含义对理解 UVM 平台运行机制大有裨益。在实际项目中，验证工程师先运行脚本启动仿真工具(如 VCS、Xcelium)对 UVM 库文件、DUT 的文件列表及仿真库文件进行编译与链接，然后启动 UVM 验证平台执行仿真，设置打印信息将仿真结果数据存入 Log 文件并生成波形文件，最后结束 UVM 仿真。图 10.7 展示了 UVM 仿真的运行流程。

UVM 提供两种方法启动仿真平台：一种是通过全局函数传递用例名；另一种比较常见，是将用例名赋值给 UVM 的参数选项。第一种方法是通过 UVM 的全局任务 run_test()选择需要仿真的 testcase，一般会在 test_tb_top 顶层文件中实现如下代码：

```
module test_tb_top;
…
    initial begin
        run_test("my_testcase0");
    end
    …
endmodule
```

以上代码通过传递一个用例名的字符串 my_testcase0 给 run_test，UVM 会自动创建一个测试用例名的实例，并最终以测试用例名为平台顶层按照 UVM 树形结构生成 env、agent、driver、monitor 等组件。在仿真之前将用例名传递给 UVM 参数＋UVM_TESTNAME=＜my_testcase0＞，在顶层文件只需要调用 run_test 或是指定 run_test 测试用例名，无论是否指定参数，仿真开始后传递给＋UVM_TESTNAME 的用例名也会覆盖顶层 run_test 指定的用例名，这种方式使得仿真不需要频繁修改 run_test 的测试用例名而只需修改参数＋UVM_TESTNAME 选项的赋值即可，在顶层代码中具体实现如下：

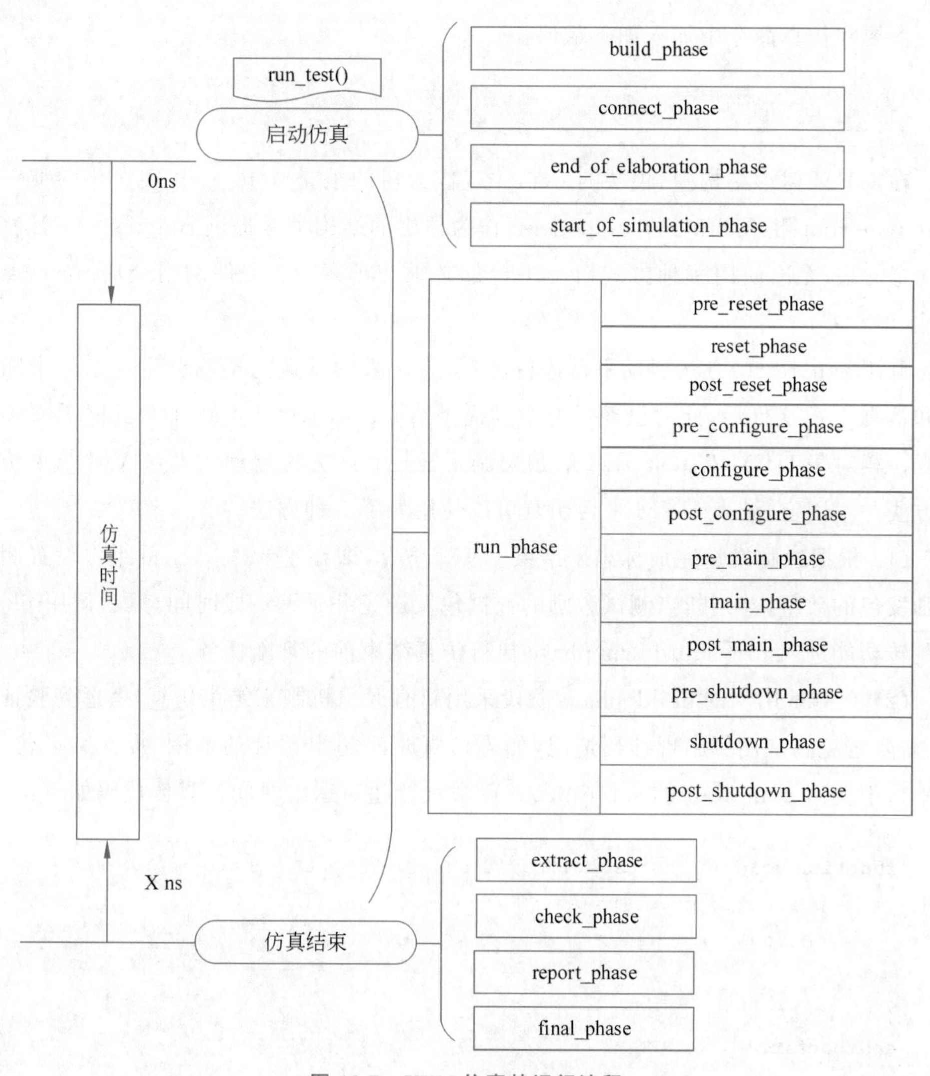

图 10.7　UVM 仿真的运行流程

```
module test_tb_top;
   …
   initial begin
      run_test();
   end
…
endmodule
```

需要在仿真命令中加入如下赋值：

```
+UVM_TESTNAME=my_testcase0
```

在UVM树形结构中，顶层的uvm_top作为树的根是uvm_root实例化的唯一实例。uvm_root继承于uvm_component，作为顶层的结构类并提供run_test()方法。需要注意的是，无论使用哪种方式启动平台都必须在顶层top文件调用全局run_test()方法。

调用run_test()方法启动平台进行仿真，等待激励发送完毕并产生一系列中间文件和仿真Log文件后，此时已经没有激励提供给DUT，那么UVM平台此时需要停止仿真。相对于UVM在test_tb_top顶层调用run_test方法启动仿真，UVM结束仿真的方法并不固定，结束UVM平台仿真可以使用如下5种方法。

(1) 根据激励发送完成标志来结束UVM仿真，即在平台sequence组件设置测试激励发包的数量，并判断当测试激励的数据包发送完并延迟一段时间，然后调用phase的跳转功能进入pre_shutdown_phase执行仿真结束前的判断任务。

(2) 在测试用例的build_phase阶段采用超时退出机制来结束仿真，考虑到验证效率，需要避免测试用例出现挂死情况，如果仿真时间超出预计的范围，提前结束仿真。在平台中调用uvm_root的set_timeout函数设置超时退出时间。具体代码如下：

```
function void my_testcase0::build_phase(uvm_phase phase);
    super.build_phase(phase);
    //instant component
    …
    uvm_top.set_timeout(1us,0);
endfunction
```

set_timeout需要传入两个参数：第一个是用户需要设置的仿真时间；第二个是控制参数，表示该设置是否可被其他phase的set_timeout覆盖。

(3) 采用UVM自带的宏UVM_DEFAULT_TIMEOUT实现，代码中进行如下定义：

```
'define UVM_DEFAULT_TIMEOUT <仿真时间>
```

(4) 可在命令行中对UVM自带UVM_TIMEOUT赋值，即在命令行中对该宏赋值。

```
<sim command> +uvm_timeout=<仿真退出时间>, <覆盖控制>
```

(5) 在执行 phase 的过程中采用 objection 机制。进入某一 phase 时先提起 objection,然后执行 phase 的功能,在功能执行结束之后将 objection 释放。如果所有提起的 objection 都已经被释放,则结束该 phase 的执行,自动执行下一个 phase。如 run_phase 所有子 phase 的 objection 都被释放,自动进入 extract_phase 阶段,final_phase 执行完后平台仿真进程结束。具体代码如下:

```
task default_sequencer::main_phase(uvm_phase phase);
    phase.raise_objection(this);
    //function implementation
    …
    phase.drop_objection(this);
endtask
```

10.3　UVM 组件介绍

10.1 节介绍构成基本验证平台的 4 要素:测试激励源、参考模型、待测设计、记分板。本节对基本验证平台的架构进行细化,分析构成一个完整的验证平台所需要的组件以及其实现的功能。构成 UVM 树形结构各组件均由 uvm_component 派生得到,这些树形节点构成了验证平台的各组件,由于从 uvm_component 类继承了 phase 机制,所以每个组件都会执行各个 phase 阶段。下面主要介绍构成验证平台的常见组件:uvm_test、uvm_env、uvm_agent、uvm_driver、uvm_monitor、uvm_scoreboard、uvm_sequence、uvm_sequencer、reference model、tb_interface。完整的基于 UVM 的验证平台结构图框如图 10.8 所示。

10.3.1　uvm_test

从图 10.8 可以看出,uvm_test 作为验证环境的顶层,包含验证平台的所有组件,

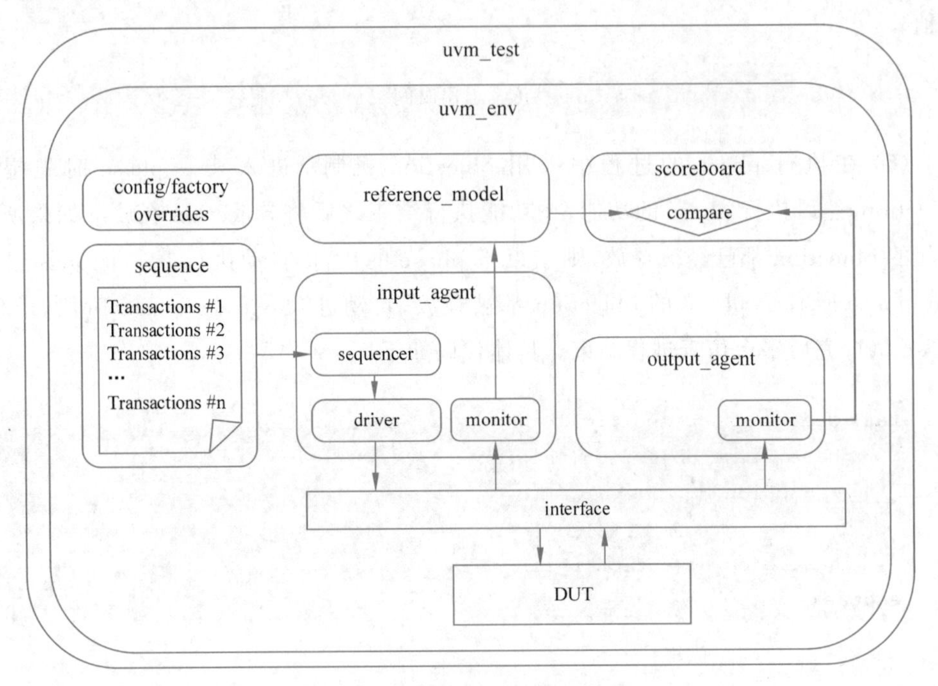

图 10.8 UVM 验证平台结构框图

决定环境的结构和连接关系。所有的测试用例都派生自 uvm_test 或者其派生类。实际应用中在 uvm_test 实例下例化 uvm_env 的实例，可以是一个或是多个实例，也可以设置仿真超时时间或是通过重载和配置数据库来配置环境参数等。参考如下示例代码：

```
//usertestcasedefine
    class my_testcase0 extends base_test;
        'uvm_component_utils(my_testcase0)
        function new(string name=" my_testcase0",uvm_component parent=null);
      super.new(name,parent);
        endfunction
    //implement phase function
    ...
    //config env variable
    //choose different sequence
    ...
endclass
```

```
//base test define
class base_test extends uvm_test;
    'uvm_component_utils(base_test)
    //instant tb_env
    tb_env tb_env_o;
    function new(string name="base_test",uvm_component parent=null);
        super.new(name,parent);
    endfunction
    function void build_phase(uvm_phase phase);
        tb_env_o = tb_env::type_id::create("tb_env_o",this);
    endfunction
    ...
endclass
//user env define
class tb_env extends uvm_env;
    'uvm_component_utils(tb_env)
    //instant other component
    ...
    //implement phase function
    ...
endclass
```

在通常情况下，由 uvm_test 派生基本 test 类即 base_test，在其中完成所有测试用例的公共功能，调用'uvm_component_utils 宏将 base_test 注册到 factory 表里面，build_phase 实例化 tb_env 组件，然后根据用户测试需求，构造相应的测试用例。如 my_testcase0 派生自 base_test，在其中完成相应的测试激励配置、选择相应的测试序列等。

10.3.2　uvm_env

uvm_env 派生自 uvm_component，uvm_env 没有在父类的基础上做功能扩展。典型的验证平台中 env 实例化了 input_agent 组件、output_agent 组件、参考模型、记分板等，这些组件构成完整 UVM 验证平台各个功能模块。实际应用中 tb_env 组件可以直接从 uvm_env 派生得到，参考如下示例代码：

```
class tb_env extends uvm_env;
    'uvm_component_utils(tb_env)
    //newfunction
    function new(string name="tb_env",uvm_component parent);
```

```
        super.new(name,parent);
    endfunction
        …
    tb_input_agent          in_agent;
    tb_output_agent         out_agent;
    tb_scoreboard           scoreboard;
    tb_reference_model      refer_model;
    //component instantation
    virtual function void build_phase(uvm_phase phase);
    super.build_phase(phase);
    in_agent = tb_input_agent::type_id::create("in_agent",this);
    out_agent = tb_output_agent::type_id::create("out_agent",this);
    scoreboard = tb_scoreboard:: ::type_id::create("scoreboard",this);
    refer_model = tb_reference_model::type_id::create("refer_model",
this);
    endfunction
        …//implement phase function
endclass
```

uvm_env 作为验证平台顶层的结构化组件，除了可以容纳各个组件外，还可以作为子环境整体嵌入更高层的环境中，高层是相对于模块大小而言。例如，在大型的 SOC(System On Ship)UVM 验证环境中，用户可以创建单独的 IP 级或是模块级的验证环境(如 PCIE env、USB env、DMA env 等)，这些环境会被集成到子系统级验证环境，最终集成到芯片级验证环境。

10.3.3 uvm_agent

uvm_agent 作为验证平台的结构化组件，包含了 driver、monitor、sequencer 等组件。用户自定义的所有 agent 都派生自 uvm_agent，uvm_agent 部分源代码如下：

```
virtual class uvm_agent extends uvm_component;
    uvm_active_passive_enum is_active = UVM_ACTIVE;
    function new(string name,uvm_component parent);
        super.new(name,parent);
    endfunction
    …
```

```
    function void build_phase(uvm_phase phase);
        super.build_phase(phase);
        ...
    endfunction
endclass
```

典型的 UVM 验证平台会根据接口属性实例化 agent 组件，针对输入接口例化 tb_input_agent，针对输出接口例化 tb_output_agent、tb_input_agent 组件包含 tb_sequencer、tb_driver、tb_monitor 等组件，tb_output_agent 组件只包含 tb_monitor 组件。在源代码中定义了枚举类型变量 is_active，根据该值判断 tb_agent 选择需要实例化的组件。可参考如下部分代码实现：

```
class tb_env extends uvm_env;
    tb_agent in_agent;
    tb_agent out_agent;
    ...
    virtual function void build_phase(uvm_phase phase);
        super.build_phase(phase);
        in_agent=tb_input_agent::type_id::create("in_agent",this);
        out_agent=tb_output_agent::type_id::create("out_agent",this);
        uvm_config_db# (uvm_active_passive_enum)::set(this,"in_agent","
        is_active",UVM_ACTIVE);
        uvm_config_db# (uvm_active_passive_enum)::set(this,"out_agent","
        is_active",UVM_PASSIVE);
...
    endfunction
endclass //end tb_env class

class tb_agent extends uvm_agent;
    tb_driver         driver;
    tb_monitor        monitor;
    tb_sequencer      sequencer;
    ...
    function new(string name,uvm_component parent);
        super.new(name,parent);
    endfunction
    function void build_phase(uvm_phase phase);
```

```
    uvm_config_db# ( uvm_active_passive_enum)::get(this,"",is_active,
    is_active)
    if(is_active==UVM_ACTIVE)begin
        driver=tb_driver::type_id::create("driver",this);
        sequencer=tb_sequencer::type_id::create("sequencer",this);
    end
    monitor=tb_monitor::type_id::create("monitor",this);
    endfunction
        ...
endclass//end tb_agent class
```

10.3.4 uvm_driver

uvm_driver 继承自 uvm_component，主要功能是从 uvm_sequencer 中请求事务并对事务级数据进行处理后驱动 DUT 的接口。如某一款以太网通信芯片验证平台，driver 从 sequencer 获取到以太网包格式的数据后需要在 driver 中先转换成 8 位或 16 位的数据，然后驱动 DUT 的接口信号。

实际应用中 driver 的实现使用 factory 机制，因此用户主要的任务是实现 driver 中的 main_phase。

```
class tb_driver extends uvm_driver# (tb_transaction);
    'uvm_component_utils(tb_driver)
    ...
    function new(string name,uvm_component parent);
        super.new(name,parent);
    endfunction
    task main_phase(uvm_phase phase);
        //main_phase process data automated
        ...
    endtask
    ...
endclass
//user transction define
class tb_transaction extends uvm_sequence_item;
    'uvm_object_utils(tb_transaction);
    //transaction data,user defined
    ...
endclass
```

10.3.5 uvm_monitor

uvm_monitor继承自uvm_component,用来采样DUT的接口信号并获取事务级数据信息,这些信息被其他组件利用做进一步的分析。output_agent中的monitor采样DUT输出接口信号并传输到scoreboard进行分析处理;input_agent中的monitor用于采样测试激励输入给DUT的信号并传输到参考模型。

```
class tb_monitor extends uvm_monitor;
   'uvm_component_utils(tb_monitor)
   …
   function new(string name,uvm_component parent);
       super.new(name,parent);
   endfunction
   task main_phase(uvm_phase phase);
       //main_phase process data automated
       …
   endtask
   …
endclass
```

10.3.6 uvm_scoreboard

uvm_scoreboard继承自uvm_component,用户自定义的scoreboard都派生自uvm_scoreboard,主要用于对比参考模型和DUT的数据。实际项目中scoreboard数据有以下两种处理方式。

(1) 把发送到DUT的原始数据流存储到一个文件中,数据分别经过参考模型和DUT处理后得到的数据也分别暂存在文件中,仿真完成后通过自动比对文件数据验证DUT的行为。

(2) 在仿真过程中实时进行数据比对,因此在scoreboard中定义两个队列用来暂存数据,分别从队列取出对应位置的数据进行比对。

10.3.7 uvm_sequence和uvm_sequencer

uvm_sequence用于产生激励,uvm_sequencer用于管理sequence并向driver传

送事务级数据。uvm_sequencer 的本质是 uvm_component，uvm_sequence 的本质是 uvm_object。从 UVM 验证平台框图看出，sequencer 作为 agent 的组件，sequence 并不被包含在架构图中。参考如下代码对 sequence 和 sequencer 的定义：

```
//sequencer define
class tb_sequencer extends uvm_sequencer# (tb_transaction);
    'uvm_component_utils(tb_sequencer)
    …
    function new(string name,uvm_component parent);
        super.new(name,parent);
    endfunction
    task main_phase(uvm_phase phase);
        phase.raise_objection(this);
        … //user define function code
        phase.drop_objection(this);
    endtask
endclass
//sequence define
class tb_sequence extends uvm_sequence# (tb_transaction);
    'uvm_object_utils(tb_sequence)
    …
    function new(string name = "tb_sequence");
        super.new(name);
    endfunction
    …
endclass
class tb_transaction extends uvm_sequence_item;
    'uvm_object_utils(tb_transaction);
    …//transaction data ,user defined
endclass
```

sequence 和 sequencer 是 sequence 机制的重要组成部分，平台的激励源就是由 sequence 产生并通过 sequencer 管理。激励在 sequence、sequencer、driver 等组件之间的传递如图 10.9 所示。

在 uvm_driver 中定义了 seq_item_port 成员变量，在 uvm_sequencer_p 也有与之对应的端口 seq_item_export，可以参考 connect_phase 中代码实现连接：

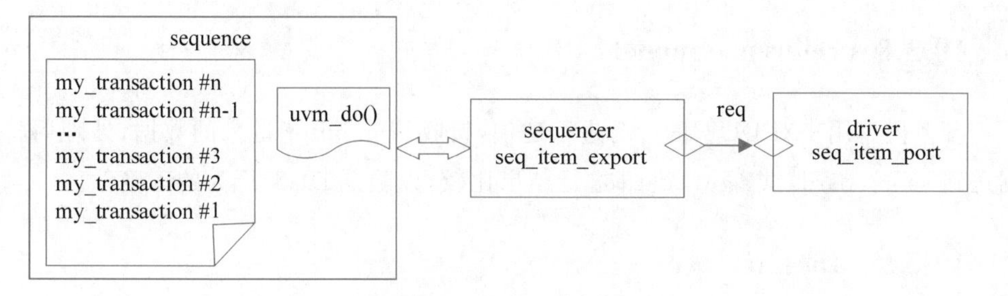

图 10.9　激励传递流程

```
class tb_agent extends uvm_agent;
    tb_driver       driver;
    tb_monitor      monitor;
    tb_sequencer    sequencer;
    …
    function new(string name,uvm_component parent);
        super.new(name,parent);
    endfunction

    function void build_phase(uvm_phase phase);
        uvm_config_db# ( uvm_active_passive_enum)::get(this,"",is_active,
        is_active)
        if(is_active == UVM_ACTIVE)begin
            driver = tb_driver::type_id::create("driver",this);
            sequencer = tb_sequencer::type_id::create("sequencer",this);
        end
        monitor = tb_monitor::type_id::create("monitor",this);
    endfunction

    function void connect_phase(uvm_phase phase);
        super.connect_phase(phase);
        if(is_active == UVM_ACTIVE)begin
            driver.seq_item_port.connect(sequencer.seq_item_export);
        end
    endfunction
        …
endclass//end tb_agent class
```

10.3.8 reference model

参考模型用来对 DUT 的行为进行建模，接收从 monitor 送来的数据，处理后将数据送到 scoreboard，供 scoreboard 进行结果比较，以验证 DUT 行为的正确性。

10.3.9 tb_interface

tb_interface 接口组件用来连接验证平台和 DUT 的接口信号，在平台顶层 top 文件中例化，与 DUT 接口进行连接，在 driver 组件中实例化 virtual interface 接口，将从 sequencer 获取的事务级数据驱动 DUT 的接口。

```
module test_tb_top;
    interface tb_interface(clk,reset_n);
    //instants DUT
    …
    //clock and reset signal
    …
    initial begin
        uvm_config_db# (virtual tb_interface)::set(null,"uvm_test_top","
        tb_intf",tb_interface);
    end
    initial begin
        run_test("");
    end
    …
endmodule
interface tb_interface(input clk, input reset_n)
    …//interface signal define
endinterface
class tb_driver extends uvm_driver# (tb_transaction);
    'uvm_component_utils(tb_env)
    virtual tb_interface tb_intf;
    …
    function new(string name,uvm_component parent);
        super.new(name,parent);
    endfunction
    function build_phase(uvm_phase phase);
```

```
        super. build _ phase (phase); if (! uvm _ config _ db # (virtualtb _
        interface)::get(this,"","tb_intf",tb_intf))
    endfunction
    task main_phase(uvm_phase phase);
        …//main_phas process data automated
    endtask
    …
endclass
```

10.4　本章小结

本章首先介绍了验证的概念以及 UVM 的发展历史；其次介绍了 UVM 类库的基本类及其功能，UVM 的树形组织架构和运行机制，旨在让读者了解 UVM 的整体架构和运行流程；最后以示例的方式详细介绍了 UVM 验证平台的典型组件及其用法。读者在阅读完本章内容后应该对 UVM 有一个整体的认识，同时对典型的 UVM 验证平台的功能组件也有基本的了解。

第11章

RISC-V 验证框架

验证框架用于概括验证工程师在芯片开发过程中所参与的全部开发工作,包括验证工程师对芯片功能的理解,验证工程师验证设计代码的思路,以及验证工程师在仿真过程中为实现功能收敛所做的每一步努力。

在开展 RISC-V 处理器验证过程中,指令处理的功能正确性检测是最基本的验证任务。相比于普通数字芯片的功能验证,CPU 处理器所独有的动态中断、多种操作模式和特权级别等功能特点,是需要特殊考虑且重点关注的事项,这对验证框架中的指令发包器、**指令集模拟器**(Instruction Set Simulator,ISS)等组件的构造也有更高的要求。

本章将首先通过对通用验证框架的描述介绍 RISC-V 的整体框架,然后针对 RISC-V 的验证特点,进一步阐述 RISC-V 验证框架中的重要组成部分和功能。

11.1 通用验证框架

没有哪款芯片可以保证毫无缺陷,芯片验证需要贯穿在芯片开发的全流程中。

芯片开发流程可以分为硅前流程和硅后流程。硅前流程包括收集用户原始需求、功能需求解析与模块划分、逻辑开发、功能验证、后端综合和投片。如图 11.1 所示,硅后流程包括围绕投片成功的芯片组件测试、驱动、系统固件和应用软件的编写等。本文所述的芯片验证主要是指验证工程师在硅前流程中实施验证芯片功能正确性的仿真活动。

在芯片功能需求解析与模块划分过程中,芯片验证工程师需尽可能地参与架构设计人员的方案开发,以确保芯片的功能设计具备可验证性和验证高效重用性,并协助

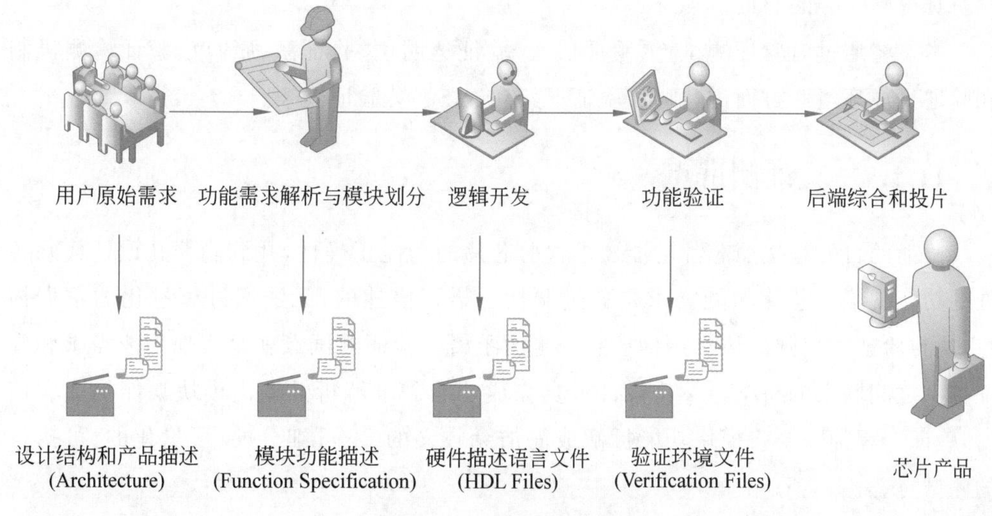

图 11.1 硅前开发流程

确认模块划分粒度符合开发人力的现状；在功能验证过程中，芯片验证工程师需要搭建验证环境对逻辑代码的所有功能点展开验证，以确保逻辑开发人员完整地实现芯片的功能需求；在后端综合迭代过程中，验证工程师需要在验证环境中验证综合工具输出的门级网表文件是否存在因连线问题或者延时问题导致的功能缺陷。

在逻辑开发过程中，为了验证逻辑代码是否存在逻辑缺陷所开展的仿真活动称为前端仿真，前端仿真时寄存器和互连线上的数据传输没有延时信息，该阶段的重点是对逻辑开发的 RTL 代码进行功能正确性验证。待前端仿真验证充分后，后端人员会通过综合工具对 RTL 文件进行综合，首先将寄存器级的 RTL 代码综合生成为门级零延时网表文件，然后根据芯片工作的时钟频率进行布局布线，生成含有**标准延时格式**(Standard Delay Format，SDF)的门级网表文件。在这个过程中，验证工程师开展的仿真活动称为门级仿真和后端仿真。门级仿真主要验证寄存器级别的 RTL 代码逻辑转译的正确性，后端仿真主要验证由于物理电路延时信息可能导致数据采样失败而产生的功能缺陷。

综上所述，验证框架贯穿于芯片硅前开发的完整周期内。验证框架的规划在芯片开发之初就要启动，在逻辑开发过程中，验证框架逐步转换成用验证语言编写的验证环境。验证工程师在规划验证框架时，不仅要考虑前端仿真能否覆盖所有的功能点，还要考虑门级仿真对综合正确性的检验，更要考虑投片前的门级网表文件能否通过后端仿真得到充分的验证。

本节将通过对验证测试点、验证层次、验证透明度、验证激励约束、验证检测机制和验证集成环境 6 方面讲述通用验证框架和 RISC-V 验证框架。

11.1.1 验证测试点

验证的目的是按照芯片功能要求检验芯片的功能正确性，找到隐藏在设计代码各处的功能缺陷。芯片功能需求是通过概括性语言描述的，无法通过可量化的数据描述，这与验证工程师的仿真用例还有一定的距离。验证测试点就是实现功能需求和验证用例之间联系的桥梁。架构设计人员完成功能需求解析并输出模块功能描述文档后，验证工程师需要将模块功能拆解成简洁无歧义的、不可细分的、可量化的、可执行的测试点。

完备的测试点是验证工作的基石，它将芯片的功能点逐条列举出来，指导验证工程师在搭建验证框架中的每一步操作，也体现了验证工程师对芯片功能理解的深入程度。只有把芯片功能转化为测试点，验证工程师才能将这个功能点的逻辑验证完备，而没有分解到的测试点，很可能会被遗漏到芯片投片，进而影响芯片的功能和质量。所以说，测试点分解是芯片验证工作中最重要的一环。

测试点的粒度需要恰到好处，本着一个测试点必能被一条验证用例覆盖的原则，既不能拆解过细导致验证用例开发繁杂冗余，也不能拆解过粗导致验证用例开发不足而影响验证的完备性。

测试点将芯片功能拆解成一条条可执行的验证用例，测试点的描述以指导验证用例编写为标准。在验证用例迭代开发和回归测试过程中，仿真数据不断反标到测试点中，验证工程师通过反标数据分析当前的验证完备性并制订后续验证计划。

测试点就是对芯片功能另一个维度的描述。所以测试点的拆解需要充分理解芯片功能，具体的拆解维度主要包括场景类、功能类、性能类、接口类、中断和异常类、白盒测试类。RISC-V 指令集处理器的测试点分解，可以完全按照这些维度开展。

从场景类维度看，RISC-V 架构定义的特权工作模式是需要提取的测试点。工作在小型的嵌入式系统时，处理器只需要实现机器模式，而工作在大型复杂的系统中的处理器需要实现 3 种模式。测试点需要覆盖当前处理器的工作场景，细化到场景的种类、不同种类的功能、不同模式之间的切换等功能点。

从功能类维度看，RISC-V 处理器最主要的功能是指令处理。根据项目特点确定指令集需求，如 RV64G、RV64GCV，将指令集包括的所有指令整理成测试点，指导验证环境的搭建和验证用例编写。

性能类测试点的提取，既依赖用户对芯片的原始需求，也包括架构设计人员对模块的规划。测试点需要拆解芯片工作场景和工作时钟频率，然后拆解在不同的场景下芯片处理不同指令的整体性能（如不同 Cache 命中率下的 RISC-V 处理器性能）和模块性能（如 RISC-V 处理器取指模块的性能）。

RISC-V 处理器的接口类测试点主要包括加载和存储指令对存储器的访存接口、不同模块间功能交互的非协议类接口。测试点拆解过程中，接口的工作时钟、接口内各个域段的意义、接口关键信号的有效值，都是重要的测试点。

中断和异常是 RISC-V 处理器的重要功能点，是测试点拆解中最重要的地方。外部设备产生的外部中断、定时器产生的中断、软件本身触发的中断、断点调试中断等 RISC-V 处理器中断场景，都需要拆解并列举出来。断点异常、环境调用异常、非法指令异常、非对齐地址异常等 RISC-V 处理器异常情况，也是测试点拆解的主要目标。

白盒测试类测试点主要指微架构相关的测试点，即针对设计代码特点拆解的测试点。逻辑开发人员在开发代码过程中，会有**有限状态机**（Finite State Machine，FSM）、寄存器实现、关键控制信号跳变等功能需求，这些都需要验证工程师特别关注，因为此类测试点与具体实现方式紧密相关，所以，这就需要逻辑开发人员将这一类需求提交给验证工程师，拆解成可执行的测试点。RISC-V 处理器中 TLB 的填充和替换、分支预测的多次同一跳转地址和多次不同跳转地址等，都是需要逻辑开发人员提供，并在测试点中拆解的关键需求。

11.1.2 验证层次

在芯片开发之初，当芯片架构设计人员在做方案开发时，会按照芯片功能需求描绘出一个完整的芯片系统。根据不同的功能实现和功能特点，芯片架构设计人员会将整个芯片系统设计成若干相对独立的功能子系统，整体的数据流在这些子系统之间处理可以是并行的，也可以是级联的，它们处理的数据结构和实现功能可以互不相同，相互之间有清晰的功能边界，通过不同的接口协议完成通信交互。同理，芯片架构设计人员还会将每个子系统划分成不同的功能模块，这些功能模块也具有复杂度合适、功能互有区分的特点。

相应地，芯片验证工程师在搭建验证环境时，也会针对不同的子系统和模块，搭建不同的子系统验证环境和模块验证环境。所以，从验证的角度看，验证的层次可以分为以下 4 个。

(1) 单元验证(Unit Test，UT)。

(2) 模块验证(Block Test，BT)。

(3) 子系统验证(Sub-System Test，SST)。

(4) 集成验证(Integration Test，IT)。

UT 的目的是算法小模块或者功能小模块的精细化测试，通过大量特定的测试激励冲击，验证复杂算法组件和复杂功能组件的功能正确性。

BT 的目的是内部功能测试，通过随机约束的测试激励，遍历该模块的所有功能实现，验证该功能模块是否完成规划的功能预期。状态机验证、数据存储验证、数据包打包和编解码功能验证、指令执行验证、寄存器配置验证等功能点，都是 BT 的目标范围。但是模块与模块之间配合的功能，在 BT 中是无法覆盖的，所以就需要考虑更高层的 SST。

SST 的重点是模块间功能交互配合的测试，通过特定的测试激励，验证各个模块之间的接口协议是否正确实现，确认模块之间的交互是否符合该子系统规划。对于一个成熟的子系统，它既拥有完备的功能可以执行专门的任务，也有足够稳定的接口用于更高级层次的集成。与功能模块相比，子系统更稳定也更封闭。所以 SST 是一个理想的可切分单元，在这个层次下面的模块之间有复杂的互动，而这一层次与外部存储接口有限，本身趋于封闭。模块间互连验证、模块间功能配合验证、指令处理流程验证等功能点，都是 SST 的目标范围。

IT 的作用侧重于不同子系统之间的信号交互测试，以及更贴近实际应用的工作场景测试。这里所说的工作场景并非在系统软件层面的，而是将系统软件层面的场景进一步拆分为多个模块互动情景，再分类形成的。在芯片系统级，验证平台的复用性较高，这主要是因为外部的验证组件不需要像模块级、子系统级的组件，数量多且经常需要更新，它们主要侧重于验证芯片的输入输出和工作场景。

上述 4 种 UT、BT、SST、IT 递进划分的验证层次，对芯片开发的质量和效率有十分明显的意义。

(1) 将不同的功能实现区分，实现芯片原始需求到功能需求的细化。

(2) 将功能模块拆解，实现团队内验证工程师的并行协调工作，提高工作效率。

(3) 复杂度合适的模块，可以精确评估工作量和交付风险，提高工作质量。

(4) 低层次环境偏重功能验证,高层次环境偏重集成验证,低层次环境发现并解决问题的效率是高层次环境的数十倍。

RISC-V 指令集处理器一般是由控制单元、运算单元和存储单元 3 部分组成的,在芯片开发过程中,哪些功能适合搭建 UT 环境单独测试,哪些模块适合搭建 BT 环境测试,哪些模块因为涉及多个模块配合等功能特点需要在 SST 环境中验证,等等,都需要根据不同的微架构做适当的决策。

在考虑 UT 环境时,重点考虑的是 RISC-V 处理器中功能集中的代码组件。如果开发人员将 MMU 页表转换功能写成一个组件模块,这个组件就是一个很好的 UT 对象。验证工程师可以在 MMU UT 环境中通过大量验证激励冲击 SV32、SV39、SV48 等页表转换的实现细节,确保组件模块的功能正确性。

在考虑 BT 环境时,重点考虑的是 RISC-V 处理器中流水线涉及的模块。取指(Fetch)、译码(Decode)、发射(Issue)、执行(Execute)、访存(Cache)等模块都是很好的 BT 对象。

(1) Fetch BT 环境的作用是验证处理器取指功能,标准指令和压缩指令的识别是该模块重要的功能点,控制流涉及的重新取指和分支预测是该模块验证的重点和难点。

(2) Decode BT 环境的作用是验证指令译码功能。指令语义的识别是该模块的重点,非法指令的识别和处理是该模块重点关注的功能。

(3) Issue BT 环境的作用是验证指令发射单元的设计。多发射涉及的数据相关性和乱序发射涉及的调度算法是该模块重点验证的功能。

(4) Execute BT 环境的作用是验证具体的指令执行处理,RISC-V 指令集中涉及的指令操作都会在该模块中实现,所以该模块验证的重点是指令操作的正确性。

(5) Cache BT 环境的作用是验证 Cache 存储器的访存功能和性能,Cache 的功能重点是地址镜像与变换和缓存置换算法,这既是该模块的验证重点也是验证难点。验证环境既要把 Cache 拆开,通过精细化的检测手段,实时检测设计代码内部的寄存器和状态机变换,还要把 Cache 当作一个整体,通过灌装大量的验证激励来验证 Cache 的命中率和访存性能。

RISC-V 处理器的 SST 环境是芯片开发中的重点。无法细化到一个 BT 中验证的功能和模块间配合的功能等需求,都需要在 SST 中重点关注。这个验证环境需要复杂的指令发生器模拟真实的指令流,需要准确的指令集模拟器作为验证环境的参考模型，还需要汇编代码转译、编译器解析等操作，以便还原一个真实的处理器工作环境。很多设计简单的处理器可能只需要一个 SST 环境即可；而设计复杂的多核处理器可能需要多个 SST 环境：既要验证单核的功能，还要验证多核的配合。

RISC-V 处理器的 IT 环境依赖的是处理器工作的场景。SoC 验证就属于处理器的 IT，它的验证重心是处理器与外部 IP 组件的连线，以及处理器在正常应用软件下的启动流程和工作性能。

完整的 RISC-V 验证层次如图 11.2 所示。

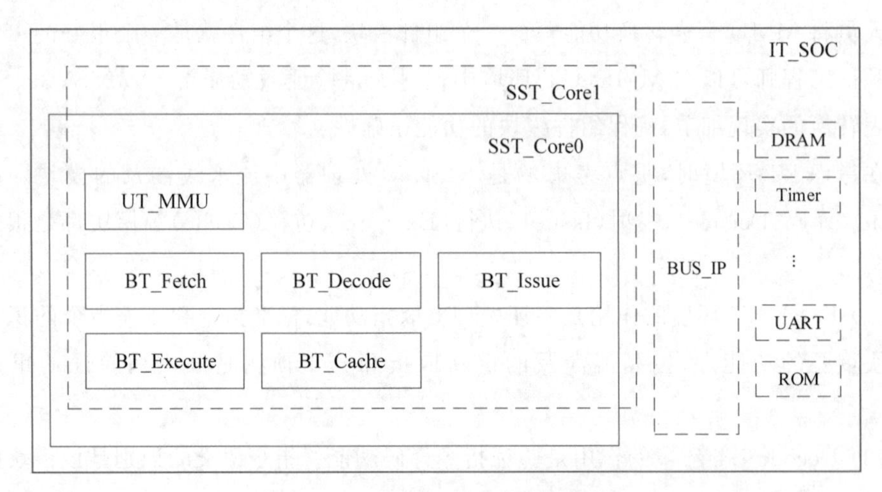

图 11.2 完整的 RISC-V 验证层次

以 6 级流水线的 Ariane 架构为例，考虑其单核单发射顺序执行的特点，上述取指、译码、发射和执行等功能实现简单，都可以在 SST 中统一覆盖，没必要分别搭建 BT 环境。开发过程中，可以搭建 MMU UT 环境验证页表转换功能，需要搭建 Cache BT 环境验证 Cache 的访存和访存利用率，搭建 SST 环境验证整个 Ariane 核的功能和指令处理性能，Ariane 的功能和性能就可以覆盖收敛。为了进一步验证 Ariane 核的接口和实用性，也可以搭建一个 SoC IT 环境，通过 SoC 所需的 IP 组件（AXI 总线、DDR 等）和 Ariane 组合验证 Ariane 的处理器性能。

11.1.3 验证透明度

在芯片验证过程中，通过测试激励的生成方式和检测机制，可以按照验证的透明度区分不同的验证方式。验证的透明度主要有黑盒验证、白盒验证、灰盒验证 3 种。

11.1.2 节所述搭建 Cache BT 环境时，验证环境把 Cache 模块的逻辑代码拆解后，通过精细化的检测手段，实时检测设计代码内部的寄存器和状态机变换，就是白盒验证的透明度。把 Cache 模块当作一个整体，通过灌装大量的验证激励来验证 Cache 的命中率和访存性能等功能点，就是黑盒验证的透明度。这两种验证思路不是互斥的，根据不同功能点的验证策略，将黑盒的验证方法和白盒的验证方法都应用到 Cache BT 的验证环境中，就是灰盒验证的透明度。

在芯片开发过程中，验证工程师会根据模块特点和开发状态，在 3 种透明度中适当选取。选取的考量主要基于 3 种验证透明度的验证特征。

1. 黑盒验证

一个典型的 UVM 验证平台可以被看作黑盒验证模型，如图 11.3 所示。验证工程师不需要感知设计代码的实现细节，验证环境将验证激励通过驱动器(Driver)驱动到逻辑代码的输入端口，监视器(Monitor)通过逻辑代码的输出端口抓取到输出结果。验证环境含有一个和逻辑代码功能一致但独立设计的模块，称为参考模型(Reference Model)。黑盒验证只关注待测设计是否有正确的输出结果，不关注设计的内部实现方式。

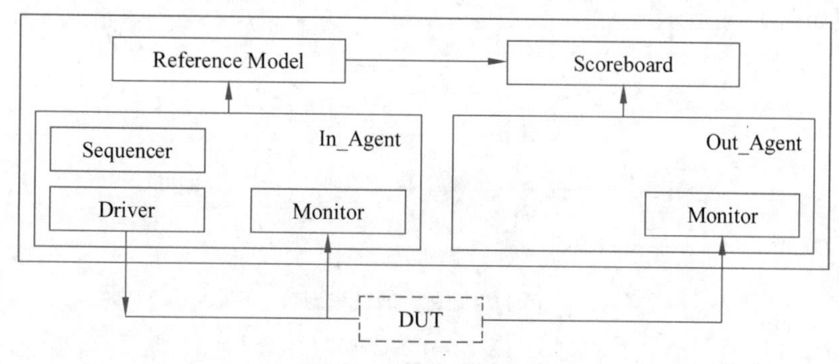

图 11.3　黑盒验证模型

对于不感知设计代码细节的验证过程，黑盒验证的优势比较明显，黑盒验证本身不包含设计代码的逻辑信息，当设计代码在缺陷修改、新特性增加、版本迭代等开发过程中，原有的测试激励列表依然可以保持稳定。验证工程师可以在新版本发布之后运行原有测试激励，确认原本稳定的设计功能没有被打乱，验证工程师只需要对新增特性添加新的测试激励即可，这就是验证环境的可重用性，是黑盒验证的一大优点。

在功能复杂的芯片开发过程中，黑盒验证的缺陷也是显而易见的，黑盒验证缺少设计代码的透明度，无法针对内部逻辑方案做相应的压力测试。这种验证方式导致测试质量大打折扣。

(1) 当测试激励仿真失败以后，黑盒验证环境无法更深入地定位到设计代码功能缺陷的源头。验证工程师只能确认仿真活动是否成功，无法确认这个仿真失败是验证环境问题还是设计代码问题。进一步定位到缺陷所在的位置，需要与设计人员结对协作，额外增加了定位问题的成本。

(2) 黑盒验证对于发现一些深层次的逻辑缺陷比较困难，验证工程师无法根据逻辑代码给出更准确的随机约束来生成功能测试激励和压力测试激励，无法提高代码覆盖率数据，影响功能验证的质量。

2. 白盒验证

白盒验证可以弥补黑盒验证对设计代码透明度不够的缺陷。验证工程师充分理解设计代码实现方案，了解代码的内部逻辑、状态机、关键信号等信息，可以对代码实现方案和设计细节进行更有针对性的测试。白盒验证的特点是充分理解设计代码中各种组件和逻辑的细节，一旦测试激励仿真失败可以更快速地定位到缺陷位置。白盒验证模型如图 11.4 所示。

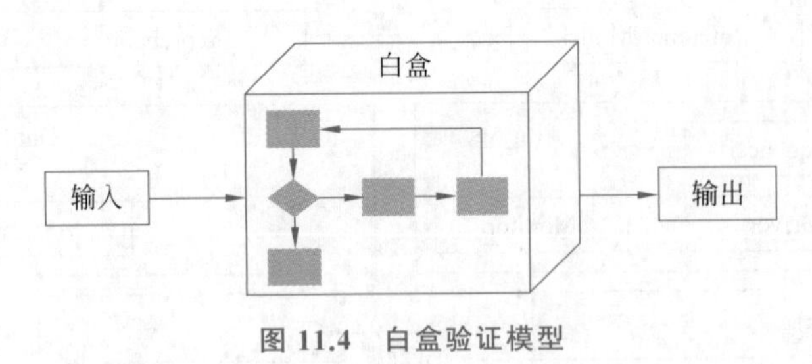

图 11.4 白盒验证模型

在白盒验证的验证环境中，参考模型的逻辑非常简单，甚至可以不需要参考模型，而只需要植入设计代码中关键信号的监视器和断言来检查其内部的各个逻辑正确性。这种环境配置特点所依赖的是穷举设计代码中的逻辑路径，当我们充分检查各个逻辑实现和结构特点以后，就不再需要验证模块的整体功能。

白盒验证的缺陷主要体现在方法学和工作效率上。

(1) 白盒验证专注设计代码内部逻辑检查而忽略模块整体功能的测试，在设计本身违反功能需求的情况下，白盒验证难以发现缺陷。

（2）在数据一致性检测等方面，白盒验证难以从整体入手给出实际测试激励。

（3）白盒验证的测试激励主要从设计的细节入手，所以一旦遇到缺陷修改、新特性增加、版本迭代等事件，就会对验证环境的维护成本和工作效率有明显的冲击。

3. 灰盒验证

从黑盒验证和白盒验证的特征来看，它们都有各自的优缺点。在实际验证过程中，验证工程师更倾向于根据模块的特点和开发进度，将黑盒和白盒两种方法加以混合，充分利用验证环境中的监视器、断言和参考模型等组件，协同来完成模块或子系统的功能验证。这种混合的方法称为灰盒测试，对提升芯片开发质量和开发效率优势明显，如图 11.5 所示。

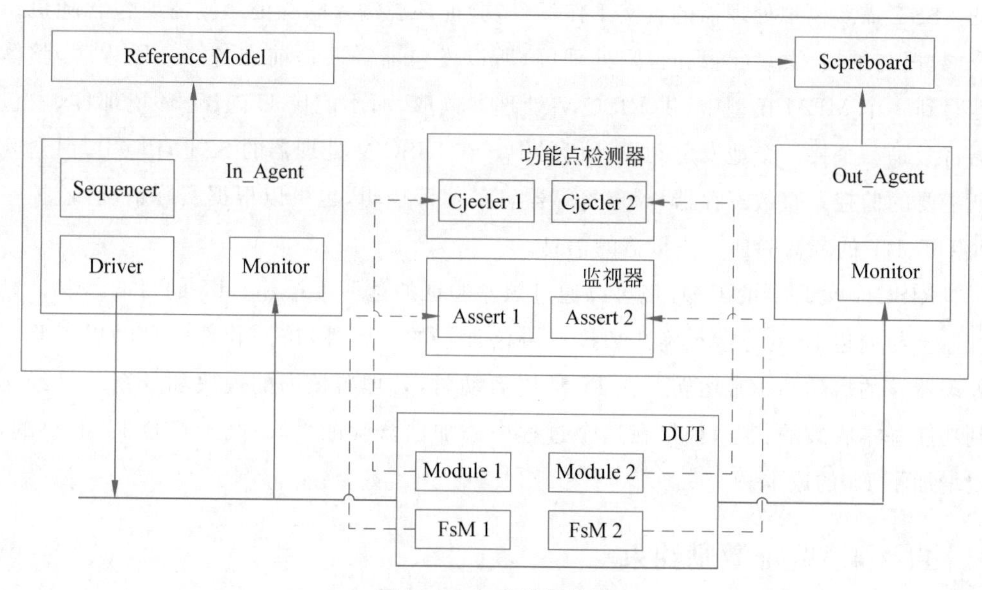

图 11.5　灰盒验证模型

（1）监视器和断言可以更好地检测设计代码内部的重要逻辑，具有较强的透明度。

（2）有了监视器和断言在透明度上的检测，参考模型可以更专注于输入数据和输出数据的比较。

灰盒验证不但可以继承黑盒验证和白盒验证的优势，同时对验证环境在新项目中的继承和复用也有着明显优势。设计代码移植到新的项目时，灰盒验证环境的黑盒特性和白盒特性就可以分别发挥复用优势。在仿真过程中，先通过黑盒特性验证设计代码在新项目中的适配，确认原有功能的稳定性；在版本迭代过程中，验证工程师可以通过新的黑盒测试激励、旧的白盒测试激励、新的白盒测试激励这样逐次深入的顺序，依次验证新增功能在继承项目中的稳定性和功能正确性。

整体来看，RISC-V 处理器的 UT、BT 环境都需要通过灰盒验证的透明度来搭建。仿真开始时，先按照黑盒验证的思路搭建验证环境，通过设计代码的外部接口与验证框架对接，实现验证激励的注入和输出结果的检测。待基本功能稳定后，验证环境会添加一系列的检测器和监视器直接检测设计代码内部的寄存器和状态机等关键信息。设计代码内部的调度信息、控制信号的有效或失效、FIFO 的溢出或空读、状态机的正常跳转等信息，都是白盒验证监控的重要任务。

RISC-V 处理器的 SST 环境比较特殊，它虽然属于灰盒验证，但是更接近黑盒验证。SST 需要模拟处理器的真实工作场景，验证环境输入的验证激励需要包含随机指令、数据与堆栈、页表配置和自陷处理等，所以发包器需要提前准备好一段程序，整体地写到一个 MEM 模型中，供 RISC-V 处理器读取，而不能像 UT、BT 环境那样，发包器将激励一个接一个地发射到设计代码中。在 RISC-V 处理器的 SST 环境中，白盒验证主要的监控是整数寄存器、浮点寄存器、PC 值等逻辑，也可以根据实际情况，监控一些 UT、BT 的灰盒验证无法覆盖的信息。

RISC-V 处理器的 IT 环境可以通过黑盒验证的透明度搭建。IT 的目的是验证处理器核与周边 IP 的连接正确性和接口协议理解的一致性，按照软件驱动的思路验证处理器核的启动和正常运转。在 IT 环境启动时，处理器核内的模块和子系统已经达到功能基本收敛的状态，如果在这个过程中添加白盒验证手段，既不符合 IT 的目的，也增加了 IT 的成本。

11.1.4　验证激励约束

在芯片开发过程中，验证工程师开展功能正确性验证的最主要措施：构造合适的测试激励冲击设计代码，找到设计代码中所有隐藏的缺陷。

在架构设计人员完成功能需求解析并输出功能描述文档后，验证工程师会分解出测试点文档，确保测试激励符合功能需求。在搭建验证环境之前，验证工程师需要制定验证方案，明确验证框架中发包器和参考模型的配合情况，确保发包器在可控的情况下生成足够数量级的测试激励。在仿真过程中，针对不同的功能特点，验证环境会约束测试激励具有合适的自由度和独立性，以保障对特定功能测试的充分性。

所以只有从验证框架上保证验证激励的合适性，验证环境才可以在发包器输入侧提供更全面的输入激励组合，有条件地遍历验证所需的测试序列。按照验证激励的合适性这个原则，可以将验证激励按照如下角度考虑。

1. 接口类型

在搭建验证环境时遇到的输入接口，需要先了解该接口的类型。如果遇到的接口类型种类多样，可以通过接口类型将所有的输入激励种类进行划分，化繁为简，找到生成验证激励的方法。常见的接口类型可以分为如下5种。

(1) 系统控制接口：常见的有时钟、复位、安全、电源开关和这些系统控制信号旁生出来的控制信号，例如时钟门控信号。

(2) 标准总线接口：公开的行业标准总线协议，常见的有AMBA、OCP、SRAM、MIPI等，这些协议功能文档详细，为丰富的验证VIP提供参考。

(3) 非标准总线接口：项目内部定义的接口，或者根据模块功能需求定义的模块间接口，接口时序相对简单，描述文档成熟度参差不齐。

(4) 测试接口：该测试接口主要用于**可测性设计**(Design For Test,DFT)功能，在功能验证中可以验证该类型接口在代码内部的连线是否正确。

(5) 其他控制接口：如果设计代码是处于子系统中的功能模块，且与相邻多个模块有功能交互，那么该控制接口信号的数量较多、功能较分散，还有较高的复杂度；如果该设计是子系统，那么子系统从标准复用的设计角度出发，该种类型的控制接口数量会较少，且功能也较集中。

通过接口类型的分类，验证工程师可以着手搭建验证环境的指令发包器组件。系统控制接口和标准总线接口类型的指令发包器都可以直接应用成熟的IP组件，对验证质量和工作效率都有助益。搭建非标准总线接口的指令发包器，需要充分理解接口协议和上下游模块的功能特点，以确保验证激励符合接口功能特点，能够覆盖下游模块所接受的所有场景。

2. 序列颗粒度

针对不同的接口类型，验证环境会构造不同的激励组件，每个激励组件都会包含激励生成器。激励生成器会提供一些基本功能方法生成小颗粒度的激励，同时验证工程师也可以进一步做上层封装，以便于从更高抽象级的角度生成大颗粒度或者宏颗粒度的激励序列。按照颗粒层的概念,可以将激励序列颗粒度划分为以下 4 个层次。

(1) 基本颗粒层。

(2) 高级颗粒层。

(3) 宏颗粒层。

(4) 用户自定义颗粒层。

以一个商业总线验证 IP 为例,该验证 IP 包含有基本颗粒层和高级颗粒层,用于生成不同级别的测试序列。在某些情况下,验证 IP 也提供宏颗粒层的定义来满足更高规模的数据传输。

验证过程中的抽象级是指从时序和数据量传输的角度出发,越高的抽象级,越不关注底层的时序而更重视数据量的传输,也是**事务级模型**(Transaction Level Model, TLM)含义的延伸。当验证工程师不能从已有的各种颗粒层中生成自己期望的测试序列时,便会利用已有的基本颗粒层和高级颗粒层来构建自己的颗粒层。

3. 可控性

可控性是根据对不同颗粒层的控制角度来描述的。按照序列颗粒度的划分,基本颗粒层的可控性最高,宏颗粒层的可控性最低,高级颗粒层的可控性居中。

从功能验证的周期出发,在验证初期,验证工程师会选择基本颗粒层作为主要的验证激励,这有利于在接口的基本功能中调节和测试不同的总线传输情况,此时的功能验证点侧重于协议功能和时序检查。随着设计代码的成熟,稳定性逐渐增强,验证工程师会逐渐选择高级颗粒层和宏颗粒层作为验证激励,将验证工作的精力逐渐转移到数据量的一致性传输和性能评估上。这两层的颗粒控制性也没有像基本颗粒那样可以细致调节到每个参数变量,它们会同验证重点保持一致,主要提供跟数据量有关的可约束参数。

4. 组件独立性

在将一个设计代码的边界信号划分为不同的接口类型,并且创建出对应的接口验证组件后,验证工程师需要进一步考虑验证框架中各组件之间的独立性。组件的独立性实际上也是协调性的基本保障,因为有了独立性,各组件之间才会最大限度地不受另外组件的制约,同时又可以通过有效的通信机制来实现组件之间的协调。实现组件独立性需要考虑的因素如下。

(1) 需要按照接口类型来划分组件。

(2) 对于系统控制信号组件,尽可能将信号的关系按照实际集成关系做控制,如多个时钟是否为同步关系、多个复位信号是否可以单独控制等。

(3) 对于总线接口,实现一对一的控制关系。例如,存在两组相同的总线,应该引入两个总线组件分别控制,而非建立一个总线组件却拥有两套总线接口,不能有悖于可控性和复用性。

(4) 对于其他控制接口,应从实际相邻设计处准确了解各信号的使能极性、脉冲有效还是电平有效、是否存在握手关系、时序信息等真实的设计信息,便于更高层级验证环境对接口组件的重用。同时由于这部分信号细节琐碎,梳理完信号的来源和功能后,需要在接口组件中通过封装的方法来实现灵活的驱动。

(5) 验证环境中的系统控制信号组件也会跟其他接口组件发生连接,如提供必要的时钟和复位信息。那么这些连接也应该遵循实际集成的情况,确保组件驱动端的时钟输入与设计的时钟输入端保持同步。

5. 组合自由度

组合自由度作为激励约束的衡量因素,是对上述因素的整体评估,只有通过底层的精细划分,进而建立抽象级更高的颗粒度,通过独立组件之间的协调来构造激励,才会提供较高的组合自由度。此时除了组件的独立性以外,验证工程师也会考虑组件之间的协调方式。一般将协调方式分为以下两种。

(1) 中心统筹式: 通过中心的调遣手段统一分派给各接口组件不同的任务,进而产生不同的激励组合场景。

(2) 分布事件驱动式: 将激励控制权交给各接口组件,而通过接口组件之间的通信来实现分布式的事件驱动模式,即组件之间的通信通过事件(Event)、信箱(Mailbox)、接口信号等方式实现同步通信。

综合来看,上文所述验证激励的接口类型、序列颗粒度、可控性、组件独立性、组合自由度等考量因素,RISC-V 处理器验证环境的发包器都需要关注。不同层次的验证环境有不同的特点,评估发包器的重点就会各有取舍。

RISC-V 处理器的 UT、BT 环境发包器最关注的是接口类型。模块划分时,模块间连接的接口大都是架构设计人员独立定义的非标准接口,不属于任一行业协议的标准总线接口。所以搭建发包器时,验证工程师需要彻底理解这些非标准接口的定义,清楚接口上下游的模块功能，才可以将验证激励准确、发送到测试代码中。

RISC-V 处理器 UT、BT 环境的发包器还需要关注序列颗粒度和组合自由度对设计代码的冲击。序列颗粒度的抽象级越高，越关注数据量的传输，可以冲击设计代码的容量规划、调度准确性和性能瓶颈。序列颗粒度的抽象级越低，越关注底层的时序，可以冲击设计代码的状态机翻转和控制信号的准确性。根据设计代码的接口特点，对发包器的组合自由度适当控制，进一步增加验证激励对设计代码冲击的力度和准确度。

RISC-V 处理器的 SST 需要模拟处理器随机指令、页表配置和自陷处理等真实工作场景，所以 SST 环境发包器在激励的序列颗粒度和激励的可控性两方面考虑的较多。在仿真开始阶段，SST 环境需要通过基本功能测试验证各模块间配合的正确性，通过基本颗粒层作为主要的验证激励，验证数据流在不同模块间的传输，调试子系统的基本功能。随着设计代码的稳定，高抽象级的验证激励占更高的比例，SST 环境更关注子系统的整体功能和性能等验证因素。

RISC-V 处理器的 IT 环境按照软件驱动的思路，验证处理器核的启动和正常运转，验证激励的序列颗粒度和可控性是 IT 发包器的主要考虑因素。宏颗粒层和自定义颗粒层是主要的测试序列颗粒度，主要偏重大规模的数据传输。

11.1.5 验证检测机制

验证检测机制是决定验证框架合理性的核心要素。只有准确的检测机制能够识别到错误输出或者错误事件上报，验证框架中的验证激励和参考模型才是有意义的，能够发现隐藏在设计代码各处的缺陷。

类似通过接口类型考虑验证激励的划分，在检测阶段，可以通过被检测逻辑的层次考虑验证的检测机制。

（1）模块的内部设计细节。

（2）模块的输入输出。

（3）模块与相邻模块的互动信号。

（4）模块在芯片系统级的应用角色。

针对不同的检测层次，验证环境中经常使用的方法有监视器、断言（Assertion）、参考模型、记分板、直接测试和形式断言等。

监视器是通用验证环境中的必备组件，是验证环境获取设计代码关键信号和结果输出的主要方式，在一般情况下，监视器跟激励发生器的作用域是一致的。如果激励发生器对应着一组数据总线，那么也应该有一个对应的监视器来负责监视该总线的数据传输。监视器会根据检测的层次分为模块内部信息检测和模块边界信息检测。

断言在验证环境中主要用于检测模块的内部逻辑细节和时序信息。通常在 UT 层次，断言通过形式验证可以覆盖设计的多数功能点，效率和完备性是完全可靠的。在 BT 或者 SST 这些层次上，验证的功能点复杂且又分散，断言主要关注模块的核心逻辑和时序。在灰盒验证过程中，用断言来检测设计代码中的重要细节和关键信号的事件是必要且可靠的。

参考模型的构建除了考虑设计代码本身的尺寸、复杂度以外，也与验证方法有关。白盒验证对于参考模型的要求是最低的，而黑盒验证会将最多的压力交给参考模型。

就记分板而言，它的结构相对简单。一般依靠足够稳定的监视器和准确的参考模型，记分板只需要将检测的待测输出和参考模型的输出作比较，给出充分的比较信息。在测试用例结束时可以给出自定义的测试报告即可。

RISC-V 处理器的 UT、BT 环境发包器最关注的是接口类型，其检测机制最关注的也是接口类型，即接口的输入输出、相邻模块间信号的互动等因素。模块间连接的接口协议大多是架构设计人员根据模块的功能和相邻模块的特点定义的非标准接口，所以 UT、BT 环境的检测组件既检测该模块的功能处理是否准确，也检测下游模块接收到的数据是否满足入口标准。

RISC-V 处理器 UT、BT 环境的检测组件还需要关注模块的内部设计细节，这是 UT、BT 小规模验证环境的优势，也是把一个子系统拆分成多个模块验证的原因之一。内部设计细节的检测存在于仿真的全过程。仿真开始时，复位信号的有效性、状态机信号和控制信号在复位后的状态是重要的检测信息。仿真过程中，调度信号的准确性、状态机的跳变、模块内部的流控功能等信息，会随着验证激励的输入而被实时检测。在仿真结束后，验证环境也需要检测整个流水线中是否有未处理的数据遗留，状态机是否恢复初始状态等事项。

除了加载和存储指令对存储器的访存接口，RISC-V 处理器的 SST 环境一般没有外部接口可以检测。为了实时地检测处理器的功能正确性，RISC-V 处理器的 SST 环境需要获取处理器内部的浮点寄存器、整数寄存器、PC 值等信息，在验证激励的输入过程中实时检测，以确保处理器对每个指令的处理都是正确的，如图 11.6 所示。

RISC-V 处理器的 IT 环境在搭建检测组件时，主要考虑的是处理器在芯片系统中

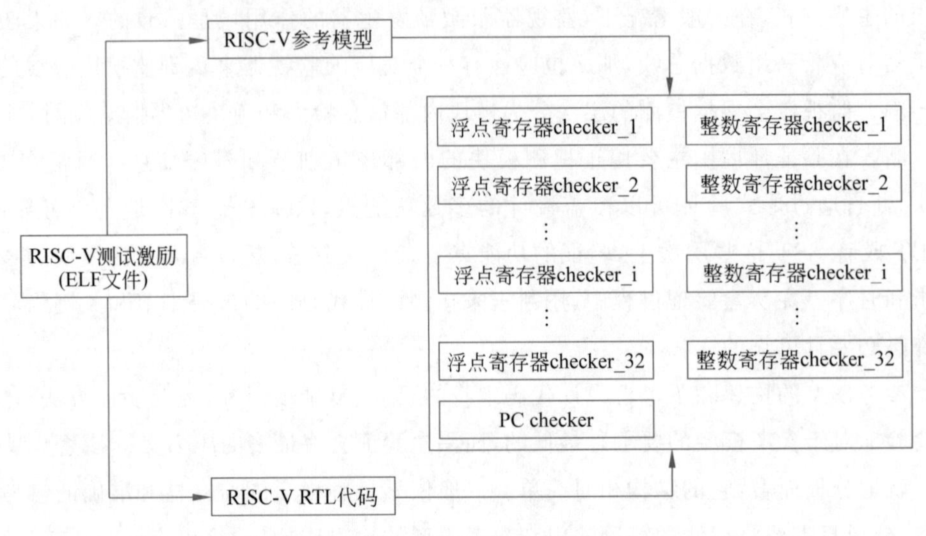

图 11.6　RISC-V SST 环境中的 checker

的应用角色。IT 环境类似于 SoC 软件系统，处理器的角色就是处理软件发送过来的一系列指令，IT 环境检测的信息就是软件交互的信息，如输出 Hello Word。

11.1.6　验证集成环境

明确了验证测试点、验证层次、验证透明度、验证激励约束和验证检测机制后，验证工程师对验证框架的准备工作已经基本完毕。接下来需要考虑的就是运用 SystemVerilog 等验证语言和脚本工具搭建可用于仿真的验证环境。验证环境的搭建，既要考虑维护性、可读性等主观感受，更需要考虑不同层次间的集成和不同项目间的继承重用等效率问题。完整的验证环境主要包括以下内容。

1. 验证平台

验证平台是验证工程师日常工作的对象，在建立或者复用验证框架时，主要从激励分类和检测方法两部分考虑，这两部分会直接影响验证的框架。

1）激励分类

(1) 定向激励：一般通过文本激励、代码激励、预先生成激励码等形式给出测试激励。

(2) 随机激励：通过约束随机给出测试激励，这里的随机激励来源不局限于

SystemVerilog 验证语言，也包括其他随机验证语言或者脚本语言。

2）检测分类

（1）线上检测：在仿真的过程中动态比对数据，并且给出比对结果信息。

（2）线下检测：在仿真结束之后将仿真中收集的数据进行比对，再给出比对结果。

（3）断言检测：可以通过仿真或者形式验证的方式利用断言检测设计的功能点。

2. 设计代码

硬件设计根据功能描述的定义阶段和功能划分，可以分为以下两部分。

（1）硬件设计语言（Hardware Design Language，HDL）硬件模型。使用 HDL 描述的硬件模型，按照硬件层次划分可以分为 RTL 代码和网表代码。该模型是与硬件设计师距离最近，也是最贴合硬件逻辑行为的模型。

（2）虚拟原型。在硬件定义的早期阶段，架构设计师会引入虚拟原型来对硬件的框架和性能进行评估。同时，在数字信号处理模块中，需要较为复杂的算法参与，所以在硬件实施之前，架构设计师也可以采用软件算法模型来代替硬件的功能。常用的虚拟原型语言包括 SystemC、C/C++、MATLAB 等。

在仿真过程中，项目组也可以将 HDL 硬件模型与虚拟原型组合进行联合仿真，这时需要考虑虚拟原型的接口是否可以方便地在硬件环境中集成，以及是否对虚拟原型的接口时序有要求。

3. 仿真环境

仿真环境的主要功能是验证平台和设计代码的集成，即模拟软件激励和硬件模型的互动。而根据上述验证平台和设计代码的分类，运行环境需要考虑的因素如下。

（1）验证平台：仿真环境需要传入参数来实现，根据测试场景选择特定测试序列、仿真随机种子、参数化验证环境的结构、实例化验证平台等信息，控制验证平台的运行。

（2）设计代码：除了考虑如何实现 HDL 硬件模型与虚拟原型在仿真器中协同仿真的问题，还需要实现验证平台和待验设计的接口对接，这包括硬件信号接口连接和内部信号的接口连接。

（3）仿真全流程配套组件：包括验证和设计的文件提取（Extraction）、文件依赖度分析（Dependancy Analysis）、编译（Compilation and Elaboration）、仿真（Simulation）、

结果分析(Result Analysis)和回归测试(Regression)等。全流程的建立一般是由验证环境搭建人员通过脚本语言管理的,常见的用于仿真流程建立脚本语言包括 Shell、Makefile、Perl、Tcl、Python 等。

4. 验证管理

芯片开发过程中,芯片项目管理人员和验证工程师需要对本职工作做可量化的验证管理,主要通过业界专用的验证管理工具开展。这些验证管理工具主要包括以下内容。

(1) 验证计划和进度管理:将拆解的测试点与对应的功能覆盖率、测试用例相对应,进而给出一个可视化的验证状态,如 Synopsys 公司的 HVP(Hierarchical Verification Plan)工具、Cadence 的 vManager 工具等。

(2) 文件版本控制管理:文件版本控制在团队协作过程中至关重要,常见的工具有 SVN、Git 等。

(3) 项目环境配置管理:项目环境配置文件不但包括项目中使用的各种工具的版本、单元库的版本、验证 IP 的版本,也包括验证环境的基本配置信息,通过环境配置管理,每个验证人员可以快速完成环境配置,提高验证环境搭建和调试的效率。

(4) 缺陷率跟踪管理:项目管理人员和验证工程师在项目开展过程中需要时刻关注新增缺陷的数量和历史缺陷的修复状态。通过缺陷率衡量验证的进度和质量,保证每个缺陷的发现和修复形成闭环。

RISC-V 验证环境的集成环境和通用验证环境没有明显的区别。

RISC-V 验证平台的激励既包含定向激励也包含随机激励,SST、IT 环境的验证激励一般都是预先生成的激励码,包括页表配置、堆栈和自陷处理程序等,UT、BT 环境的验证激励一般都是随机激励,通过大量含有一定约束的随机激励冲击,验证模块功能的正确性和稳定性。验证平台的检测分类一般都是线上检测和断言检测,实时地检测设计代码功能的正确性。

RISC-V 验证平台的运行环境重点关注的是 SST、IT 中 RISC-V 汇编码和 RISC-V 编译器的引入。涉及随机指令、页表配置和自陷处理等混合场景的集成,SST、IT 环境发包器生成的指令并不能直接送给处理器,需要按照处理器在系统中的工作流程,利用编译器实现汇编、链接两步流程,输出二进制文件,缓存到 MEM 模型中供处理器核调用。

11.2　RISC-V 验证特点

RISC-V 是开放式指令集架构，RISC-V 处理器架构设计人员可以在现有指令集基础上进行标准性和非标准性的指令扩展，所以 RISC-V 处理器的功能验证既要验证处理器在各种状态下执行指令序列的正确性，也要充分考虑微架构的实现方案，验证微架构内部对功能、性能和功耗等特性的设计是否合理。

通过 11.1 节的描述，RISC-V 处理器的 UT、BT 环境按照模块特点，在通用验证框架的基础上适当扩展，就可以很好地实现组件和模块的功能验证收敛。IT 环境按照处理器核的作用，通过软件启动、运行的方式，也能很好地覆盖处理器核与周边 IP 连接的联合仿真。

RISC-V 处理器可以理解为一个复杂的状态机，具有动态中断、多种操作模式和特权级别等功能特点，这些特点呈现出许多通用验证框架无法完全覆盖的情况。SST 环境作为处理器核功能正确性验证的最后一层保障，也更能体现 RISC-V 指令集架构的特色，其重要性和特殊性都尤为重要，所以本节将重点讲述 RISC-V SST 的特点。

在 11.1 节的描述过程中，RISC-V 处理器的 SST 框架也逐渐显示出来。集成了随机指令、页表配置、数据与堆栈、自陷处理流程等特征的指令发包器（如 RISCV-DV 指令发包器）生成验证激励，编译器完成汇编代码的编译并输出二进制文件供指令集模拟器（如 Spike）和设计代码同时处理，监控设计代码内部寄存器和 PC 值的检测组件作为验证环境的记分板实时检测比较，整套验证环境就可以正常运转了。

在芯片开发过程中，功能覆盖率模型统计的数据作为验证 RISC-V 处理器功能完备性的标准，驱动着验证工作的进展。随着随机指令的不断增加，微架构相关功能验证逐渐深入，功能覆盖率数据逐渐趋于 100%。在这样不断迭代的过程中，RISC-V 处理器的验证工作就能得到一个逐渐收敛的过程，得到高效率、高质量的验证效果。RISC-V 验证框架全景图如图 11.7 所示。

11.2.1　指令发包器随机性

作为验证 RISC-V 处理器的指令发包器，如图 11.8 所示，它不仅要产生基本的指

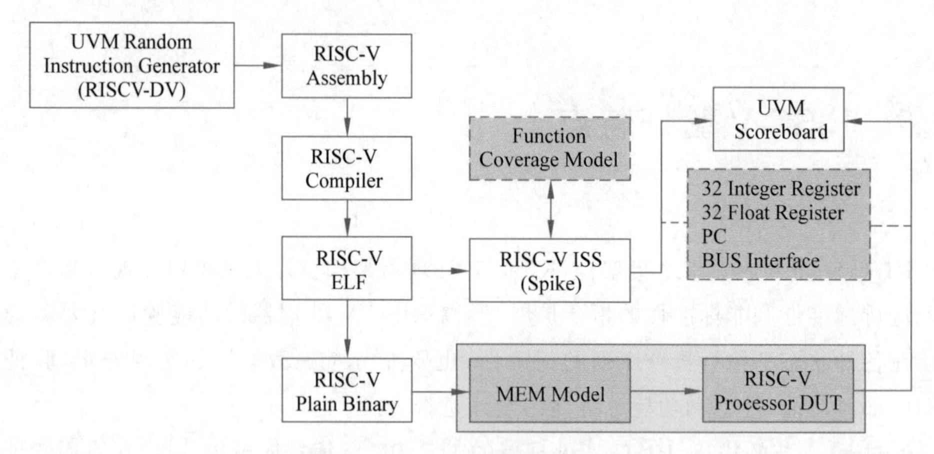

图 11.7 RISC-V 验证框架全景图

令序列，所有正常、异常功能的指令序列，还需要模拟应用程序和系统应用场景。

指令发包器至少要具备以下特点（见图 11.8）。

（1）支持 RISC-V 指令集，至少要支持基本的指令 RV64G/RV32G，针对不同的微架构方案计划的指令扩展，如 RV64V 和其他自定义的指令，指令发包器组件要具备可继承、可重用的特征，能够灵活实现新的指令生成和随机。

（2）支持 RISC-V 特权模式，可以产生中断、非法指令场景和自陷处理程序，以激发特权模式转换，能够实现特权 CSR 的随机配置。

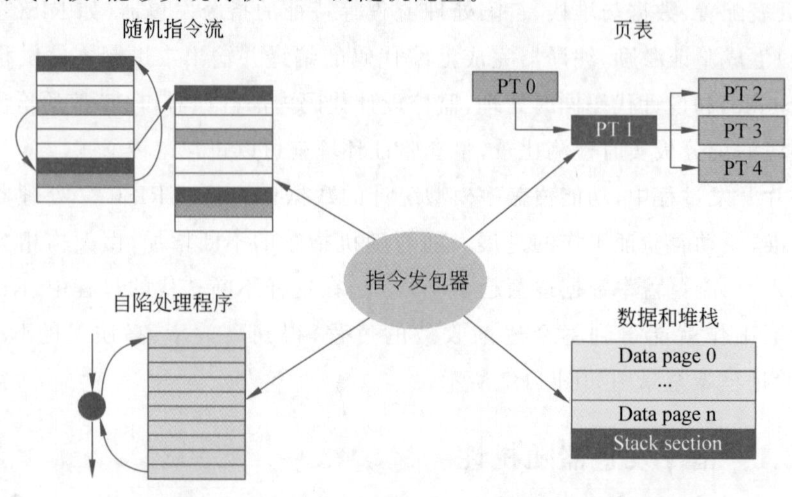

图 11.8 合适的指令发包器特点

(3) 支持页表的随机化和异常场景,可以产生大量验证激励进行 MMU 的压力测试。

(4) 支持数据和堆栈。

(5) 支持定向指令流、随机指令流的混合下发,定向指令流生成功能要具备可扩展的特性,能针对微架构方案灵活添加测试用例。随机指令流生成时,要产生非法指令、HINT 指令、随机向前分支指令、随机向后分支指令等不同的随机场景。

为了模拟应用程序的执行过程,指令发包器有必要将验证语言描述的随机指令转换为汇编指令,然后利用 RISC-V 编译器将汇编代码编译成二进制文件。RISC-V 处理器设计代码通过 Memory 模型中的二进制指令流启动仿真,实现指令处理和特权模式等功能的执行处理。

第 12 章将以 RISC-V 处理器开发领域成熟的 RISCV-DV 指令发生器为研究对象,进一步描述指令发包器的特点和功能实现原理,增加读者对 RISC-V 验证框架中指令发包器的理解。

11.2.2 指令集模拟器准确性

RISC-V 指令集模拟器作为 RISC-V 验证框架中的参考模型,目的是实现验证环境对指令处理的预期功能,以验证设计代码对指令处理功能的正确性。为了实现参考模型的功能,RISC-V 指令集模拟器需要满足 RISC-V 指令集和特权模式对处理器的所有要求,还需要协助验证工程师快速定位仿真中遇到的异常问题。指令集模拟器至少要具备以下特特点。

(1) 支持 RISC-V 指令集,要识别并处理基本的指令 RV64G、RV32G,针对不同的微架构方案计划的指令扩展,如 RV64V 和其他自定义的指令,指令集模拟器组件要具备可继承、可重用的特征,能够灵活地添加新指令识别功能和新指令处理功能。

(2) 支持 RISC-V 特权模式,针对特权 CSR 的随机配置,指令集模拟器能识别到并正确处理。指令发包器发送过来的中断、非法指令场景和自陷处理程序,指令集模拟器能正确处理,实现验证环境对指令流处理的预期。

(3) 支持不同微架构方案扩展的 CSR。

(4) 具备单步调试功能,能实时提取仿真过程中的寄存器、PC 和存储器信息,便于验证工程师遇到仿真问题时能快速定位。

(5) 具备足够的注释信息和仿真 log,验证工程师在阅读并扩展指令集模拟器的功能实现时,能够快速理解原框架内容并准确的继承扩展,仿真过程中打印的日志文件可以支撑验证工程师确认指令执行的步骤和细节,便于问题定位。

指令集模拟器在实现的过程中,可以按照功能级别的仿真,通过执行翻译之后的机器码以提高执行效率,可以按照硬件级别的仿真,针对特定的实现做周期级别的模拟以提高仿真速度,也可以按照指令级别的仿真,以达到模拟实际代码执行过程中的软硬件行为。无论哪种实现方式,指令集模拟器最重要的要求就是准确的预期效果,实现验证框架中参考模型的目的。

第 13 章将以 RISC-V 处理器开发领域成熟的指令集模拟器 Spike 为研究对象,进一步描述指令集模拟器的特点和功能实现原理,增加读者对 RISC-V 验证框架中指令集模拟器的理解。

11.2.3 覆盖率模型完备性

在芯片验证过程中,功能覆盖是指验证过程中对特定信号事件的数据采样和收集过程。功能覆盖率在一定程度上反映了 DUT 代码在所给输入激励下,其内部功能正确性被检测到的百分比。功能覆盖率越高,代表验证工程师对设计代码验证得越完备。需要指出的是,功能覆盖率和代码覆盖率不同,代码覆盖率是测量 DUT 代码在仿真过程中的执行比例,而功能覆盖率的目的是确保验证激励中的所有边界情况都能够遍历到。

为实现功能覆盖率数据对验证收敛的驱动作用,完备的覆盖率模型需要满足以下特点。

(1) 采集所有类型的指令集序列,在 RISC-V 指令发包器的输出端口设置覆盖率采样点,采样发包器输出的所有类型指令,以确认发包器发送到设计代码中的指令是完备的。

(2) 采集每个指令操作码和操作数的所有可能值,在 RISC-V 指令发包器的输出端口设置覆盖率采样点,采样所有指令中的操作码和操作数,以确认发包器生成的每个指令都包含了所有正常、异常的操作码和操作数。

(3) 采集每个 CSR 的访问,在 RISC-V 指令集模拟器的寄存器处理单元设置覆盖率采样点,采样仿真过程中对 CSR 的访问,以确认每个寄存器都被访问到,功能是正常的。

(4) 采样页表配置,在 RISC-V 指令集模拟器的页表转换处理单元设置覆盖率采样点,采样页表的配置信息,以确认指令发包器实现了页表的随机化配置和异常配置。

(5) 采样所有的中断处理场景,在 RISC-V 指令集模拟器的中断处理单元设置覆盖率采样点,采样模拟器对中断的检查和处理,以确认指令发包器正确地实现了中断场景的模拟。

11.3　本章小结

RISC-V 验证框架既要实现通用验证框架中的基本验证组件,也要考虑 CPU 处理器对指令发包器、指令集模拟器等验证组件的特殊要求。本章先通过对通用验证框架的描述介绍了 RISC-V 的整体框架,然后针对 RISC-V 的验证特点,进一步阐述了 RISC-V 验证框架中指令发包器、指令集模拟器和覆盖率模型的结构特征。

第 12 章

RISC-V 指令发生器

在芯片验证过程中会遵循先简单后复杂、先定向后随机的原则。通过特定的约束尽量把问题限定在尽可能小的范围内有助于提升问题的定位效率。在 RISC-V 的验证过程中一般遵循"基本指令的验证——指令组合的验证——应用程序的验证——整系统应用场景验证"的顺序。

RISC-V 作为一款开源标准的指令集架构,如果有一个验证工具可以产生标准的指令,那么这个工具就可以应用于所有 RISC-V 处理器的验证。riscv-tests 提供了针对每条 RISC-V 指令的基本功能测试用例集,用它来发现基本功能问题是非常有效的,但是它不能产生比较复杂的测试场景,如指令组合、特权模式、异常等场景。Google 公司发布的 RISCV-DV 是一个功能更强大的指令发生器。根据芯片验证的基本原则,在芯片验证初期可以用 riscv-tests 做基本功能验证,然后再用 RISCV-DV 作比较复杂的验证,这样有助于快速收敛问题。RISCV-DV 功能完备、应用广泛,本章将详细介绍 RISCV-DV 指令发生器的结构和使用方法。

12.1 RISCV-DV 概述

12.1.1 特性简介

RISCV-DV 是 Google 公司发布的一个基于 SV、UVM 的开源指令发生器,用于 RISC-V 处理器的验证,支持下列特性。

(1) 支持的指令集:RV32IMAFDC、RV64IMAFDC。

(2) 支持的特权模式:M 模式、S 模式、U 模式。

(3) 随机化页表和异常页表生成。

(4) 特权 CSR 随机配置。

(5) 特权 CSR 测试用例。

(6) 自陷/中断的处理。

(7) MMU 压力测试用例。

(8) 主程序和子程序的随机生成及调用。

(9) 非法指令和 HINT 指令的产生。

(10) 向前分支跳转和向后分支跳转指令的随机生成。

(11) 支持随机指令流和定向指令流的混合。

(12) 支持 debug 模式,包括完全随机的 debug ROM。

(13) 提供功能覆盖率模型。

(14) 支持与所有 SV 搭建的验证平台集成。

(15) 支持与多个指令集模拟器(ISS)联合仿真：Spike、riscv OVPsim。

12.1.2　验证流程

基于 RISCV-DV 的处理器验证流程如图 12.1 所示。

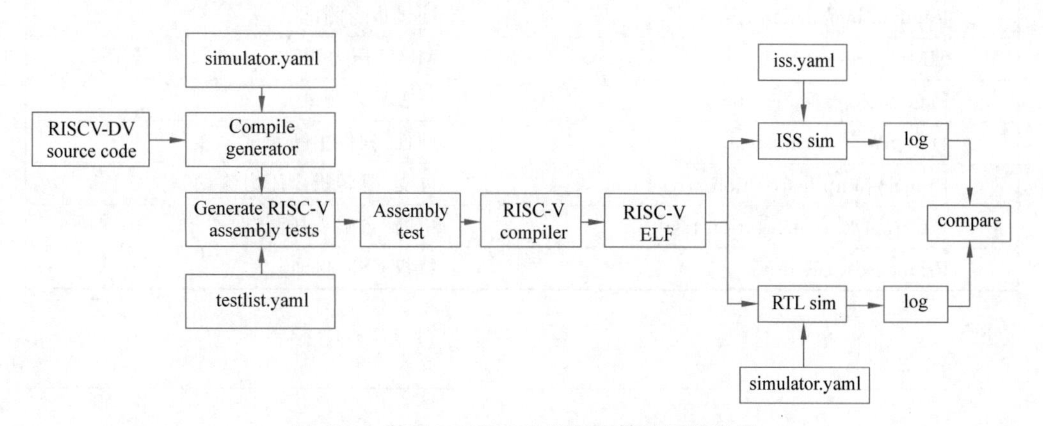

图 12.1　基于 RISCV-DV 的处理器验证流程图

在仿真之前用户需要配置 3 个文件：simulator.yaml、testlist.yaml、iss.yaml。其中,simulator.yaml 用于指定代码仿真工具,如 VCS、Xcelium；testlist.yaml 提供了测试用例集；iss.yaml 用来配置使用的 ISS,如 Spike、riscv OVPsim。

仿真工具在运行时根据 testlist.yaml 的配置启动 Generator 生成汇编代码，然后汇编代码再被编译成 RISC-V **可执行和可链接格式**（Executable and Linkable Format，ELF）文件。ELF 文件送给 ISS 运行，ISS 运行 ELF 文件产生日志文件。ELF 文件也被送给 RTL 仿真，产生 RTL 仿真的日志文件。最后再把 ISS 产生的日志文件和 RTL 仿真的日志文件进行比较得到验证结果。

12.1.3 测试用例集

基于标准 RISC-V 架构定义，RISCV-DV 提供了基本的测试用例集。这些测试用例除了直接用于 RISC-V 处理器功能的测试，还可以帮助用户更快地熟悉 RISCV-DV 指令发生器的工作机制。RISCV-DV 提供的测试用例既包括随机测试用例，也涵盖了针对某一特定功能的定向测试用例。另外，这些用例及用例中的功能函数都具有可扩展性，用户可以根据自己的测试需求进行功能扩展。RISCV-DV 主要测试用例类型如表 12.1 所示。

表 12.1 RISCV-DV 主要测试用例类型

测试用例类型	描　　述
Basic arithmetic instruction test	基本算术运算指令测试
Random instruction test	随机指令测试
MMU stress test	MMU 压力测试
Page table exception test	页表异常测试
HW/SW interrupt test	硬件/软件中断测试
Branch/jump instruction stress test	分支/跳转指令压力测试
Interrupt/trap delegation test	中断/自陷委托测试
Privileged CSR test	特权 CSR 测试

12.2 RISCV-DV 使用方法

RISCV-DV 是基于标准指令集的开源指令发生器，提供了一整套的仿真工具集，用户通过访问官方网站就可免费下载并安装工具集。本节介绍 RISCV-DV 的使用步骤。

12.2.1 软件安装

为了使用 RISCV-DV 指令发生器，需要一个支持 SystemVerilog 和 UVM 1.2 的仿真器，如 Synopsys VCS、Cadence Incisive/Xcelium、Mentor Questa 和 Aldec Riviera-PRO。要完整地运行 RISCV-DV，除了仿真器外还需要安装 RISCV-GCC、Spike 和 RISCV-PK，这些工具都是可以免费下载安装的。其中，RISCV-GCC 是编译工具，GCC 是 GNU Compiler Collection 的简称，Spike 是 RISC-V 指令集模拟器，相当于仿真平台的参考模型；RISCV-PK 是一个代理内核，用于服务构建并链接到 RISC-V Newlib 端口的代码生成的系统调用。下面分别描述它们的安装步骤。

1. 安装 RISCV-DV

（1）从 https://github.com/google/riscv-dv 下载压缩文件 riscv-dv-master.zip。

（2）unzip riscv-dv-master.zip。

（3）cd riscv-dv-master。

（4）把“export PATH=～/.local/bin:$PATH”语句加入～/.bashrc 里。

（5）source ～/.bashrc。

（6）pip3 install --user -e。

安装完成后可以执行 run --help 查看命令帮助信息。

2. 安装 RISCV-GCC 编译器工具链

（1）从 https://github.com/riscv/riscv-gnu-toolchain 下载 RISC-V 工具链

（2）在～/.bashrc 设置如下的环境变量，并重新 source ～/.bashrc。

```
export RISCV=<riscv_gcc_install_path>
export RISCV_GCC="$RISCV/bin/riscv64-unknown-elf-gcc"
export RISCV_OBJCOPY="$RISCV/bin/riscv64-unknown-elf-objcopy"
```

上面“<riscv_gcc_install_path>”需要修改为自己的工具链安装目录。

（3）在下载的工具链目录下执行：./configure --prefix= $RISCV。

（4）在下载的工具链目录下执行：make。

3. 安装 Spike

当前 RISCV-DV 支持 3 个 ISS：Spike、riscv OVPsim 和 Sail-riscv。默认为 Spike，其安装方法如下。

(1) 从 https://github.com/riscv/riscv-isa-sim 下载安装文件。

(2) 在安装目录下执行下面的命令。

```
mkdir build
cd build
../configure --prefix=$RISCV --enable-commitlog
make
make install
```

配置 Spike 的时候需要加--enable-commitlog 选项，否则 Spike 日志文件不打印指令执行结果。在～/.bashrc 中增加环境变量 SPIKE_PATH，并重新 source ～/.bashrc，命令如下。

```
export SPIKE_PATH= $RISCV/bin
```

4. 安装 RISCV-PK

(1) 从 https://github.com/riscv/riscv-pk 下载 pk 源代码。

(2) 在 pk 目录下执行如下命令。

```
mkdir build
cd build
../configure --prefix=$RISCV --host=riscv64-unknown-elf
make
make install
cp pk dummy_payload config.status bbl_payload bbl $RISCV/bin
```

12.2.2 运行指令发生器

可以用--help 选项来查看完整的命令帮助信息。

```
run --help
```

运行单个用例的例子。

```
run --test=riscv_arithmetic_basic_test
```

可以用--simulator 选项来指定 RTL 仿真器。

```
run --test riscv_arithmetic_basic_test --simulator ius
run --test riscv_arithmetic_basic_test --simulator vcs
```

完整的测试用例列表在 base_testlist.yaml 里描述。回归所有的用例，用下面的命令。

```
run
```

通过--iss 选项指定 ISS，下面的例子指定用 Spike 指令集模拟器。

```
run --test riscv_arithmetic_basic_test --iss spike
```

跑定向汇编或 C 测试用例的例子。

```
run --asm_tests asm_test_path1/asm_test1.S
run --c_tests c_test_path1/c_test1.c,c_test_path2/c_test2.c
```

12.2.3 命令说明

配置好环境后，执行 run --help 命令会打印帮助信息，命令用法如下。

```
usage: run [-h] [--target TARGET] [-o O] [-tl TESTLIST] [-tn TEST]
       [--seed SEED] [-i ITERATIONS] [-si SIMULATOR] [--iss ISS] [-v]
       [--co] [--cov] [--so] [--cmp_opts CMP_OPTS] [--sim_opts SIM_OPTS]
       [--gcc_opts GCC_OPTS] [-s STEPS] [--lsf_cmd LSF_CMD] [--isa ISA]
       [-m MABI] [--gen_timeout GEN_TIMEOUT]
       [--end_signature_addr END_SIGNATURE_ADDR] [--iss_opts ISS_OPTS]
       [--iss_timeout ISS_TIMEOUT] [--iss_yaml ISS_YAML]
       [--simulator_yaml SIMULATOR_YAML] [--csr_yaml CSR_YAML]
       [--seed_yaml SEED_YAML] [-ct CUSTOM_TARGET] [-cs ORE_SETTING_DIR]
       [-ext USER_EXTENSION_DIR] [--asm_tests ASM_TESTS]
       [--c_tests C_TESTS] [--log_suffix LOG_SUFFIX] [--exp]
```

```
[-bz BATCH_SIZE] [--stop_on_first_error] [--noclean]
[--verilog_style_check] [-d DEBUG]
```

RISCV-DV 命令选项如表 12.2 所示。

表 12.2　RISCV-DV 命令选项说明

选项名称	描　述
-h,--help	打印帮助信息
--target TARGET	使用预定义的目标运行指令发生器：rv32imc、rv32i、rv64imc、rv64gc
-o O,--output O	指定输出目录名
-tl TESTLIST,--testlist TESTLIST	回归用例的列表
-tn TEST,--test TEST	测试用例的名字，all 表示列表中的所有用例
--seed SEED	随机种子，默认的－1 表示的随机种子
-i ITERATIONS,--iterations ITERATIONS	覆盖用例列表中 iterations 选项设置的次数
-si SIMULATOR,--simulator SIMULATOR	指定运行指令发生器的仿真器，默认的是 VCS
--iss ISS	RISC-V 指令集模拟器：Spike、riscv OVPpsim、sail
-v,--verbose	产生详细日志
--co	仅编译指令发生器，不产生 ELF 文件
--cov	使能功能覆盖率
--so	仅运行指令发生器
--cmp_opts CMP_OPTS	指令发生器的编译选项
--sim_opts SIM_OPTS	指令发生器的仿真选项
--gcc_opts GCC_OPTS	GCC 编译选项
-s STEPS,--steps STEPS	指定运行步骤：gen、gcc_compile、iss_sim、iss_cmp
--lsf_cmd LSF_CMD	LSF 命令，如果未指定 lsf 命令则会在本地按顺序执行任务
--isa ISA	RISC-V ISA 子集
-m MABI,--mabi MABI	编译所用的 mabi

续表

选项名称	描　述
--gen_timeout GEN_TIMEOUT	以秒为单位的指令发生器的超时限制
--end_signature_addr END_SIGNATURE_ADDR	指定特权 CSR 用例在测试结束时写的地址
--iss_opts ISS_OPTS	任意的 ISS 命令行参数
--iss_timeout ISS_TIMEOUT	以秒为单位的 ISS 仿真超时限制
--iss_yaml ISS_YAML	YAML 中的 ISS 设置
--simulator_yaml SIMULATOR_YAML	YAML 中的 RTL 仿真器设置
--csr_yaml CSR_YAML	CSR 描述文件
--seed_yaml SEED_YAML	用上次回归的种子设置重新运行指令发生器
-ct CUSTOM_TARGET，--custom_target CUSTOM_TARGET	定制 target 的目录名
-cs CORE_SETTING_DIR，--core_setting_dir CORE_SETTING_DIR	riscv_core_setting.sv 文件的路径
-ext USER_EXTENSION_DIR，--user_extension_dir USER_EXTENSION_DIR	用户扩展目录的路径
--asm_tests ASM_TESTS	定向汇编用例
--c_tests C_TESTS	定向 C 用例
--log_suffix LOG_SUFFIX	仿真日志文件名后缀
--exp	用试验性的特性运行指令发生器
-bz BATCH_SIZE，--batch_size BATCH_SIZE	每次运行要生成的用例数。可以用该选项将大任务拆分为多个小批量任务
--stop_on_first_error	检测到第一个错误就停下来
--noclean	不清除以前运行的输出
--verilog_style_check	运行 verilog 风格检查
-d DEBUG，--debug DEBUG	产生调试命令日志文件

12.2.4　YAML 配置

测试用例的 YAML 配置选项说明如表 12.3 所示，这些配置选项中，description 和 rtl_test 只是对该用例的场景和测试对象进行描述，不会影响仿真。其他的配置选项与仿真紧密相关。用户需要理解每个选项的含义，根据测试需求配置。这些配置选项中，最重要且最复杂的选项是 gen_opts。gen_opts 是 RISCV_DV 作用于 generator 的配置选项的集合，这个集合包括多个子配置选项，直接作用于 Generator 生成激励的阶段。

表 12.3 测试用例的 YAML 配置选项说明

选项名称	描述
test	测试用例名
description	测试用例描述
gen_opts	指令发生器的选项
iterations	测试用例运行的次数
no_iss	使能或禁止 ISS 仿真
gen_test	用例使用的 Generator 名
rtl_test	要仿真的 RTL 模块名
cmp_opts	传给指令发生器的编译选项
sim_opts	传给指令发生器的仿真选项
no_post_compare	使能或禁止 RTL 日志和 ISS 日志的比较
compare_opts	RTL 日志和 ISS 日志比较选项
gcc_opts	GCC 编译选项

gen_opts 中可用的选项如表 12.4 所示，这些参数直接影响测试用例所产生的激励特性。这些参数使得 RISCV-DV 所支持的测试场景更加多样化，也更具有灵活性。用户很容易通过参数的配置产生特定的测试场景，以满足不同的测试需求。当然，RISCV-DV 也支持用户自行添加参数，扩展参数控制激励特性的范围和功能。

表 12.4 YAML gen_opts 选项说明

选项名称	描述	默认值
num_of_tests	生成的汇编用例个数	1
num_of_sub_program	子程序数	5
instr_cnt	每个用例里面的指令个数	200
enable_page_table_exception	使能页表异常	0

续表

选项名称	描述	默认值
enable_unaligned_load_store	使能非对齐的内存访问	0
no_ebreak	禁止 ebreak 指令	1
no_wfi	禁止 wfi 指令	1
set_mstatus_tw	把 wfi 当成非法指令	0
no_dret	禁止 dret 指令	1
no_branch_jump	禁止分支和跳转指令	0
no_csr_instr	禁止 CSR 操作指令	0
enable_illegal_csr_instruction	使能非法的 CRS 指令	0
enable_access_invalid_csr_level	使能更高特权模式 CRS 的访问	0
enable_dummy_csr_write	使能虚拟 CSR 的写入	0
enable_misaligned_instr	使能跳转到非对齐的指令地址	0
no_fence	禁止 fence 指令	0
no_data_page	禁止页表生成	0
disable_compressed_instr	禁止压缩指令生成	0
illegal_instr_ratio	每 1000 条指令中非法指令的个数	0
hint_instr_ratio	每 1000 条指令中 HINT 指令的个数	0
boot_mode	启动模式，有 3 种模式。m：M 模式、s：S 模式、u：U 模式	m
no_directed_instr	禁止直接指令流	0
require_signature_addr	SIGNATURE 机制使能	0
signature_addr	通过写该地址把数据发给验证环境	0
enable_interrupt	使能 MStatus.MIE，用于中断测试	0
enable_timer_irq	使能 xIE.xTIE，用于使能 timer 中断	0
gen_debug_section	debug_rom section 随机使能	0
num_debug_sub_program	用例中调试子程序的个数	0
enable_ebreak_in_debug_rom	在 debug ROM 中生成 ebreak 指令	0
set_dcsr_ebreak	随机使能 dcsr.ebreak(m/s/u)	0
enable_debug_single_step	使能单步调试功能	0
randomize_csr	完全随机配置 CSR (xSTATUS、xIE)	0

RISCV-DV 的测试用例是通过 YAML 来配置的，YAML 文件是用于回归仿真的用例列表，包括了所有的测试用例和用例的配置，单个用例的代码展示如下：

```
-test: riscv_arithmetic_basic_test
description: >
   Arithmetic instruction test, no load/store/branch instructions
gen_opts: >
+instr_cnt=10000
   +num_of_sub_program=5
   +directed_instr_0=riscv_int_numeric_corner_stream,4
   +no_fence=1
   +no_data_page=1
   +no_branch_jump=1
   +boot_mode=m
   +no_csr_instr=1
iterations: 2
gen_test: riscv_instr_base_test
rtl_test: core_base_test
```

上面展示的测试用例，用例名是 riscv_arithmetic_basic_test，指令数目是 10000 条，子程序数目是 5，按照 4‰的比例添加 riscv_int_numeric_corner_stream 流产生的定向指令，没有 fence 指令，没有页表，没有分支跳转，启动模式是 M 模式，没有 CSR 操作指令，用例运行次数是 2，Generator 的名字是 riscv_instr_base_test，DUT 的名字是 core_base_test。

12.3 RISCV-DV 结构分析

本节简要介绍 RISCV-DV 主要的类和函数，从而理解 RISCV-DV 的实现机制，有助于更好地应用 RISCV-DV。

12.3.1 仿真激励 xaction

验证环境中的激励是通过基础 xaction 描述实现的。RISCV-DV 中提供了基础的

riscv_instr 类,然后根据不同指令集的特点定向扩展,生成不同测试用例所需的测试激励类。

riscv_instr 作为最基础的类,扩展自 uvm_object,属于测试激励的 base xactoin,用于所有指令的随机、约束和信息获取。

riscv_instr 类的基本随机变量如表 12.5 所示,其中 riscv_instr_name_t 是枚举类型,其包括了 RISCV 标准指令集定义的所有指令;而 group、format 和 category 是联合数组,功能是对 riscv_instr_name_t 列举的指令由不同角度进行了分类,分类的目的是方便对不同类型的指令进行有差别操作时,不用在处理某一类指令时将这类指令的所有成员都一一列举出来,只需要按划分的类别名就可以区分。最后,变量 csr、rs1、rs2 和 imm 都是指令的组成成员,也称指令的域,这些域已经根据指令的特性添加了约束。

表 12.5 riscv_instr 类的基本随机变量

变量名	变量类型	描述
group	riscv_instr_group_t	描述 RV32I、RV64I、RV32M、RV64M 等指令子集
format	riscv_instr_format_t	描述指令格式:R_TYPE、I_TYPE、S_TYPE、J_TYPE 等
category	riscv_instr_category_t	指令的类别:load、store、shift、compare、jump 等
instr_name	riscv_instr_name_t	所有指令名
csr	rand bit [11:0]	CSR
rs2	randriscv_reg_t	通过 ABI 名例化的 32 个整数寄存器
rs1	randriscv_reg_t	通过 ABI 名例化的 32 个整数寄存器
rd	randriscv_reg_t	通过 ABI 名例化的 32 个整数寄存器
imm	rand bit [31:0]	指令中的立即数

riscv_instr xaction 的主要函数如表 12.6 所示,这些函数在 Generator 工作的不同阶段对类中的变量进行操作。这些函数也支持用户扩展,函数的功能可基于用例的测试需求进行扩展重写。

riscv_instr 扩展指令类如表 12.7 所示,RISCV-DV 支持开源标准的指令集的所有指令类型。RISCV-DV 支持目前常见的 RV32、RV64 和 RV128 指令集。另外,RISCV-DV 还支持用户自定义指令,这需要用户根据其自定义指令的特性进行开发。自定义指令也扩展自基本类 riscv_instr。

表 12.6 riscv_instr xaction 的主要函数

函 数 名	描 述
set_imm_len	设置立即数的长度
create_instr_list	根据不同分类原则将指令进行分类
get_opcode	根据 instr_name 返回 RISCV 指令编码
get_func3	R、I、S/B-TYPE 指令格式中 bit[14:12]中的 function 编码
get_func7	R-TYPE 指令格式中 bit[31:25]中的 function 编码
convert2bin	根据 format、rs2、rs1、rd、imm 等信息将指令打包成二进制
convert2asm	根据 format、instr_name、rs2、rs1、rd、imm 等信息将指令转成汇编指令

表 12.7 riscv_instr 扩展指令类

扩展指令类	描 述
riscv_amo_instr	针对原子指令扩展的 xaction
riscv_floating_point_instr	针对浮点指令扩展的 xaction
riscv_compressed_instr	针对压缩指令扩展的 xaction
rv32* _instr	针对 RV32 指令类扩展的 xaction
rv64* _instr	针对 RV64 指令类扩展的 xaction
rv128_instr	针对 RV128 指令类扩展的 xaction
rv32b_instr	针对 RV32 的位操作指令扩展的 xaction
riscv_vector_instr	针对向量操作指令扩展的 xaction
riscv_cusom_instr	针对定制指令扩展的 xaction

上文介绍了由基本类 riscv_instr 扩展的指令类，但并不是所有指令都扩展自 riscv_instr，RISCV-DV 中 riscv_illegal_instr 就是直接扩展自 uvm_object。riscv_illegal_instr 是用于产生非法指令的类，其特性决定了类中的变量和函数与基本类的定义是不同的。

无论指令类 xaction 是否扩展自基本类，作为最底层的类，都供 Genertor 调用，每调用一次，指令类就会根据类中的约束产生随机变量，这些变量包括了组成指令的各个域，如 rs1、rs2、imm 和 rd 等。然后由类中的函数 convert2asm 将这些域由架构定义的指令格式组装为一条完整的测试指令。Generator 调用指令类 xaction 生成汇编代码。而函数 convert2bin 则会调用函数 get_opcode、get_fun3 和 get_fun7 将汇编代码转换为二进制格式。

12.3.2 Generator

riscv_asm_program_gen 类是 RISCV-DV 的基本 Generator,它扩展自 uvm_object。riscv_asm_program_gen 的功能是根据配置约束产生用于测试的汇编文件,是 RISCV-DV 发生器的核心部件。用户可以通过扩展 riscv_asm_program_gen 的方式重写其中的功能函数,产生定制化的 Generator。如 RISCV-DV 提供的 riscv_debug_rom_gen 就扩展自 riscv_asm_program_gen,它是针对 debug ROM 功能测试场景的 Generator。

riscv_asm_program_gen 的主要变量如表 12.8 所示,变量 cfg 是由 riscv_instr_gen_config 例化的,是一个用于环境配置的类,它囊括了 Gererator 运行的所有配置。cfg 的具体构成本书不做过多介绍,读者有兴趣可查看 RISCV-DV 的源代码。cfg 由 test_case 例化并随机后,传入 Genertor,Generator 根据 cfg 中的变量调用不同的程序。表 12.8 中的 data_page_gen、main_program 等都是具有不同功能的程序,每个程序会根据 cfg 的配置随机产生不同类型的指令流数据。所以,cfg 贯穿于 Generator 工作的各阶段。

表 12.8 riscv_asm_program_gen 的主要变量

变 量 名	变量类型	描 述
cfg	riscv_instr_gen_config	环境配置
data_page_gen	riscv_data_page_gen	数据页表生成器
main_program	riscv_instr_sequence	主测试流程序
sub_program	riscv_instr_sequence	子测试流程序
umode_program	riscv_instr_sequence	用户模式程序
smode_program	riscv_instr_sequence	特权模式程序
privil_seq	riscv_privileged_common_seq	用于特权模式的 sequence

上文多次提到随机化,这在 Generator 运行时非常普遍。Generator 的随机化功能分为指令级、序列级、程序级 3 个层次。指令级随机涵盖每条指令所有可能的操作数

和立即数，如算术溢出、被零除、长分支、异常等；序列级随机最大限度地提高指令的顺序和依赖性；程序级随机主要是实现不同特权模式、页表配置及程序调用的随机化。

下面介绍 Generator 的工作流程，如图 12.2 所示，RISCV-DV 的运行步骤较多。其中，有些是必须执行的，如 Generte program header、Iintialization routine 等；有些是条件执行的，如 Page table randomization 仅是在需要产生页表测试场景时才启动。

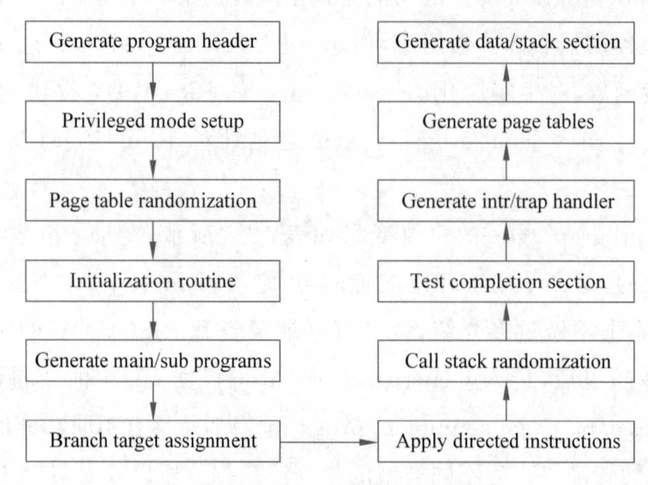

图 12.2　RISCV-DV 的工作流程图

RISCV-DV 运行流程分为以下 3 个步骤。

1. 构建表头和初始化

(1) 汇编程序有固定的头，如标签、宏常数等，生成汇编程序头的操作就在 Generate program header 这一步完成。

(2) 在页表功能的测试中，需要构建页表，由 Privileged mode setup 和 Page table randomization 完成。

(3) Initialization routine：浮点寄存器和整数寄存器初始化。

2. 随机生成测试指令

这一步是由配置控制产生汇编文件主测试程序的过程，其中会调用多个程序同时工作，分别介绍如下。

(1) Generate main/sub programs：生成主程序和子程序框架，构造随机指令。

(2) Branch target assignment：生成分支任务。

(3) Generate data/stack section：生成数据/栈段。

(4) Generate page tables：生成页表链接相关指令。

(5) Generate instr/trap handler：生成中断和异常处理指令。

(6) Call stack randomization：生成在主程序和子程序间的跳转指令。

(7) Apply directed instructions：定向指令配置的功能生成。

3. 生成汇编程序结束字段

这一操作在 Test completion section 段完成。

12.3.3 测试用例

RISCV-DV 提供了一些基本的测试用例，测试用例主要包括两部分：一部分是 YAML 文件配置的测试用例；另一部分是用例下发过程中涉及的定向用例所用的一系列 instr_stream。

YAML 文件配置的测试用例，主要指 yaml 文件夹下的 base_testlist.yaml 文件和 target 文件夹下不同指令集的 testlist.yaml。其中，base_testlist.yaml 用例如表 12.9 所示。

表 12.9 base_testlist.yaml 用例说明

用 例 名	描 述
riscv_arithmetic_basic_test	算术指令用例，不包含 Load、Store、Branch 指令
riscv_rand_instr_test	随机指令压力测试
riscv_jump_stress_test	跳转指令压力测试
riscv_loop_test	随机指令压力测试
riscv_rand_jump_test	在大量子程序中跳转测试，对 ITLB 操作进行压力测试
riscv_mmu_stress_test	不同模式的 Load、Store 指令测试，MMU 操作的压力测试
riscv_no_fence_test	禁止 fence 的随机指令测试，在没有 fence 指令带来的 stall/flush 情况下测试处理器的流水线

续表

用 例 名	描 述
riscv_illegal_instr_test	非法指令测试,验证处理器可以检测到非法指令并正确处理相应的异常。异常处理程序用来在非法指令异常之后恢复执行
riscv_ebreak_test	带 ebreak 的随机指令测试。不使能调试模式,处理器会产生 ebreak 异常
riscv_ebreak_debug_mode_test	在调试模式使能情况下的 ebreak 指令测试
riscv_full_interrupt_test	带有完整中断处理的随机指令测试
riscv_csr_test	在所有已实现的 CSR 上测试所有的 CSR 指令
riscv_unaligned_load_store_test	非对齐的 Load、Store 测试

12.3.4 扩展说明

不同的芯片规格和功能特性需要不同的测试用例集。现有的 RISCV-DV 只提供基本的测试用例,并不能给所有芯片的测试场景提供完备的测试用例集,所以基于 RISCV-DV 的扩展是验证工程师最重要的工作。

测试用例的扩展主要集中在 target 目录下指令集的扩展和不同的 instr stream 的添加,所以本文针对不同的功能特性,简要描述用例扩展的思路。

(1) 某种类型的随机指令,例如只生成浮点操作指令,可以在 target 目录下新增 RV32F 或 RV64F 文件夹,在内部约束指令为浮点操作指令。

(2) 多种类型的随机指令,例如完全随机(RV64GCV)或部分随机(RV64G),也可以在 target 目录下新增对应文件夹,在内部约束指令类型。

(3) 随机指令流背景下,下发特殊指令是通过扩展 src 目录下现有指令流 riscv_rand_instr_stream、riscv_mem_access_stream 并重载指令产生方式而实现的。

(4) 新增 target 目录下指令目录后,仿真用例执行时通过 run --target rv64xx 来实现。

(5) 新增 instr stream 所需指令流后通过 YAML 文件中的+directed_instr_0/1/2/3…来指定。

12.4　本章小结

本章通过介绍指令发生器 RISCV-DV,使读者对其构建和工作原理有了基本的了解。指令发生器的目的就是构建用于 RISC-V 处理器核功能测试的场景,不同的处理器核的设计,既遵循标准指令集的架构特性,也有根据指令集扩展定制不同于其他处理器的特性,RISC-V 指令发生器的设计也必须支持这一测试需求,既支持一般的指令集的应用场景测试,也支持用户开发其特有的测试场景。

第 13 章

RISC-V 指令集模拟器

指令集模拟器是在宿主机上模拟虚拟机程序运行的软件，即可以在一种架构处理器上运行另一种架构处理器的软件，支持软件跨平台运行。在没有 RISC-V 处理器硬件的情况下，RISC-V 指令集模拟器可以提供一个在其他处理器上模拟运行 RISC-V 软件的环境。这样在 RISC-V 处理器研发过程中不用等芯片回片就可以同步开发和调试软件。软件并行开发调试可有效缩短产品研发周期，加快产品上市时间，为企业在瞬息万变的市场中赢得先机。

13.1 RISC-V 指令集模拟器概述

RISC-V 指令集模拟器可以分为硬件模拟器和软件模拟器。软件模拟器包括时序级、指令级和功能级模拟器。当前 RISC-V 开发领域有多款成熟的开源指令集模拟器供用户使用，常用的 RISC-V 模拟器如表 13.1 所示。

表 13.1 常用的 RISC-V 模拟器

类型		指令集模拟器
硬件模拟器		FireSim
软件模拟器	时序级模拟器	MARSS-RISCV
	指令级模拟器	Spike、riscvOVPsim
	功能级模拟器	QEMU

FireSim 是美国加州大学伯克利分校开发的开源、时序级精度指令集模拟器，运行在云 FPGA 上（Amazon EC2 F1）可以模拟用 Chisel 语言编写的硬件设计。FireSim

用户可以编写自己的RTL设计并在云FPGA上以接近FPGA原型平台的速度运行仿真,同时可以获得时序级精度的性能结果。取决于用户设计的规模,FireSim可以运行的频率为10～100MHz。

MARSS-RISCV是美国纽约州立大学开发的开源、时序级精度的单核全系统(Linux)的微架构RISC-V模拟器。它支持从Bootloader、Kernel、Libraries、中断处理到用户应用程序的全系统的模拟,支持顺序和乱序处理器模型等特性。

指令级的模拟器有Spike和riscvOVPsim。Spike是加利福尼亚大学开发的开源指令集模拟器。riscvOVPsim是Imperas公司开发的功能齐全、可配置的RISC-V指令集模拟器,支持RISC-V指令集手册Ⅰ、Ⅱ、Ⅴ指令扩展等特性,但需要商业授权。

QEMU是功能级的模拟器,它把RISC-V的指令翻译成主机的指令并执行。

Spike和QEMU是两个主流的指令集模拟器。QEMU运行速度快,主要应用在软件开发领域。Spike因为提供了更好的trace功能,所以在硬件开发领域应用广泛。

Spike作为一款经典指令集模拟器备受验证人员青睐。Spike强大的trace功能可以把每条指令的地址、指令编码、汇编指令、执行结果等信息打印出来,作为EDA验证的参考模型。Spike指令集模拟器对加快验证环境搭建、提升验证环境质量、快速定位问题有非常大的帮助。本书选用Spike作为EDA验证的参考模型,下面详细介绍Spike指令集模拟器的安装、源代码分析和使用方法。

13.2 Spike概述

13.2.1 特性简介

Spike作为RISC-V指令集模拟器,实现了一个或多个RISC-V处理器核的模拟功能。Spike支持以下的RISC-V指令集特性。

(1) RV32I和RV64I基本指令集,v2.1。

(2) Zifencei指令扩展,v2.0。

(3) Zicsr指令扩展,v2.0。

(4) M指令扩展,v2.0。

(5) A 指令扩展,v2.1。

(6) F 指令扩展,v2.2。

(7) D 指令扩展,v2.2。

(8) Q 指令扩展,v2.2。

(9) C 指令扩展,v2.0。

(10) V 指令扩展,v0.9,w/ Zvlsseg/Zvamo/Zvqmac,w/o Zvediv(需要 64 位主机)。

(11) 符合 RVWMO 和 RVTSO 模型。

(12) Machine、Supervisor、User 模式,v1.11。

(13) Debug,v0.14。

13.2.2 软件栈分析

基于 Spike 模拟器的 RISC-V 软件栈如图 13.1 所示。

	Applications		
Distributions	OpenEmbeded	Gentoo	BusyBox
Compilers	Clang/LLVM	GCC	
System Libraries	newlib	glibc	
OS Kernels	Proxy Kernel	Linux	
Implementations	Spike		

图 13.1 基于 Spike 模拟器的 RISC-V 软件栈

Spike 支持 Clang/LLVM 编译环境,同时也支持 Linux 编译环境。Proxy Kernel 是为支持有限 I/O 能力的 RISC-V 实现而设计的,它把 I/O 相关的系统调用代理到主机来处理。Proxy Kernel 为 RISC-V ELF 二进制文件提供了一个轻量级的应用程序执行环境,13.3.3 节运行简单的 hello.c 就是依赖这一环境。Proxy Kernel 还实现了一个 Berkeley Boot Loader,Boot Loader 是 RISC-V 系统的 Supervisor 执行环境,用来支持 RISC-V Linux。Proxy Kernel 和 Linux 可以运行基于 OpenEmbeded、Gentoo、BusyBox 等定制的操作系统。借助 Spike 操作系统环境,用户可以自行开发应用程序。

Spike 对 RISC-V 软件栈支持完备,用户可以借助 Spike 进行全栈软件开发。

13.3 Spike 使用方法

13.3.1 软件安装

按照 12.2.1 节的描述完成 Spike 的安装。

13.3.2 命令解析

Spike 安装完成后执行 spike -h 命令会打印帮助信息。通过帮助信息可以发现 Spike 具有丰富的配置功能、日志功能和调试功能。用户可以自行配置支持的指令集、特权模式、处理器核数、内存大小、缓存大小等特性，同时可以配置在仿真过程中获取详细的日志信息，如指令运行结果、程序计数器(PC)直方统计等，而且可以支持 GDB 调试模式和交互调试模式。Spike 的命令格式如下：

```
spike [host options] <target program> [target options]
```

target program 为可执行的 RISC-V 二进制文件。target options 为 target program 可执行文件所需要的参数，它由 target program 决定。host options 主要选项如表 13.2 所示。

表 13.2　Spike host options 主要选项说明

选　项	说　明
-p<n>	指定仿真处理器的个数为 n，默认为 1
-m<n>	提供 n 兆字节的内存，默认是 2048MB
-m<a:m,b:n,…>	用这种格式指定多块内存区域，a 和 b 分别表示内存区域的基地址(必须是 4KB 对齐)，m 和 n 分别表示内存区域的大小，以字节为单位
-d	以交互调试模式运行
-g	统计不同 PC 对应的指令被执行的次数
-l	生成仿真执行 log，输出到标准输出上

续表

<table>
<tr><th>选　项</th><th>说　明</th></tr>
<tr><td>-h,--help</td><td>打印帮助信息</td></tr>
<tr><td>-H</td><td>启动就停下来,允许调试器连接</td></tr>
<tr><td>--isa＝＜name＞</td><td>指定支持的 RISC-V 指令集,默认为 RV64IMAFDC</td></tr>
<tr><td>--priv＝＜m|mu|msu＞</td><td>指定支持的 RISC-V 特权模式,默认为 MSU</td></tr>
<tr><td>--varch＝＜name＞</td><td>RISC-V 向量指令架构字符串,默认值 vlen:128,elen:64,slen:128</td></tr>
<tr><td>--pc＝＜address＞</td><td>覆盖 ELF 文件的入口点地址,Spike 默认会从 ELF 的入口点开始执行</td></tr>
<tr><td>--hartids＝＜a,b,…＞</td><td>指定 hartid,默认为 0,1 …</td></tr>
<tr><td>--ic＝＜S＞:＜W＞:＜B＞</td><td>指定一个 S sets、W ways、B-byte blocks 的指令 Cache 模型,S 和 B 都是 2 的次幂</td></tr>
<tr><td>--dc＝＜S＞:＜W＞:＜B＞</td><td>指定一个 S sets、W ways、B-byte blocks 的数据 Cache 模型,S 和 B 都是 2 的次幂</td></tr>
<tr><td>--l2＝＜S＞:＜W＞:＜B＞</td><td>指定一个 S sets、W ways、B-byte blocks 的二级 Cache 模型,S 和 B 都是 2 的次幂</td></tr>
<tr><td>--device＝＜P,B,A＞</td><td>从一个--extlib 选项指定的库中添加内存映射 I/O(Memory Mapping I/O,MMIO)设备
P: MMIO 设备的名字
B: 设备的基地址
A: 传给设备的字符串参数
该选项可以用多次
指定库的--extlib 选项必须在前面</td></tr>
<tr><td>--log-cache-miss</td><td>产生 Cache 未命中的日志</td></tr>
<tr><td>--extension＝＜name＞</td><td>指定扩展的协处理器名字</td></tr>
<tr><td>--extlib＝＜name＞</td><td>要加载的共享库,该选项可以使用多次</td></tr>
<tr><td>--rbb-port＝＜port＞</td><td>在 port 端口上监听 rbb 连接</td></tr>
<tr><td>--dump-dts</td><td>打印设备树并退出</td></tr>
<tr><td>--disable-dtb</td><td>不把 dtb 写入内存</td></tr>
<tr><td>--initrd＝＜path＞</td><td>加载内核的 initrd 到内存</td></tr>
<tr><td>--bootargs＝＜args＞</td><td>为内核提供自定义的启动参数。默认值: console＝hvc0 earlycon＝sbi</td></tr>
<tr><td>--real-time-clint</td><td>按真实时间速率增加 CLINT 的计数器</td></tr>
</table>

13.3.3 运行示例

用 Spike 仿真的例子如下。首先确保按照 12.2.1 节的描述完成 Spike、RISCV-GCC 和 RISCV-PK 的安装。然后写一个 hello.c 程序，代码如下。

```
#include "stdio.h"
int main()
{
    printf("Hello World!\n");
    return 0;}
```

用下面的命令编译出 RISC-V 二进制可执行文件 hello。

```
riscv64-unknown-elf-gcc -o hello hello.c
```

最后用下面的命令执行仿真：

```
spike -l --log hello.log  --log-commits  pk hello
```

-l --log hello.log 选项生成 hello.log 日志文件，默认不生成日志文件。--log-commits 选项在 Log 中添加指令的执行结果。

13.3.4 Log 文件分析

下面代码是 Spike 运行的 Log 文件片段。

```
core   0: 0x0000000000001000 (0x00000297) auipc    t0, 0x0
3 0x0000000000001000 (0x00000297) x5 0x0000000000001000
core   0: 0x0000000000001004 (0x02028593) addi     a1, t0, 32
3 0x0000000000001004 (0x02028593) x11 0x0000000000001020
core   0: 0x0000000000001008 (0xf1402573) csrr     a0, mhartid
3 0x0000000000001008 (0xf1402573)  x10 0x0000000000000000
```

在代码中第一行的 core 0 表示 hartid 为 0，0x0000000000001000 表示 PC 值即指令的地址，0x00000297 表示指令编码，auipc t0，0x0 是该条指令的汇编代码。第二行的 3 表示是 M 模式。特权模式的编码 0、1、2、3 分别对应 U、S、H、M 模式。x5 表示 x5 寄存器的值变成了 0x0000000000001000。

可以看出，Spike 可以打印处理器执行过程中每条指令的地址、指令编码、汇编代码、执行结果等信息。这样可以把 Spike 的 Log 和 DUT 仿真的 Log 中的指令及结果逐条比较，根据 Log 比较结果可以快速找出指令执行错误位置，从而加速问题的定位。

13.3.5 运行 Linux

Spike 作为一款 RISC-V 指令集模拟器，在 RISC-V 处理器验证阶段用来验证每条指令的正确性。除了指令集验证外还可以使用 Spike 提前进行配套软件的开发。下面介绍 Spike 运行 Linux 的简单步骤供大家参考。

1. 安装 Linux 工具链

从 https://github.com/riscv/riscv-gnu-toolchain 下载最新的工具链，使用下面命令安装工具链，因为编译 pk 和 Linux 需要使用支持 Linux ABI 的 RISC-V 工具链。

```
./configure --prefix=$RISCV
make linux
```

2. 制作根文件系统

使用 https://github.com/LvNA-system/riscv-rootfs 制作根文件系统。制作根文件系统使用的 busybox 需要配置静态选项，具体如下。进入 busybox 目录执行：

```
make menuconfig
```

修改 CONFIG_STATIC=y。
然后进入 riscv-rootfs 执行：

```
make
```

制作根文件系统成功。

3. 编译 vmlinux

从 https://github.com/torvalds/linux 下载最新的 Linux 源代码，将根文件系统复制到内核目录，执行：

```
make ARCH=riscv menuconfig
```

修改 CONFIG_BLK_DEV_INITRD＝y。

修改 CONFIG_INITRAMFS_SRC＝initramfs。

配置中的 initramfs 就是步骤 2 制作的根文件系统。配置完成后，开始编译内核：

```
make -j16 ARCH= riscv vmlinux
```

4. 编译 bbl

进入 pk 目录，使用 Linux 工具链编译 pk。与运行 Hello World 使用的是 Newlib 工具链不同，需要注意区分。

执行下面命令配置 pk。

```
../configure --prefix= $RISCV --with-payload=/path/to/vmlinux -host=
riscv64-unknown-linux-gnu
```

执行下面命令编译 pk。

```
make
```

生成的 bbl 文件，装载了 vmlinux。使用 Spike 运行即可。

5. 运行 Linux

Spike 启动 Linux 执行命令：

```
spike bbl
```

13.4　Spike 源代码分析

13.4.1　代码目录结构

为了理解 Spike 源代码，本节介绍 Spike 代码的目录结构及每个目录下存储的关键文件。Spike 代码目录结构如下。

build：执行 make 后生成的目录，存储编译相关的文件。

|----pk：编译后生成的 pk 文件。

|----bbl：编译后生成的 bbl 文件，即 13.2.2 节中提到的 Berkeley Boot Loader 文件。

|----……

fesvr：target 和 host 交互接口相关的文件。

|----htif.h：定义实现了 htif_t 类。

|----device.h：注册 host 设备，如 memif_t、bcd_t、syscall_t。

|----elfloader.h：加载 ELF 格式 target program 的函数。

|----memif.h：定义了 memif_t 类，内存读写、对齐函数。

|----term.h：定义了串口类，供 bcd_t 使用。

|----syscall.h：定义了 syscall_t 类。

|----……

riscv：处理器核、MMU、Cache 等相关组件。

|----sim.h：仿真基类构造函数。

|----insns：定义了所有支持的指令，用户可自行扩展。

|----add.h：add 指令。

|----……

|----mmu.h：MMU 相关函数。

|----processor.h：RISCV 核构造函数、CSR 结构体定义、指令注册函数。

|----……

softfloat：软模拟浮点指令。

|----f128_add.c

|----……

spike_main：main 函数、反汇编器。

|----spike.cc：主函数。

|----……

可以发现 Spike 代码框架清晰明了，方便用户快速阅读并开展开发和验证工作。13.4.2 和 13.4.3 节将详细介绍 Spike 的静态结构和启动流程。

13.4.2　静态结构

Spike 基于 C++ 11 标准，严格遵守了面向对象程序设计规则。本节主要通过分析 Spike 的基本类组件，让读者了解 Spike 的概貌。

Spike 的总体静态结构如图 13.2 所示。

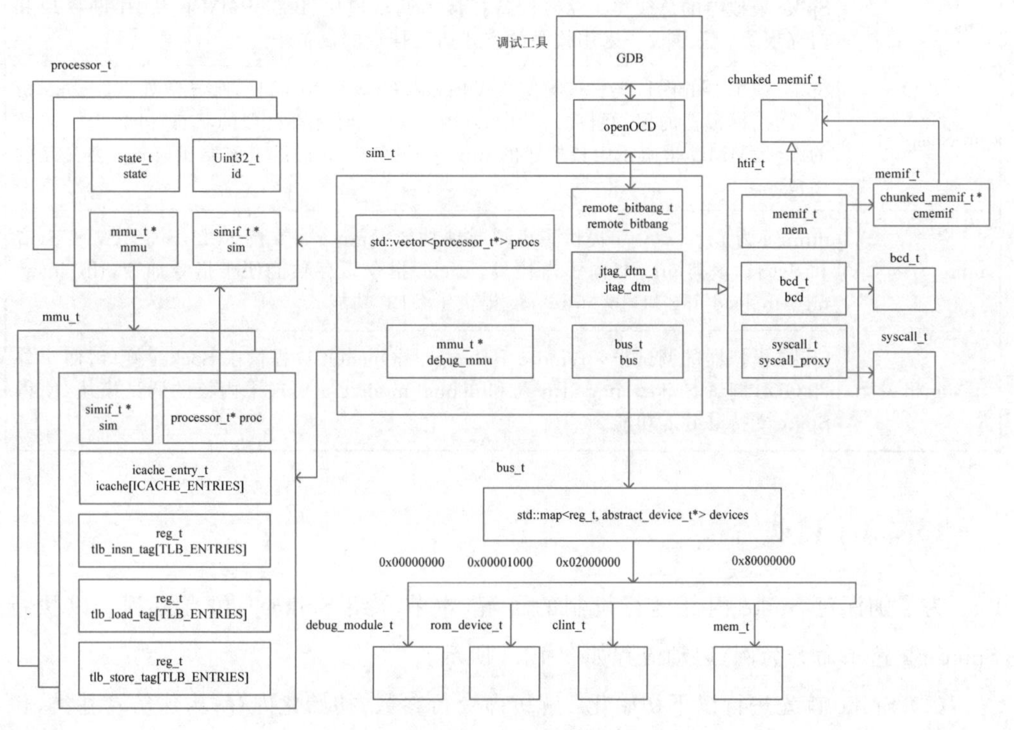

图 13.2　Spike 的总体静态结构图

Spike 的基本类包括 sim_t、htif_t、bus_t、processor_t、mmu_t 和 debug 相关类等。表 13.3 介绍了这几个类。

表 13.3　Spike 的类描述

类　名	描　述
sim_t	Spike 模拟器的主要构建类。该类初始化了 bus_t、processor_t、mmu_t 和 debug 相关类（remote_bitbang_t 和 jtag_dtm_t）。该类构造了一个可供软件运行的最小硬件平台，包括 RISC-V core、PLIC、Boot ROM 和 Debug Module。使用者也可以自行添加所需设备，如串口、网卡等

续表

类　名	描　述
htif_t	Spike 模拟器与主机的交互类。Spike 运行于主机之上，所以 Spike 是 target 端，运行主机是 host 端。host 端为 target 端提供存储接口(memif_t)、串口接口(bcd_t)和系统调用接口(syscall_t)。chunked_memif_t 是 htif_t 的父类，为 sim_t 提供了访存接口
bus_t	Spike 模拟器的总线类。总线设备挂接了调试模块、Boot ROM 模块、中断模块和内存模块。总线设备采用枚举的方式访问挂接的设备
processor_t	Spike 模拟器的内核类。该类实现了内核指令运行、中断处理、异常处理、debug 机制等，是模拟器的核心组件。其中，state 记录了所有寄存器的状态，id 代表了内核的编号，MMU 指向了内核构建的 mmu_t 设备，sim 提供了该类和 sim_t 类交互的接口
mmu_t	mmu_t 为 processor_t 提供了虚拟寻址功能。mmu_t 支持 Sv32，Sv39、Sv48、Sv57 和 Sv64。该类 proc 指向了内核类，icache 指令缓存功能便于指令加速，tlb_insn_tag、tlb_load_tag 和 tlb_store_tag 提供了 TLB 功能
debug 相关类	Spike 模拟器的调试类。remote_bitbang 为 OpenOCD 提供了 Socket 接口，便于外部 GDB 调试 Spike。jtag_dtm_t 和 debug_module_t 实现了内核的调试模块，使得 Spike 支持 debug 功能

13.4.3 启动流程

为了加深对 Spike 内部运行机制的了解，本节介绍 Spike 的仿真流程。以执行 Spike pk 这条命令为例，启动流程如图 13.3 所示。

(1) Spike 首先进行以下初始化：解析命令行参数；初始化内存；构建仿真基类，包括 htif 接口、注册内存和外设到 bus_t 总线、构建 debug_mmu 和处理器；构建处理器核并注册指令；构建 MMU 和注册每条指令对应的汇编码；调用 processor_t::reset 函数对 state 结构体内包含的 CSR、整数寄存器、浮点寄存器进行初始化，并且将特权模式初始化为 M 模式，PC 值设置为 0x1000。

(2) 调用 sim_t::run 函数开始执行仿真流程。

(3) 将程序当前上下文保存为 host 线程，创建用于处理指令的取指、译码、执行流程的 target 线程，然后切换回 host 线程调用 htif_t::run 函数。

(4) 解析 htif 接口从命令行读入的目标文件名，调用 load_elf 函数解析 ELF 文件，将程序的指令段加载到分配好的内存中。

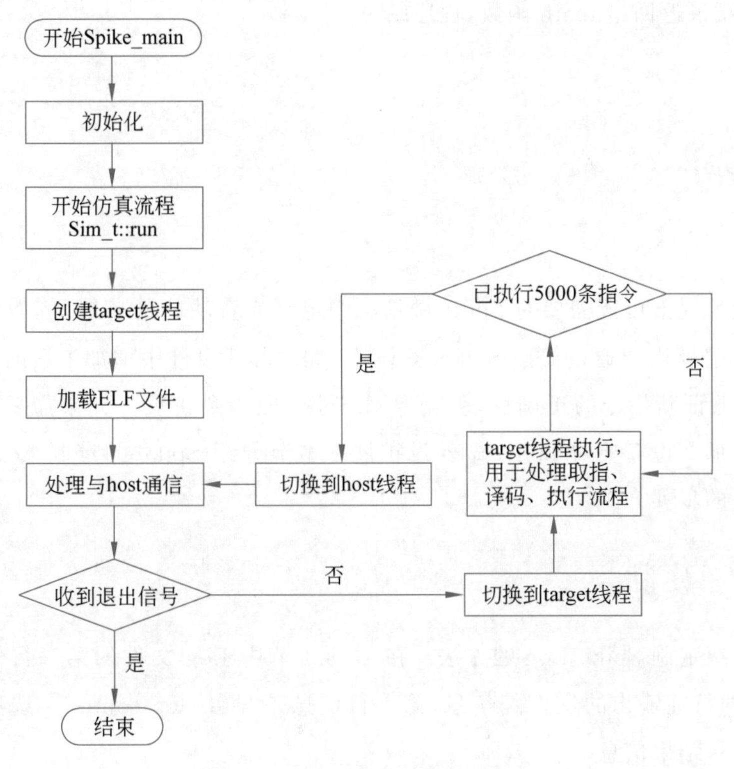

图 13.3 Spike 的运行仿真流程图

(5) 进入一个 while 循环，在循环中切换到 target 线程，开始处理指令的流程。当 signal_exit 或 exitcode 的值由 0 变为 1 时退出循环。

(6) 调用 sim_t::main 函数，如果运行 Spike 时命令行使用了-d 选项，则进入交互模式运行，否则连续执行 5000 条指令。交互模式类似 GDB，可以单步执行或查看寄存器状态等，这里说明连续执行 5000 条指令的情况。

(7) 调用 sim_t::step 函数，然后执行 0 号核的 processor_t::step 函数。

(8) 第一条指令执行完成后重复上面的取指、译码、执行流程，直到 5000 条指令执行完毕，切换到 host 线程。

(9) 回到 htif_t::run 函数，调用 device_list_t::tick 函数，执行 htif 设备的 tick 函数进行一些与 Spike 主机的 I/O 操作。

(10) 如果 signal_exit 或 exitcode 的值为 0，则切换到 host 线程执行下 5000 条指令，直到 signal_exit 或 exitcode 变为 1，执行 htif_t::stop 函数。调用 htif_t::exit_

code 函数，结果返回给 main 函数，程序结束。

13.5 Spike 扩展

在某些情况下可能需要对 Spike 做日志的定制或者功能的扩展，例如想要添加特定的 Log 信息就需要通过修改 Spike 来定制 Log。芯片设计中增加了新的指令而又想用 Spike 来验证新指令的正确性，就需要对 Spike 做指令扩展。如果需要用 Spike 模拟新的外设那么也需要对 Spike 做外设扩展。本节介绍 Spike 的定制 Log、扩展指令和扩展外设的步骤。

13.5.1 定制 Log

本节介绍定制 Spike Log 的方法。在 13.3.4 节中 Log 文件的第一行信息是在取指译码后、执行前输出的反汇编信息，第二行信息是开启--log-commits 选项后额外输出的指令执行结果信息。

第一行信息由 riscv/execute.cc 文件中的 processor_t::step 函数中的 disasm 调用输出。disasm 函数定义在 riscv/processor.cc 文件中，代码如下。Log 文件中的第一行信息是下面代码中带有底纹语句的输出。

```
void processor_t::disasm(insn_t insn)
{
uint64_t bits = insn.bits() & ((1ULL << (8 * insn_length(insn.bits()))) -
1);
if(last_pc != state.pc || last_bits !=bits) {
   …
 fprintf(log_file, "core %3d: 0x%016" PRIx64 " (0x%08" PRIx64 ") %s\n",
 id, state.pc, bits, disassembler- > disassemble(insn).c_str());
…
  } else {
executions++;
  }
}
```

第二行信息由 riscv/execute.cc 文件中的 execute_insn 函数中的 commit_log_print_insn 调用输出的。commit_log_print_insn 函数在 riscv/execute.cc 文件中定义，它会打印出特权模式、指令地址、指令编码、变化的寄存器等内容。

如果要定制 Log，可以在 disasm 函数中增加打印信息，例如要显示每条指令执行前寄存器 mstatus、t0、a1 的值，可以添加以下带底纹的打印语句。

```
void processor_t::disasm(insn_tinsn)
{
uint64_t bits = insn.bits() & ((1ULL << (8 * insn_length(insn.bits()))) -
1);
if(last_pc != state.pc || last_bits = bits) {
...
 fprintf(log_file, "core %3d: 0x%016" PRIx64 " (0x%08" PRIx64 ") %s\n",
 id, state.pc, bits, disassembler->disassemble(insn).c_str());
 fprintf(log_file, "mstatus = 0x%016" PRIx64 "\tt0 = 0x%016" PRIx64 "\ta1 =
 0x%016" PRIx64 "\n",
 this->get_csr(CSR_MSTATUS), state.XPR[5], state.XPR[11]);
last_pc = state.pc;
last_bits = bits;
executions = 1;
  } else {
executions++;
  }
}
```

修改后重新编译 Spike 并重新运行用例，截取 Log 文件如下，带底纹部分即是上面添加的语句打印的。

```
core   0: 0x0000000000001000 (0x00000297) auipc  t0, 0x0
 mstatus = 0x0000000a00000000 t0 = 0x0000000000000000 a1 = 0x0000000000000000
core   0: 0x0000000000001004 (0x02028593) addi   a1, t0, 32
 mstatus = 0x0000000a00000000 t0 = 0x0000000000001000 a1 = 0x0000000000000000
...
```

如此完成了 Spike Log 文件的定制输出。

13.5.2 扩展指令

本节以现有的 and 指令为例探究 Spike 指令的处理方法。假设需要添加 and 指令，步骤如下。

(1) 在 riscv/insns 目录下添加以指令命名的头文件，如果要添加 and 指令，那么头文件命名为 and.h。在头文件中实现指令的功能。and.h 头文件中的内容为 WRITE_RD(RS1 & RS2)，实现 and 指令功能，用到 riscv/decode.h 定义的宏。

(2) 在 riscv/encoding.h 文件中添加指令的 MATCH 和 MASK 宏，打开 encoding.h 可以找到 and 指令相关的内容如下。

```
#define MATCH_AND 0x7033
#define MASK_AND 0xfe00707f
...
DECLARE_INSN(and, MATCH_AND, MASK_AND)
```

(3) 修改文件 riscv/riscv.mk.in，在 riscv_insn_list 后添加指令。and 指令是添加到 riscv_insn_ext_i 变量里的。

(4) 重新编译 Spike。

经过上述指令扩展的定义后，如果遇到某条扩展指令的编码和 MASK_AND 的编码相与后的数值等于 MATCH_AND 的编码，那么 Spike 在处理这条指令时就会执行头文件 and.h 中定义的指令功能。Spike 通过上述过程实现 and 指令扩展。

13.5.3 扩展外设

Spike 在 riscv/devices.h 中定义了抽象的 abstract_device_t 基类。其他外设需要从该类进行继承扩展。abstract_device_t 类的定义如下。

```
class abstract_device_t
{
public:
    virtual bool load(reg_t addr, size_t len, uint8_t* bytes) = 0;
    virtual bool store(reg_t addr, size_t len, const uint8_t* bytes) = 0;
    virtual ~abstract_device_t() {}
};
```

它定义了 load 和 store 虚函数。load 函数定义了处理器读取外设的接口，store 函数定义了处理器写外设接口。函数如果返回 1 表示访问成功，返回 0 表示访问不成功。扩展外设的步骤如下。

（1）定义要扩展的外设类并实现 load 和 store 函数。在 devices.h 文件中从 abstract_device_t 类继承定义外设类，并实现它的 load 和 store 函数。代码如下。

```
class my_dev: public abstract_device_t
{
public:
    bool load(reg_t addr, size_t len, uint8_t * bytes)
    {
        …//实现该外设的 load 功能
        …//根据 load 结果返回 0 还是 1
    };
    bool store(reg_t addr, size_t len, const uint8_t * bytes)
    {
        …//实现该外设的 store 功能
        …//根据 store 结果返回 0 还是 1
    }
};
```

（2）例化该设备。在 riscv/sim.cc 文件的 sim_t::sim_t 函数的最后添加如下代码。

```
sim_t::sim_t(…)
{
…
    my_dev *m_dev;
    m_dev = new my_dev();
    bus.add_device(reg_t(MY_DEV_BASE), m_dev);
}
```

MY_DEV_BASE 是该设备的基地址。

（3）重新编译 Spike。

13.6 本章小结

指令集模拟器是在宿主机上模拟虚拟机程序运行的软件，本章首先介绍了 RISC-V 处理器开发中常用的指令集模拟器，然后重点介绍了 Spike 指令集模拟器。通过本章的学习，读者不仅可以掌握 Spike 的使用方法，而且可以对 Spike 内部实现机制及常见的扩展方法有所了解。用好 Spike 对 RISC-V 处理器的 EDA 验证和软件开发有重要意义。